AF894053

DAS MITTELALTER

Perspektiven mediävistischer Forschung
Zeitschrift des Mediävistenverbandes

2024 · 29/1

Verschränkte Welt
Medien, Modelle und Diskurse mittelalterlicher Meteorologie

Herausgegeben von
Beate Fricke
Andreas Lammer

HEIDELBERG
UNIVERSITY PUBLISHING

Herausgeberin
Prof. Dr. Isabelle Mandrella
Katholisch-Theologische Fakultät, Philosophie und philosophische Grundfragen der Theologie, LMU München, Geschwister-Scholl-Platz 1, 80539 München, isabelle.mandrella@lmu.de

Redaktion
Dr. Jan Glück, Silvia Karl, Mag. theol.
redaktion-das-mittelalter@posteo.de

Logo des Mediävistenverbands von Walter Wolf, Riedstadt, nach Hs Florenz, Biblioteca Medicea Laurenziana, Conv. sopp. 319, f. 90v

Bibliografische Information der Deutschen Nationalbibliothek
Die Deutsche Nationalbibliothek verzeichnet diese Publikation in der Deutschen Nationalbibliografie; detaillierte bibliografische Daten sind im Internet über https://dnb.dnb.de abrufbar.

Diese Zeitschrift ist unter der Creative-Commons-Lizenz CC BY-SA 4.0 veröffentlicht. Die Umschlaggestaltung unterliegt der Creative-Commons-Lizenz CC BY-ND 4.0.

Publiziert bei Heidelberg University Publishing (heiUP), 2024

Universität Heidelberg / Universitätsbibliothek
Heidelberg University Publishing (heiUP)
Grabengasse 1, 69117 Heidelberg
https://heiup.uni-heidelberg.de

Die Online-Version dieser Publikation ist auf den Verlagswebseiten von Heidelberg University Publishing https://heiup.uni-heidelberg.de dauerhaft frei verfügbar (Open Access).
doi: https://doi.org/10.17885/heiup.mial.2024.1

Text © 2024. Das Copyright der Texte liegt bei den jeweiligen Verfasser:innen.

ISSN 0949-0345
eISSN 2196-6869

ISBN 978-3-96822-272-1 (Softcover)
ISBN 978-3-96822-271-4 (PDF)

Die Zeitschrift ‚Das Mittelalter' ist ein Forum für die interdisziplinäre Mediävistik. Die einzelnen Hefte behandeln jeweils ein aktuelles Thema der Mittelalter-Forschung unter fächerübergreifender Perspektive. Daneben werden in einem berichtenden Teil die wesentlichen Ergebnisse, Diskussionen und Neuerscheinungen der verschiedenen Disziplinen in ihrer Bedeutung für die gesamte Mediävistik vorgestellt.

Peer reviewed

Der Mediävistenverband e. V.

Präsidium
Prof. Dr. Regina Toepfer (Präsidentin), Würzburg
Prof. Dr. Michael Grünbart (Vizepräsident), Münster
Prof. Dr. Albrecht Fuess (Schatzmeister), Marburg
Prof. Dr. Isabelle Mandrella (Schriftführerin), München
Prof. Dr. Manfred Kern (Vertreter des Tagungsortes), Salzburg

Beirat

Funktionsstellen
Prof. Dr. Andrea Sieber (Mediävistik und Schule), Passau
Prof. Dr. Ingrid Baumgärtner (Beihefte), Kassel
Dr. Karoline Döring (Öffentlichkeitsarbeit), Salzburg
Dr. Miriam Salzmann (Early Career), Mainz

Fachvertretung
Prof. Dr. Eva von Contzen (Anglistik), Freiburg
Prof. Dr. Philippe Depreux (Geschichte), Hamburg
Prof. Dr. Stephan Dusil (Rechtsgeschichte), Tübingen
Prof. Dr. Juliane von Fircks (Kunstgeschichte), Jena
Prof. Dr. Susanne A. Friede (Romanistik), Bochum
Prof. Dr. Albrecht Fuess (Islamwissenschaft), Marburg
Prof. Dr. Michael Grünbart (Byzantinistik), Münster
Prof. Dr. Irene Holzer (Musikwissenschaft), München
Prof. Dr. Katrin Kogman-Appel (Jüdische Studien), Münster
Prof. Dr. Karl-Heinz Leven (Medizingeschichte), Erlangen
Dr. Christine Magin (Grundwissenschaften), Greifswald
Prof. Dr. Isabelle Mandrella (Philosophie), München
Prof. Dr. Christoph Mauntel (Geschichte), Osnabrück
Prof. Dr. Natascha Mehler (Mittelalterarchäologie), Tübingen
Prof. Dr. Jonathan Reinert (Theologie), Reutlingen
Prof. Dr. Bernd Roling (Mittellatein), Berlin
Prof. Dr. Roland Scheel (Skandinavistik), Münster
Prof. Dr. Gabriel Viehhauser (Germanistik und Digital Humanities), Stuttgart
Prof. Dr. Julia Zimmermann (Germanistik), Graz

Anfragen und Mitteilungen bezüglich der Mitgliedschaft (Beitrittserklärungen, Änderungen von Adresse und Bankverbindung) richten Sie bitte an den Schatzmeister des Mediävistenverbandes:

Prof. Dr. Albrecht Fuess, Fachgebiet Islamwissenschaft, Deutschhausstraße 12, 35032 Marburg; albrecht.fuess@uni-marburg.de.

Inhaltsverzeichnis

Beate Fricke und Andreas Lammer

Einleitung
Verschränkte Welt. Medien, Modelle und Diskurse mittelalterlicher Meteorologie

Abstract In the Middle Ages, meteorological phenomena were more than just everyday companions of human life. Wind, rain, lightning, or cloud formations had a decisive bearing on the fate of communities and individuals. 'Meteorology' in the Middle Ages was the systematic attempt to understand the (at times hidden) structures not only behind the weather but also behind a wide range of natural phenomena. These phenomena were seen as the result of an interweaving of visible and invisible cosmological structures, interpreted as signs and analysed in texts, often alongside diagrams and illustrations. Despite a wealth of surviving depictions and scientific approaches, medieval meteorology has often been neglected in research. In this introduction, the mentioned connections are also discussed using the example of the rainbow and sun dogs.

Keywords Cosmology; Meteorology; Parhelion; Rainbow; Weather

„Es gibt kein schlechtes Wetter, es gibt nur falsche Kleidung!" ist eine heutzutage im deutschsprachigen Raum besonders zu Herbstanfang häufig geäußerte Redewendung. Sie scheint zu besagen, dass klimatische Faktoren im Allgemeinen eine geringe Bedeutung für das Leben in Mitteleuropa haben und lediglich die morgendliche Frage bedingen, welche Kleidung anzuziehen und mitzunehmen sei. Solch eine Aussage dürfte vor allem dann leichter

Kontakt

Prof. Dr. Beate Fricke,
Universität Bern,
Institut für Kunstgeschichte,
Mittelstrasse 43, CH-3012 Bern,
beate.fricke@unibe.ch
https://orcid.org/0000-0002-8612-7744

Dr. Andreas Lammer,
Radboud Universiteit,
Center for the History of Philosophy and Science, P.O. Box 9103,
6500 HD Nimwegen, Niederlande,
andreas.lammer@ru.nl
https://orcid.org/0000-0001-6690-8757

Beate Fricke und Andreas Lammer: Einleitung. Verschränkte Welt. Medien, Modelle und Diskurse mittelalterlicher Meteorologie. In: Das Mittelalter 2024, 29(1), 1-18. Heidelberg: Heidelberg University Publishing. DOI: https://doi.org/10.17885/heiup.mial.2024.1.24957

zu treffen sein, wenn man sich allen Umständen gewappnet sieht und der Kleiderschrank gut bestückt ist: dicke Socken, atmungsaktive Jacken und wasserabweisendes Schuhwerk. Dazu mag sich außerdem das Bewusstsein gesellen, dass der nächste Supermarkt nicht weit entfernt und die dortigen Regale gut gefüllt sind, dass es keine Engpässe in der Versorgung, ein funktionierendes Heizungssystem, ausreichend Frischwasser und das ganze Jahr hindurch Erdbeeren gibt. Kurz: Dem Wetter, ebenso wie seinen saisonalen Schwankungen, scheint in Mitteleuropa weitgehend wenig Bedeutung zuzukommen. Es ist eben ein alltäglicher Begleiter, auf den nur punktuell zu reagieren ist, indem man sich allmorgendlich der Aufgabe stellt, eine den Witterungsbedingungen entsprechende Kleidung zu wählen. Ganz ähnlich hat ein prominenter Leugner des Klimawandels mehrfach, vor wie auch während seiner Amtszeit als Präsident der größten Volkswirtschaft der Welt, wiederholt die tiefgehende Einsicht zum Ausdruck gebracht: „Es wird kälter werden, es wird wärmer werden – das nennt sich ‚Wetter'."[1]

Dieser lapidaren Einstellung entgegen stehen Berichte über weniger punktuelle Auswirkungen, wie etwa trockene Ackerböden oder tiefe Grundwasser- und hohe Meeresspiegel, oder auch kommunale Empfehlungen, zu duschen anstatt zu baden, wozu sich Nachrichtenbeiträge über Extremwetterereignisse wie Stürme und Überflutungen gesellen, über das Aussterben von Tier- und Pflanzenarten, Ernteausfälle, Hitze- bzw. Kälterekorde oder Sorgen über nachlassende Meeresströmungen und eine möglicherweise zunehmende Erdbebengefahr. Das, was man gerne ‚Wetter' nennen und auf die Ratlosigkeit vor dem heimischen Kleiderschrank reduzieren würde, steht in weiteren, größeren Zusammenhängen, die über einen einzelnen Tag hinausreichen. Es kann über längere Zeiträume und saisonal wiederkehrende Schwankungen hinaus sowie über größere geographische Gebiete hinweg betrachtet werden, wobei sich weitreichende Tendenzen und Entwicklungen abzeichnen. An manchen Orten ist es sogar unabhängig von etwaigen Wandlungen so, dass das Wetter den Alltag *bestimmt*, anstatt ihn nur zu begleiten – und auch hierzulande ist es für manche Personen mitentscheidend darüber, wie sich das eigene Leben gestaltet, welches Einkommen sie erzielen und welchen Gefahren sie ausgesetzt sind. Als Anfang des Jahres 2024, in Deutschland eine große Anzahl von Traktoren durch Kreisverkehre und andere Knotenpunkte fuhr, mochte eine/n das Gefühl beschleichen, das Wetter könne als spürbares Resultat einer schier unüberschaubaren Menge an Faktoren verstanden werden, die, auch wenn sie selbst nicht für eine/n jede/n jederzeit einsichtig sind, gemeinsam ein System bilden, das über den eigenen Horizont hinausreicht; ein System, das, obwohl komplex und verwirrend, man zu verstehen versuchen kann; ein System, das über individuelle Begleitumstände hinausgehende Auswirkungen hat. Heute

1 Vgl. Lazarus 2023, S. 266.

ist dieses Gefühl im Allgemeinen womöglich weniger präsent und prägnant als noch vor hundert oder mehreren hundert Jahren, doch es ist stets vorhanden – für manche mehr, für andere weniger. In vormodernen Gesellschaften konnte man diesem Gefühl indes nicht entgehen; es war allgegenwärtig, denn es gab sehr wohl schlechtes Wetter (und nicht nur falsche Kleidung).

Im Mittelalter war das Wetter – oder allgemein gesprochen: waren meteorologische Phänomene – deutlich mehr als nur alltägliche(r) Begleiter des Menschen. Wind, Regen, Blitze oder Wolkenformationen sowie andere Ereignisse der Atmosphäre stellten Faktoren dar, die das Schicksal des Zusammen- und sogar Überlebens von Gemeinschaften und Individuen entscheidend bestimmen konnten. Braute sich etwas zusammen, mochte man ungern mit dem Schiff auslaufen – doch wann genau braut sich eigentlich etwas zusammen? Wie sieht es aus, wenn sich etwas zusammenbraut – und wie geschieht es? Zerstört der Hagel den Weizen, ist die Ernte in Gefahr. Ist die Ernte in Gefahr, gibt es Hunger, welcher leicht zu Unmut in der Bevölkerung führen kann. Gibt es Unmut in der Bevölkerung, kann sich auch ein Herrscher nicht mehr sicher fühlen. Doch wodurch entsteht Hagel, und gibt es Anzeichen, die frühzeitig vor ihm warnen könnten, oder lässt er sich gar verhindern? Diese Dinge zu verstehen und mit ihnen umzugehen, war eine Aufgabe für alle Schichten der Gesellschaft, der man sich auf verschiedene Weise widmen konnte.

‚Meteorologie' nun ist der Name einer Wissenschaft, die es sich zur Aufgabe gemacht hat, methodisch das System zu begreifen, das nicht nur hinter dem Wetter, sondern hinter eigentlich *allen* konkreten Ereignissen, Sachverhalten und Strukturen der leblosen Natur steht, auch hinter Vulkanausbrüchen, salzhaltigen Meeren, Quellen, Stürmen, Metallen und Gebirgen.[2] Zwar war man sich früher weniger als heute der globalen Dimensionen bewusst, und auch hätte man so etwas wie einen Wandel der Verhältnisse kaum beobachten oder ableiten können, doch betrachtete man meteorologische Phänomene schon damals als wechselseitig wirkende Bestandteile eines komplexen und tatsächlich umfassenden Systems, das nicht nur das ‚Wetter' betraf und von dem man nicht nur begleitet, sondern dem man ausgesetzt, vielleicht sogar ausgeliefert war. Dies allein ergab schon einen gewichtigen Grund, sich der Herausforderung anzunehmen, dieses System samt seiner Phänomene zu untersuchen, sich ihnen anzunähern und sie einzuordnen.

Noch herausfordernder war jedoch der Umstand, dass die genannten und vergleichbare Phänomene vielfach als Resultate einer Verschränkung galten, durch deren prüfende Betrachtung die sichtbare meteore Wirklichkeit mit den weniger sichtbaren kosmologischen Strukturen des Universums in sinnvolle

2 Ein anschauliches Beispiel für den Umfang des Systems antiker und mittelalterlicher Meteorologie findet sich in der Abbildung, die Wilson 2013, S. 74, seiner Analyse der Meteorologie des Aristoteles beigegeben hat.

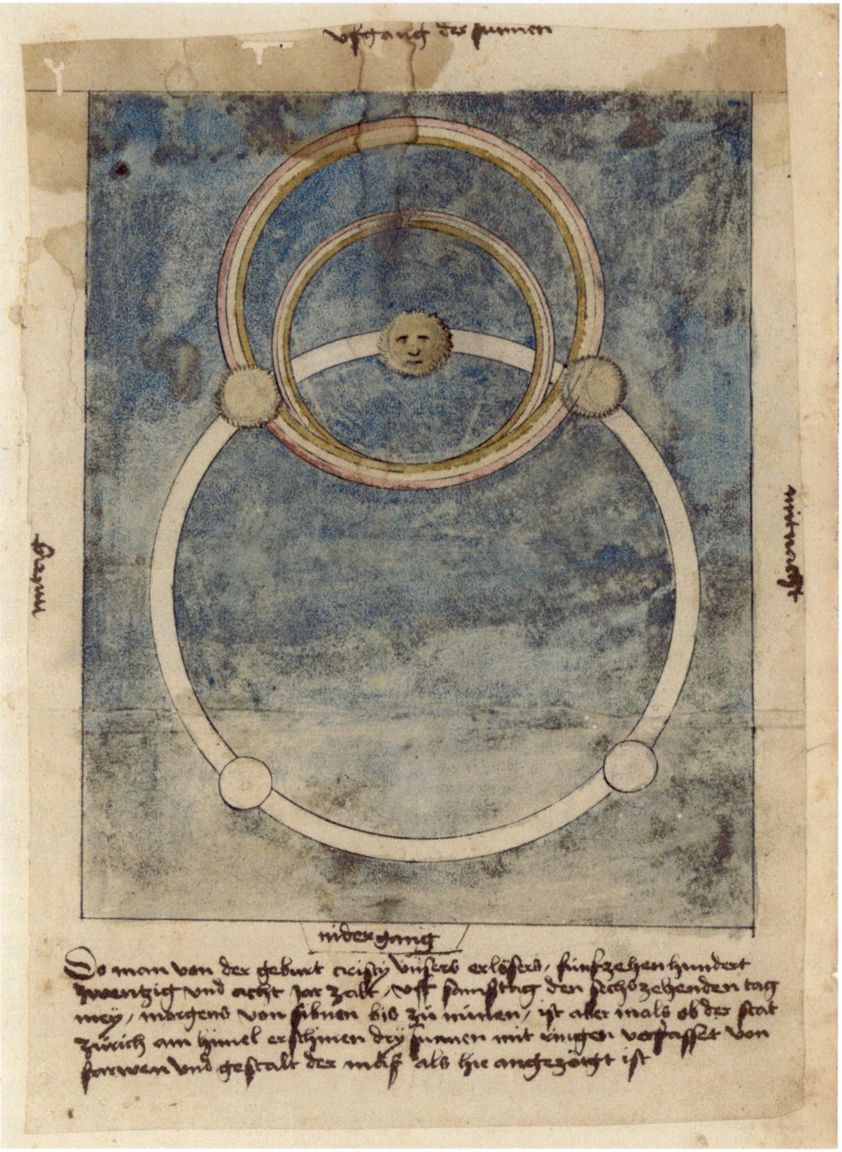

Abb. 1 | Sonne mit Nebensonnen, Zürich (1528). Zeichnung: Aquarell und Tinte, 26,3 × 20,7 cm. Zentralbibliothek Zürich, PAS II 25/10. https://doi.org/10.7891/e-manuscripta-92115. Public domain.
„So man von der geburt cristӱ unserß erlöserß, fünfzehen hundert zwentzig und acht jar zalt, uff samstag den sechß zehenden tag meӱ, morgenß von sibnen biß zü ni[nh]en, ist aber mals ob der stat Zürich am himel erschchinen drӱ sunnen mit rinugen verfasset von farwen und gestalt der mas alß hir angezöigt ist"; Inschriften an den Rändern mit Beginn an der oberen Bildkante: „ufgang der sunnen – mitag – nidergang – mitnacht."

Abb. 2 | Beidseitige Nebensonne in Fargo, North Dakota, 18. Februar 2009. https://commons.wikimedia.org/wiki/File:Fargo_Sundogs_2_18_09.jpg (Zugriff: 04.03.2024). Public domain.

Zusammenhänge gestellt werden konnte. Um letztlich beide begreifbar zu machen, bezog man das ‚hier Unten' auf das ‚dort Oben', das ‚Hiesige' auf das ‚Dortige', das ‚Sichtbare' auf das ‚Unsichtbare' und zuletzt auch das Irdische auf das Göttliche. Kaum ein Phänomenbereich steht mehr für diese Verbindung, oder überhaupt für die Möglichkeit derselben, als der meteorologische.[3] In diesem Zusammenhang repräsentierte der Himmel den Ort dieser Verschränkung; er markierte die Grenze der sichtbaren Welt. Entsprechend wurden Himmelserscheinungen als Zeichen gelesen und ihre Bedeutung mit Strukturen erklärt, die im Bereich des ‚Unsichtbaren' lagen. Das lässt sich an graphischen Darstellungen illustrieren, wie zum Beispiel am Flugblatt von 1528, in dem zwei Nebensonnen dargestellt wurden (Abb. 1). Nebensonnen werden begleitet von farbigen Lichtbögen, die an einen Regenbogen erinnern. Die Farbeffekte sind jedoch schwächer als bei Regenbögen und beschränken sich vor allem auf rot und gelb, ohne die Grün- und Blautöne. Die Nebensonne strahlt in einem weißlichen, leicht blau gefärbten Schweif aus (Abb. 2). In diesem Beispiel wird das Himmelsphänomen isoliert vor einem neutralen

3 Für ein eindrucksvolles Beispiel vgl. Lammer 2022, S. 82–85.

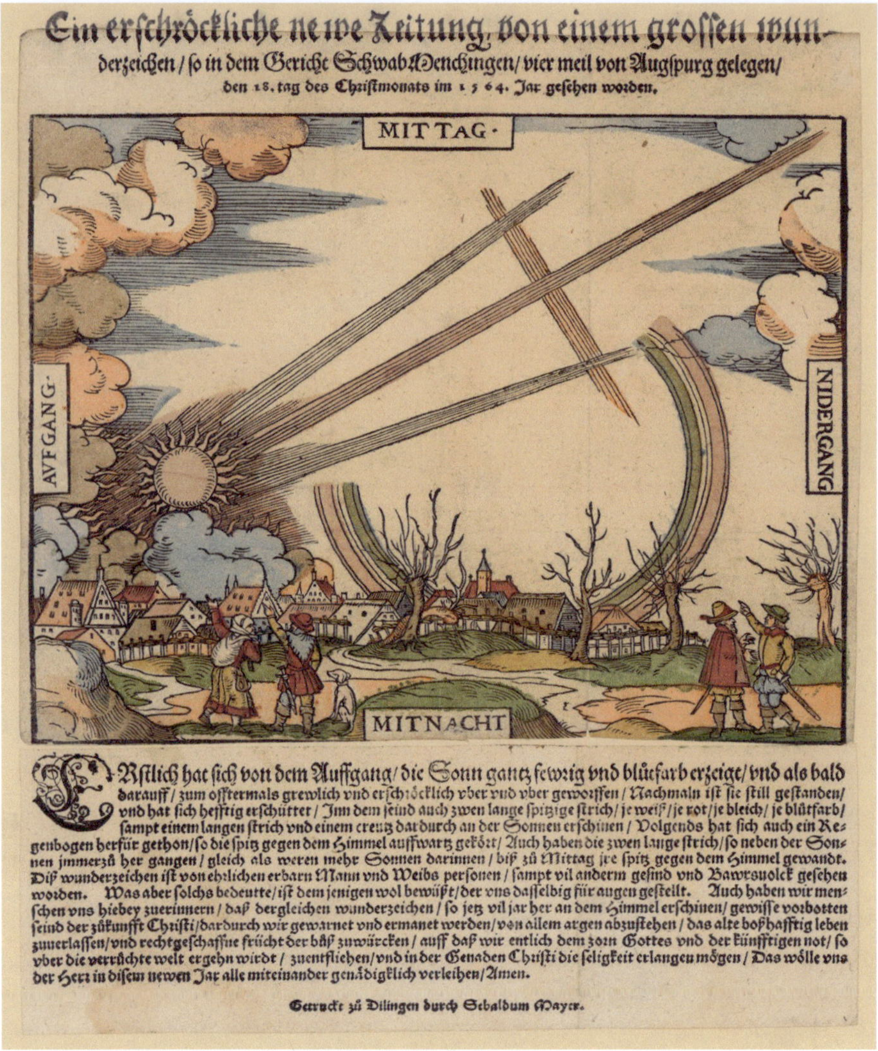
Ein erschröckliche newe Zeitung / von einem grossen wunderzeichen / so in dem Gericht Schwab Menchingen / vier meil von Augspurg gelegen / den 18. tag des Christmonats im 1564. Jar gesehen worden.

ERstlich hat sich von dem Auffgang / die Sonn gantz fewrig vnd blůtfarb erzeigt / vnd als bald darauff / zum offtermals grewlich vnd erschröcklich vber vnd vber geworffen / Nachmaln ist sie still gestanden / vnd hat sich hefftig erschütter / Jm dem seind auch zwen lange spitzige strich / je weiß / je rot / je bleich / je blůtfarb / sampt einem langen strich vnd einem creutz dardurch an der Sonnen erschinen / Volgends hat sich auch ein Regenbogen herfür gethon / so die spitz gegen dem Himmel auffwartz gekört / Auch haben die zwen lange strich / so neben der Sonnen jmmerzů her gangen / gleich als weren mehr Sonnen darinnen / biß zů Mittag jre spitz gegen dem Himmel gewandt. Diß wunderzeichen ist von ehrlichen erbarn Mann vnd Weibs personen / sampt vil anderm gesind vnd Bawrsvolck gesehen worden. Was aber solchs bedeutte / ist dem jenigen wol bewüßt / der vns dasselbig für augen gestellt. Auch haben wir menschen vns hiebey zuerinnern / daß dergleichen wunderzeichen / so jetz vil jar her an dem Himmel erschinen / gewisse vorbotten seind der zůkunfft Christi / dardurch wir gewarnet vnd ermanet werden / von allem argen abzustehen / das alte boßhafftig leben zuuerlassen / vnd rechtgeschaffne früchte der bůß zuwürcken / auff daß wir entlich dem zorn Gottes vnd der künfftigen not / so vber die verrůchte welt ergehn wirdt / zuentfliehen / vnd in der Genaden Christi die seligkeit erlangen mögen / Das wölle vns der Herr in disem newen Jar alle miteinander genädigklich verleihen / Amen.

Getruckt zů Dilingen durch Sebaldum Mayer.

Abb. 3 | Bericht über eine Himmelserscheinung am 18. Dezember 1564 in der Nähe von Schwabmünchen, die als göttliche Mahnung zu einer Überprüfung der bisherigen Lebensführung interpretiert wird. Sebald Mayer, Dillingen (1565?). Einblattdruck: Holzschnitt, koloriert und Typendruck, 20,8 × 26,1 cm. Zentralbibliothek Zürich, PAS II 6/8. https://doi.org/10.7891/e-manuscripta-91974. Public domain.

„Ein erschröckliche newe Zeitung, von einem grossen wun-derzeichen / so in dem Bericht Schwab Menchingen / vier meil von Augspurg gelegen / den 18. Tag des Christmonats im 1564. Jar gesehen worden.
Erstlich hat sich von dem Auffgang /die Sonn gantz fewrig vnd blůtfarb erzeigt / vnd alß bald darauff / zum offtermals grewlich vnd erschröcklich vber vnd vber

geworffen / Nachmaln ist sie still gestanden / vund hat sich hefftig erschüttet / Inn dem seind auch zwen lange spitzige strich / je weiß / je rot / je bleich / je blůtfarb / sampt einem langen strich vnd einem creutz dardurch an der Sonnen erschinen / Volgends hat sich auch ein Re=genbogen herfür gethon / so die spitz gegen dem Himmel auffwartz gekört / Auch haben die zwen lange strich / so neben der Son=nen immerzů her gangen / gleich als weren mehr Sonnen darinnen / biß zů Mittag ire spitz gegen dem Himmel gewandt. Diß wunderzeichen ist von ehrlichen erbarn Mann vnd Weibs personen / sampt vil anderm gesind vnd Bawrsuolck gesehen worden. Was aber solchs bedeutte / ist dem jenigen wol bewüßt / der vns dasselbig für augen gestellt. Auch haben wir men=schen vns hiebey zuerinnen / daß dergleichen wunderzeichen / so jetz vil jar her an dem Himmel erschinen / gewisse vorbotten seind der zůkunfft Christi / dardurch wir gewarnet vnd ermanet werden / von allem argen abzustechen / das alte boßhafftig leben zuuerlassen / vnd rechtgeschaffne früchte der buß zuwürcken / auff daß wir entlich dem zorn Gottes vnd der künfftigen not / so vber die verrüchte welt ergehn wirdt / zuentfliehen / vnd in der Genaden Christi die seligkeit erlangen mögen / Das wölle vns der Herr in diesem newen Jar alle miteinander genädigklich verleihen / Amen.
Getruckt zů Dilingen durch Sebaldum Mayer." Inschriften an den Rändern mit Beginn an der linken Bildkante: AVFGANG° – MITTAG° – NIDERGANG – MITNACHT.

Hintergrund und ohne erklärenden Text dargestellt. Die Zeichnung zeigt nur das Phänomen selbst und wird nicht durch weitere Angaben mit Blick auf Position der Betrachter/innen, den konkreten Ort oder die Tageszeit der Beobachtung angereichert.

In den gedruckten Flugblättern des 16. Jahrhunderts, wie dem abgebildeten von 1564 (Abb. 3), werden solche Beobachtungen dann mit interpretierenden Erklärungen verbunden. Zeugen, die die Himmelsphänomene beobachtet haben, werden im gedruckten Bild als zusätzliche Informationen eingefügt. Als Alter Ego verorten sie die Betrachter/innen des Flugblattes im Vordergrund und vermitteln zwischen sichtbaren Phänomenen (Sonne und rot-gelben Farbstreifen) an der Grenze zum Unsichtbaren (markiert durch die Wolkenbänder) und der irdischen Welt (Landschaft und Stadt) im Mittelgrund der Darstellung. Auch wird die räumliche Verortung der Erscheinung als Verbindung zwischen irdischer und himmlischer Sphäre eindeutiger als in der Zeichnung (vgl. Abb. 1) gezeigt. Im Flugblatt von 1564 werden erneut die Nebensonnen samt ihrer regenbogenähnlichen Strukturen dargestellt, hier aber mit einer Interpretation (Zeichen Gottes, Vorbote bzw. Erinnerung an die Heilsgeschichte) unterlegt, die in der Aufforderung mündet, Buße zu tun, um die Gnade Christi zu erlangen.

Die beiden Darstellungen von 1528 und 1564 verfügen darüber hinaus über eine zeitliche Dimension: Sie repräsentieren nicht nur die Erscheinungen zu einem spezifischen Zeitpunkt, sondern sie deuten auch ihre Veränderungen während des

Tagesverlaufes durch die Bezeichnungen an den Bildrändern – Aufgang, Mittag, Mitnacht – sowie durch die Überschrift ‚Vorgang der sunen' (vgl. Abb. 1) an bzw. beschreiben diese im Text. Im Flugblatt von 1564 werden mit dem Verweis auf die Veränderung der Sonne in der Passionsgeschichte sowie mit den Verweisen in die Zukunft, in der die in der Gegenwart geleistete Buße belohnt werden soll, auch verschiedene zeitliche Ebenen verschränkt.

Sowohl die Annäherung an meteorologische Phänomene wie auch die anschließende Theoriebildung vollzogen sich im Mittelalter neben einer Vielzahl an Texten ebenso anhand von Diagrammen, Bildern und Darstellungen. Biblische Ereignisse wie die Sintflut, Dürren oder Himmelserscheinungen sind jahrhundertelang dargestellt worden. In dem seit dem Spätmittelalter verbreiteten Genre des Flugblatts wurden dabei besonders häufig meteorologische Phänomene beschrieben, illustriert und interpretiert.[4] Die Repräsentationsformen meteorologischer Phänomene bzw. ganz allgemein ihre künstlerische Darstellung trugen signifikant zu ihrer wissenschaftlichen Erschließung bei und waren wichtiger Bestandteil in der Erarbeitung von Erklärungsmodellen (oder auch deren Ergebnis).[5] Dadurch ergab sich nicht nur im Gegenstand der Untersuchung, sondern auch in ihrer Durchführung selbst eine Verschränkung verschiedener textlicher und bildlicher Darstellungs- bzw. Betrachtungsmodi, die außerhalb der sich mit meteorologischen Phänomenen befassenden Werke ihresgleichen sucht: Berichte wurden verglichen und verbildlicht, Bilder wurden kopiert und kommentiert, Theorien wurden analysiert und modelliert, Vorkommnisse wurden nüchtern tradiert und enthusiastisch illustriert.

Ungewöhnliche und wundersam erscheinende Wetterphänomene waren dabei besonders häufig Gegenstand wissenschaftlicher Überlegungen. So lieferten beispielsweise Dietrich von Freiberg (gest. um 1319) und Kamāl al-Dīn ibn ʿAlī ibn Ḥasan al-Fārisī (gest. 718/1319) zur selben Zeit – und auf der gemeinsamen Grundlage der Optik Ibn al-Hayṯams (latinisiert: Alhazen, gest. 432/1041) – die erste befriedigende Erklärung des doppelten Regenbogens und der dabei zu beobachtenden umgekehrten Farbfolge. Ihre Überlegungen gründeten sie auf Experimente mit einem mit Wasser gefüllten Glaskörper und verstanden das entstehende Farbspektrum letztlich auf geometrische Weise als das Resultat einer „doppelten Brechung und Reflexion von Lichtstrahlen in ihrem Durchgang durch gewölbte Regentropfen" (Abb. 4 und 5).[6] Der Prozess, der das Phänomen erklärt, vollzieht sich, *bevor* sein Ergebnis das Auge der Beobachter/innen erreicht. Optik und Meteorologie, sichtbare Phänomene und Annahmen über unsichtbare Prozesse

4 Vgl. Bauer 2002; Coupe 2003.

5 Vgl. Fricke 2022; Müller 2008.

6 El-Bizri 2016, S. 29; vgl. Rashed 2023, S. 65–69; Kirchner u. Amirshahi 2014; Boyer 1987, S. 125 f.; vgl. zur Rezeption ihrer Theorien Gilson 1997.

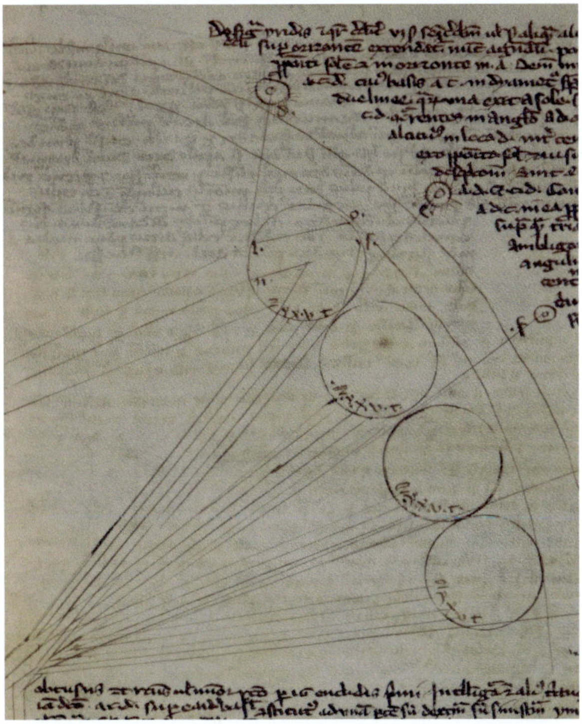

Abb. 4 | Dietrich von Freiberg: ‚De iride et de radialibus impressionibus', 14. Jh. 20 × 14,5 cm. Leipzig, Universitätsbibliothek, Ms. 512, fol. 66r [Ausschnitt]. © Universitätsbibliothek Leipzig.

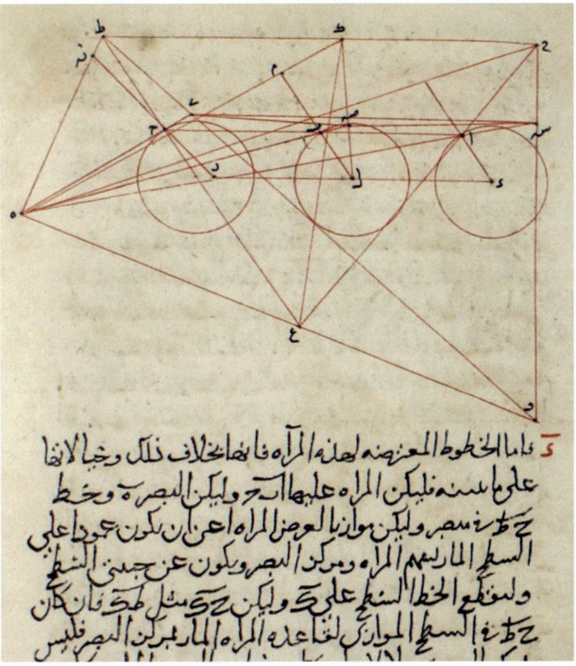

Abb. 5 | Autograph von Kamāl al-Dīn ibn ʿAlī ibn Ḥasan al-Fārisī: ‚Tanqīḥ al-manāẓir li-ḏawī l-abṣār wa-l-baṣāʾir', Februar/März 1309. Malmö, Adilnor Collection, fol. 197r [Ausschnitt]. © Adilnor Collection Malmö.

verschränken in derartigen Erklärungsmodellen die sichtbare Welt, optische Theorie und unsichtbare Dimensionen.

Eine weitere Verschränkung findet sich zudem im Wirkungsbereich meteorologischer Phänomene und, infolgedessen, in der großen Anzahl der von ihnen betroffenen Professionskulturen. Neben Philosophie und Theologie, Kunst und Literatur waren es vor allem auch Medizin, Pharmakologie und Landwirtschaft, die von ihnen geprägt; merkantile, politische und soziale Strukturen, die von ihnen bedingt; Architektur, Stadtplanung sowie Schiffs- und Hafenbau, die von ihnen abhängig waren. Zugehörige Dokumente und Aufzeichnungen, Theorien und Folklore, Kenntnisse, Erfahrung und mehr bereicherten den umfassenden Diskursrahmen, in dem vormoderne meteorologische Theorien, Modelle, Analysen und Darstellungen verhandelt wurden: Die Medien, Modelle und Diskurse der Meteorologie wurden für Künstler/innen, Schriftsteller/innen, Naturphilosoph/innen und Praktiker/innen zum Kristallisationspunkt der gemeinsamen Auseinandersetzung mit meteorologischen Vorkommnissen und ihrer Entstehung und trugen dazu bei, diese einzuordnen, zu verstehen oder auch spirituell aus- bzw. umzudeuten.[7]

Trotz der Fülle an erhalten gebliebenen Darstellungen, Beschreibungen und Aufzeichnungen, wissenschaftlichen Annäherungen und Theorien sowie Plänen und Praktiken wurde die Meteorologie als historische Wissenschaft in ihren vielfältigen Ausprägungen von der Forschung bisher weitgehend vernachlässigt. Tatsächlich wird der Begriff gerade einer mittelalterlichen Meteorologie in Beiträgen der Moderne immer wieder als Oxymoron ausgewiesen, obwohl die intensive und im beschriebenen Sinne vielfach verschränkte Beschäftigung mit meteorologischen Phänomenen eine sehr viel längere Geschichte wissenschaftlich-systematischer Erklärungsbemühungen aufweist, als es häufig zugestanden wird, und sie nicht zuletzt auch im Mittelalter geradezu zeitlos sowie sprach-, religions- und kulturübergreifend von großer Bedeutung war.[8] Ohne jegliche vorwurfsvolle Hintergedanken, sondern allein zum Zweck, ein Symptom aufzuweisen, sei auf die Internetseite von Hole Rössler verwiesen, dem Leiter des Forschungsschwerpunkts ‚Historische Bildkulturen' an der Herzog August Bibliothek Wolfenbüttel. Diese beinhaltet eine sehr nützliche ‚Bibliografie zur Kulturgeschichte des meteorologischen Wissens

---

7 Für eine Einführung vgl. Braungart u. Büttner 2018. Nicht zu unterschätzen ist insgesamt auch die Interpretation und Rezeption von Katastrophen; vgl. dazu die Beiträge von Rohr 2003; Geimer 2003; Jakubowski-Tiessen 2003; vgl. außerdem jüngst Wozniak 2020; Brown 2023; Höfele u. Kellner 2023.

8 Für die arabische Tradition vgl. Sezgin 1979; Lettinck 1999; Murtha u. Lammer [im Druck]; für die hebräische Tradition vgl. insbes. Fontaine 1995a; Fontaine 1995b; Fontaine 2001 sowie jüngst Harvey u. Fontaine 2020; für die syrische Tradition vgl. Daiber 1992; Takahashi 2004; für die lateinische Tradition vgl. French 1999; Anlezark 2006; Lawrence-Mathers 2020; Mandosio u. Di Martino 2006; Rohr 2017; Mandosio 2018; Cesario 2018 sowie die jüngeren Arbeiten von Panzica 2017; Panzica 2020; Panzica [im Druck].

in der Frühen Neuzeit', die in sechzehn Abschnitte gegliedert ist, darunter auch solche zur ,Antike', dem ,Mittelalter' und der ,Renaissance' sowie zu ,Katastrophen', zur ,Populärkultur' und dem ,Wetterwissen in Literatur und Theater'. Der einzige Abschnitt, der keinen einzigen (!) bibliographischen Eintrag verzeichnet, ist der zum Mittelalter.[9] Auch wenn dort ebenfalls angegeben wurde, die Bibliographie sei zum letzten Mal im August 2014 aktualisiert worden (und damit schon beinahe zehn Jahre alt), kann dieser Verweis als, wenn auch plakatives, Beispiel für den Forschungsstand zur mittelalterlichen Meteorologie bzw. der Aufmerksamkeit, die ihr entgegengebracht wurde, dienen.[10]

Angesichts der Fülle der sich mit meteorologischen Themen befassenden, diese abbildenden, beschreibenden oder besprechenden Quellen aus dem Mittelalter, beabsichtigten die Herausgeber/innen dieses inter- und transdisziplinären Themenhefts, über einen Call for Papers Kolleg/innen dazu aufzurufen, sich diesem Korpus zuzuwenden. Das Ziel bestand darin, eine für die verschiedenen Disziplinen der Mediävistik repräsentative Breite an Beiträgen zu versammeln, um so die Anzahl der Studien, die von den verschiedenen Aspekten der mittelalterlichen Meteorologie handeln, zu erhöhen und gleichzeitig weitere Forschungen in diesem Gebiet zu motivieren. Die Beiträge sollten gemeinsam zeigen, wie in verschiedenen Kulturen und Zeiten des sogenannten Mittelalters – bzw. auch über diese hinweg – meteorologische Phänomene mal Ausgangs- und mal Zielpunkt der Theoriebildung wurden, wodurch die umfassende, existentielle Bedeutung der Meteorologie als wissenschaftliches Bemühen im Mittelalter verdeutlicht sowie etwa auch die religiöse Dimension von Wetterphänomenen und ihr Beitrag in verschiedenen Deutungszusammenhängen reflektiert werden könnte. Nach Ablauf der Bewerbungsfrist waren die Herausgeber/innen ein wenig vom geringen Rücklauf zu ihrem Aufruf überrascht, weshalb das nun vorliegende Themenheft zwar inhaltlich spannende und qualitativ hochwertige neue Erkenntnisse zur mittelalterlichen Meteorologie versammelt, aber nicht die erhoffte Breite an Disziplinen aufweist. Im Sinne der genannten Absicht, weitere Untersuchungen zu diesen und verwandten Themen anzuregen, sollen die acht folgenden Beiträge zeigen, welches Potential die wissenschaftliche Durchdringung historischer Perspektiven auf eine vielfach ,verschränkte Welt' birgt und welche weiteren Erkenntnisse über Medien, Modelle und Diskurse der mittelalterlichen Meteorologie noch errungen werden könnten.

---

9 Vgl. Hole Rößler: Bibliografie zur Kulturgeschichte des meteorologischen Wissens in der Frühen Neuzeit. http://www.holeroessler.de/meteorologie.html (Zugriff: 15.03.2024).

10 Kunsthistorische Studien zu Wetterphänomenen setzen ebenfalls erst mit der Renaissance bzw. Frühen Neuzeit ein; vgl. z. B. Nova u. Michalsky 2009; Ray 2019; Storch 2015. Dasselbe gilt offenbar für die Literaturgeschichte; vgl. Büttner u. Theilen 2017; Büttner u. Gamper 2018.

Mit einer überaus informierten Durchsicht der bekannten Istanbuler Sammelhandschrift Ayasofya 4832 ist der Philosophiehistoriker Paul HULLMEINE in der Lage zu belegen, dass der Zusammenstellung als solcher ein inhaltliches Interesse besonders auch an meteorologischen Themen zugrunde liegt, welches ‚wie ein roter Faden' die Traktate dreier im Bagdad des 3./9. Jahrhunderts tätigen Wissenschaftler durchzieht. Immer wieder ergeben sich Bezüge zu Wetterphänomenen oder werden sublunare wie supralunare Begebenheiten, die für das Verständnis klimatischer Bedingungen relevant sind, weiter erläutert. Dieses Ergebnis unterstreicht nicht nur die große Bedeutung, die der Meteorologie als Wissenschaft in mittelalterlichen Gesellschaften entgegengebracht wurde, es lässt auch die vielen wissenschaftstheoretischen Bezüge, die der Meteorologie als Disziplin innewohnen, deutlich werden: Metaphysik, Mathematik, Astronomie, Astrologie und Physik sind nur einige zentrale Bereiche der wissenschaftlichen Reflexion, mit denen das Bestreben, meteorologische Verhältnisse deuten zu können, verschränkt ist.

In ihrem Beitrag bespricht die Arabistin Petra SCHMIDL die Zusammenhänge zwischen Wetter- und Preisvorhersagen anhand eines Textes aus dem Jemen des 7./13. Jahrhunderts. Beide Typen der wissenschaftlichen Prognostik gehen auf ältere Traditionen zurück, in denen verschiedene himmlische und atmosphärische Zeichen vor dem Hintergrund des astronomischen und meteorologischen, aber auch des astrologischen Wissens bestimmt und ausgedeutet wurden. Die vielfältigen Praktiken sind in Quellen diverser Gattungen beschrieben und werden häufig nach Methodik und Ziel voneinander getrennt untersucht, auch wenn sie in manchen Traktaten zusammengeführt vorliegen. SCHMIDL gibt einen informierten Überblick, bevor sie den Text vorstellt, der ihrer Untersuchung zugrunde liegt und aus üblichen Kategorisierungen etwas herausfällt. Einer der erstaunlichsten Aspekte dabei ist der Umstand, dass der Text, der in Edition und Übersetzung beigefügt ist, aus der Feder des jemenitischen Sultans al-Ašraf ʿUmar stammt und somit direkte Einblicke in die Gelehrsamkeit der politischen Elite zu geben vermag.

Im Fokus des Islamwissenschaftlers Massimiliano BORRONI stehen vier herausragende Wissenschaftler, die zwischen dem 4./10. und dem 6./12. Jahrhundert tätig waren: al-Bīrūnī, Avicenna (Ibn Sīnā), Abū l-Barakāt al-Baġdādī und Averroes (Ibn Rušd). Alle haben sie sich – auf jeweils individuell kritische Weise – mit der antiken Überlieferung der ‚Meteorologie' des Aristoteles auseinandergesetzt. Insbesondere haben sie, wie sich im Beitrag schnell zeigt, dessen Theorien auch kritisch geprüft und mit empirischen Daten ihrer eigenen Beobachtungen abgeglichen. Diskrepanzen führten zu Revision oder Zurückweisung des aristotelischen Erklärungsmodells. Gerade der Umstand, dass sich meteorologische Verhältnisse auf eine ihnen eigene Art vielfältig beobachten lassen, verdeutlicht somit die Tatsache, dass dieser Wissenschaft eine besondere Epistemologie zu eigen ist, die in Abhängigkeit vom wissenschaftlichen Selbstverständnis der jeweiligen Denker auch zu unterschiedlichen Interpretationen der naturphilosophischen Verhältnisse führen konnte.

Ausgehend von einem immensen Erdbeben, das 373 v. Chr. im Golf von Korinth für Überschwemmung und Verwüstung gesorgt hatte und von einem Kometen begleitet wurde, widmet sich der Philosophiehistoriker Corrado la Martire der Kommentierung, die dieses Ereignis ausgehend von seiner Erwähnung in Aristoteles' ‚Meteorologie' hervorgerufen hat. So findet sich das Erdbeben im Kommentar des Abū Bakr Muḥammad ibn Bāǧǧa als das Ergebnis einer verwobenen Dynamik supralunarer wie sublunarer Bewegungen beschrieben. Während meteorologische Phänomene – und insbesondere außergewöhnliche Katastrophen – in der Literatur häufig als ‚irregulär' beschrieben werden, wird im vorliegenden Beitrag deutlich, dass diese Klassifikation in der peripatetischen Tradition unter modalen Gesichtspunkten ‚möglicher' wie auch ‚notwendiger' Verursachung zu differenzieren ist. Dem Beitrag zufolge war Ibn Bāǧǧa das Potential bewusst, das in der Untersuchung gerade auch historischer Begebenheiten für die naturphilosophische Theoriebildung lag.

Der Philosophiehistoriker Athanasios Rinotas zeigt in seinem Beitrag, wie Albertus Magnus den aristotelischen Begriff der *symbola* („Gegenstücke") in seinen Schriften aufgreift und in vielfältiger Weise zur Anwendung bringt. Dabei wird schnell deutlich, dass Alberts Konzeption der *symbola* ihre ursprüngliche, aus der Elementarlehre des Aristoteles stammende Bedeutung übersteigt. So finden wir den Begriff nicht nur in Alberts Kommentaren zu Aristoteles ausführlich erläutert, sondern beispielsweise auch in seiner Schrift ‚Über die Fleischwerdung' und den Erläuterungen der ‚Sentenzen' des Petrus Lombardus. Insgesamt sehen wir, wie Albert in seinem Versuch, unsichtbare Vorgänge in der sichtbaren Welt zu deuten, wieder und wieder auf die genannten *symbola* zurückgriff und wie er diese offenbar als wirkungsvolles Mittel in der Erklärung auch ‚anomaler' Vorgänge verstand.

Der Beitrag des Germanisten Stefan Abel entführt uns in das Land des Grals, in dem sich die Dynamiken des menschlichen Daseins und die der natürlichen Umgebung auf vielfache Weise bedingen. Dabei zeigt sich, dass den dichterischen Vorstellungen in mittelalterlichen Romanen darüber, wie sündhafte Verfehlungen des Menschen Auswirkungen auf Gedeih und Verderb ganzer Landstriche haben, gezielt auch philosophische Vorstellungen über unsichtbare Mechanismen zugrunde liegen. Die Umwelt des Menschen offenbart sich nicht nur als passiv reagierende Akteurin, sondern – über den Begriff der *translatio* – als wählerische Gestalterin auf der Suche nach Heimat. Ausschlaggebend für ihre Wahl ist dabei vor allem das moralische Gebaren der Edelleute: Sie haben es in der Hand, Bedingungen zu schaffen, unter denen die natürliche Ordnung floriert. Aktuell erscheinen diese Zusammenhänge zudem vor dem Hintergrund gesellschaftlicher Debatten um das Klima im 21. Jahrhundert.

Der Historiker Martin Bauch befasst sich mit den vielfältigen Erwähnungen einer atmosphärischen Ausnahmeerscheinung aus dem Jahr 1465. Während die blau verdunkelte Sonne in weiten Teilen Mitteleuropas beobachtet werden konnte und dort in diversen Aufzeichnungen aus verschiedensten Professionskulturen anzutreffen ist, fiel das Phänomen in Neapel – zusätzlich zu ihrem ohnehin schon ungewöhnlichen Auftreten – auch noch mit einem politischen und gesellschaftlichen Ereignis zusammen: dem Einzug der Mailänder Fürstentochter Ippolita Maria Sforza zum Zweck ihrer Hochzeit mit Alfons von Aragon, dem Sohn des neapolitanischen Königs. Diese Umstände boten vielfältige Gelegenheiten zur Spekulation, nicht nur über das Zustandekommen einer ‚blauen Sonne' selbst, sondern auch darüber, inwiefern sie als ein Zeichen gedeutet werden könne – und, falls dem so sei, wofür. Dabei kommt es zu allerlei Überlegungen zu möglichen Verbindungen zwischen natürlichen Phänomenen und der Sphäre des Politischen, des Religiösen und des Individuellen. Bezeichnenderweise wurden die Zusammenhänge zudem auch noch dichterisch in Form von Epigrammen verewigt und gelehrt in ovidische Kontexte gestellt.

Ein faszinierendes Dokument stellt uns der Historiker Salvatore Martinelli vor: die ‚Nuova Figura' des maltesischen Universalgelehrten Antonino Saliba, eine systematische Weltkarte, deren Entstehung sich auf 1582 datieren lässt und die in der Folge europaweit mehrfach kopiert und neu aufgelegt, bisher allerdings noch nicht hinreichend bearbeitet wurde. Im Zentrum der Analyse steht dabei die vermittelnde Funktion des Dokuments, die inneren Strukturen des Kosmos angesichts beobachtbarer – und dann abgebildeter – Phänomene aufzuzeigen. Dabei bediente sich Saliba in seinem Werk offenbar nicht nur in theoretischer Weise der ideengeschichtlich bedeutsamen Trias *umbra – figura – veritas*, sondern verarbeitete auch eigene empirische Beobachtungen und nahm Bezug auf die fachliche Terminologie praktischer Professionskulturen, in diesem Fall insbesondere die der Seefahrer. Besonders interessant ist Salibas eigene Kommentierung, die den bildlichen Elementen der Karte gegenübersteht und zeigt, dass er die genannte Trias nicht nur als kosmisch wirksames Prinzip auffasste, sondern sie ebenso als Modell der Struktur seiner eigenen Karte zugrunde legte.

Danksagung

Wir danken insbesondere Isabelle Mandrella sowie ebenso Sabine Mischner für die umfassende Betreuung der Heftplanung und für ihre gründliche Durchsicht der Beiträge sowie allen Gutachter/innen, die die Beiträge im Zuge des Peer-Review-Prozesses gelesen, kommentiert und mit ihren Vorschlägen entscheidend verbessert haben. Irina Dudar hat freundlicherweise die Beischriften der Zeichnung bzw. des Flugblattes für die Einleitung transkribiert und vielfältig hilfreiche Hinweise beigesteuert. Im Rahmen des vorbereitenden zweitägigen Workshops, den wir mit der Unterstützung durch Elena Filliger, Marit Lüer und Nadia Wipfli, des European Research Council (ERC) sowie der Ellen-Beer-Stiftung am Institut für Kunstgeschichte der Universität Bern durchführen durften, konnten wir alle Beiträge ebenso gemeinschaftlich wie ausführlich diskutieren. Wir danken allen Autor/innen für ihre Bereitschaft, ihre Aufsätze danach noch einmal im Licht der Diskussionen gründlich zu überarbeiten und so ein Themenheft entstehen zu lassen, in dem auch die zahlreichen Bezüge zwischen den Beiträgen herausgearbeitet und markiert werden konnten.

Literaturverzeichnis

Anlezark, Daniel: Water and Fire. The Myth of the Flood in Anglo-Saxon England. Manchester 2006.

Bauer, Barbara: Die Krise der Reformation. Johann Jacob Wicks Chronik außergewöhnlicher Natur- und Himmelserscheinungen. In: Wolfgang Harms u. Alfred Messerli (Hgg.): Wahrnehmungsgeschichte und Wissensdiskurs im illustrierten Flugblatt der Frühen Neuzeit (1450–1700). Basel 2002, S. 193–236.

Boyer, Carl B.: The Rainbow. From Myth to Mathematics. Basingstoke, London 1987.

Braungart, Georg u. Urs Büttner (Hgg.): Wind und Wetter. Kultur – Wissen – Ästhetik. Leiden, Paderborn 2018.

Brown, Peter J.: Meteorological Disasters in Medieval Britain (AD 1000–1500). Archaeological, Historical and Climatological Perspectives within a Wider European Context. Berlin, Boston 2023.

Büttner, Urs u. Ines Theilen (Hgg.): Phänomene der Atmosphäre. Ein Kompendium Literarischer Meteorologie. Stuttgart 2017.

Büttner, Urs u. Michael Gamper (Hgg.): Verfahren literarischer Wetterdarstellung. Meteopoetik – Literarische Meteorologie – Meteopoetologie. Berlin, Boston 2021.

Cesario, Marilina: Knowledge of the Weather in the Middle Ages. *Libellus de disposicione totius anni futuri*. In: Marilina Cesari u. Hugh Magennis (Hgg.): Aspects of Knowledge. Preserving and Reinventing Traditions of Learning in the Middle Ages. Manchester 2018, S. 53–78.

Coupe, William A.: Flugblatt. In: Reallexikon zur Deutschen Kunstgeschichte, Bd. IX (2003), Sp. 1436–1447. Online: RDK Labor. https://www.rdklabor.de/w/?oldid=89117 (Zugriff: 10.01.2024).

Daiber, Hans: The Meteorology of Theophrastus in Syriac and Arabic Translation. In: William W. Fortenbaugh u. Dimitri Gutas (Hgg.): Theophrastus. His Psychological, Doxographical, and Scientific Writings (Rutgers University Studies in Classical Humanities 5). New Brunswick, London 1992, S. 166–229.

El-Bizri, Nader: Grosseteste's Meteorological Optics. Explications of the Phenomenon of the Rainbow after Ibn al-Haytham. In: Jack Cunningham u. Mark Hocknull (Hgg.): Robert Grosseteste and the Pursuit of Religious and Scientific Knowledge in the Middle Ages (Studies in the History of Philosophy of Mind 18). Dordrecht 2016, S. 21–39.

Fontaine, Resianne (Hg.): Otot Ha-Shamayim. Samuel ibn Tibbon's Hebrew Version of Aristotle's *Meteorology* (Aristoteles Semitico-Latinus 8). Leiden, New York, Köln 1995a.

Fontaine, Resianne: Why Is the Sea Salty? The Discussion of Salinity in Hebrew Texts of the Thirteenth Century. In: Arabic Sciences and Philosophy 5 (1995b), S. 195–218.

Fontaine, Resianne: The Reception of Aristotle's *Meteorology* in Hebrew Scientific Writings of the Thirteenth Century. In: Aleph 1 (2001), S. 101–139.

French, Roger Kenneth: Teaching Meteorology in Thirteenth-Century Oxford. The Arabic Paraphrase. In: Physis. Rivista internazionale di storia della scienza 36 (1999), S. 99–121.

Fricke, Beate: Thinking in Spheres. The Curvature, the Horizon and Pictorial Space on the Feldbach Altarpiece, c. 1460. In: Zeitschrift für Schweizerische Archäologie und Kunstgeschichte 79 (2022), S. 109–140.

Geimer, Peter: Messina 1783 – Das Beben der Repräsentation. In: Dieter Groh, Michael Kempe u. Franz Mauelshagen (Hgg.): Naturkatastrophen. Beiträge zu ihrer Deutung, Wahrnehmung und Darstellung in Text und Bild von der Antike bis ins 20. Jahrhundert. Tübingen 2003, S. 189–200.

Gilson, Simon A.: Dante's Meteorological Optics. Refraction, Reflection and the Rainbow. In: Italian Studies 52 (1997), S. 51–62.

Harvey, Steven u. Resianne Fontaine: The Supercommentaries of Gersonides and His Students on Averroes's Epitomes of the *Physics* and the *Meteorology*. In: Ofer Elior, Gad Freudenthal u. David Wirmer (Hgg.): Gersonides' Afterlife. Studies on the Reception of Levi ben Gerson's Philosophical, Halakhic and Scientific Oeuvre in the 14th through 20th Centuries (Studies in Jewish History and Culture 62). Leiden 2020, S. 47–78.

Höfele, Andreas u. Beate Kellner (Hgg.): Naturkatastrophen. Deutungsmuster vom Altertum bis in die Frühe Neuzeit. Paderborn 2023.

Jakubowski-Tiessen, Manfred: Gotteszorn und Meereswüten. Deutungen von Sturmfluten vom 16. bis 19. Jahrhundert. In: Dieter Groh, Michael Kempe u. Franz Mauelshagen (Hgg.): Naturkatastrophen. Beiträge zu ihrer Deutung, Wahrnehmung und Darstellung in Text und Bild von der Antike bis ins 20. Jahrhundert. Tübingen 2003, S. 101–118.

Kirchner, Eric u. Seyed Hossein Amirshahi: al-Farisi, Kamal al-Din Hasan ibn Ali ibn Hasan. In: Renzo Shamey (Hg.): Encyclopedia of Color Science and Technology. 2. Aufl. Cham 2023, S. 11 f.

Lammer, Andreas: Horizonte des Natürlichen. Grenzen und Grenzüberschreitungen in der historischen Naturphilosophie. In: Lucas Burkart u. Beate Fricke (Hgg.): Shifting Horizons. A Line and Its Movement in Art, History, and Philosophy (Colloquia Raurica 17). Basel, Berlin 2022, S. 55–88.

Lawrence-Mathers, Anne: Medieval Meteorology. Forecasting the Weather from Aristotle to the Almanac. Cambridge 2020.

Lazarus, Richard J.: The Making of Environmental Law. 2. Aufl. Chicago 2023.

Lettinck, Paul: Aristotle's *Meteorology* and Its Reception in the Arab World. With an Edition and Translation of Ibn Suwār's *Treatise on Meteorological Phenomena* and Ibn Bājja's *Commentary on the Meteorology* (Aristoteles Semitico-Latinus 10). Leiden, Boston, Köln 1999.

Mandosio, Jean-Marc: Follower or Opponent of Aristotle? The Critical Reception of Avicenna's Meteorology in the Latin World and the Legacy of

Alfred the Englishman. In: Dag Nikolaus Hasse u. Amos Bertolacci (Hgg.): The Arabic, Hebrew and Latin Reception of Avicenna's Physics and Cosmology (Scientia Graeco-Arabica 23). Boston, Berlin 2018, S. 459–534.

Mandosio, Jean-Marc u. Carla Di Martino: La ‹Météorologie› d'Avicenne (*Kitāb al-Šifā'* V) et sa diffusion dans le monde latin. In: Andreas Speer u. Lydia Wegener (Hgg.): Wissen über Grenzen. Arabisches Wissen und lateinisches Mittelalter (Miscellanea Mediaevalia 33). Berlin, New York 2006, S. 406–424.

Müller, Kathrin: Visuelle Weltaneignung. Astronomische und kosmologische Diagramme in Handschriften des Mittelalters (Historische Semantik 11). Göttingen 2008.

Murtha, Colin Fitzpatrick u. Andreas Lammer: What Goes Up Must Come Down. The Water Cycle in Early Arabic Meteorology. In: Marilina Cesario, Hugh Magennis u. Elisa Ramazzina (Hgg.): The Four Elements in the Middle Ages. Bd. 2: Water (Elements, Nature, Environment. Multidisciplinary Perspectives from the Ancient to the Early Modern World 2). Leiden, Boston [im Druck].

Nova, Alessandro u. Tanja Michalsky: Wind und Wetter. Die Ikonologie der Atmosphäre. Venedig 2009.

Panzica, Aurora: Nicole Oresme à la Faculté des Arts de Paris. Les *Questions sur les Météorologiques*. In: Archives d'histoire doctrinale et littéraire du Moyen Âge 84 (2017), S. 7–89.

Panzica, Aurora: Commenter les *Météorologiques* à l'Université de Cracovie. De l'assimilation des modèles parisiens à la naissance d'une tradition polonaise. In: Recherches de théologie et philosophie médiévales 87 (2020), S. 77–166.

Panzica, Aurora: De la Lune à la Terre. Les débats sur le premier livre des Météorologiques d'Aristote au Moyen Âge latin (XIIe–XVe siècles). Turnhout [im Druck].

Rashed, Roshdi: Écrits d'histoire et de philosophie des sciences. Bd. 3: Optique et Astronomie. Berlin, Boston 2023.

Ray, Sugata: Climate Change and the Art of Devotion. Geoaesthetics in the Land of Krishna, 1550–1850. Washington DC 2019.

Rohr, Christian: *Signa apparuerunt, quae aut regis obitum adnunciare solent aut regiones excidium.* Naturerscheinungen und ihre „Funktion" in der *Historia Francorum* Gregors von Tours. In: Dieter Groh, Michael Kempe u. Franz Mauelshagen (Hgg.): Naturkatastrophen. Beiträge zu ihrer Deutung, Wahrnehmung und Darstellung in Text und Bild von der Antike bis ins 20. Jahrhundert. Tübingen 2003, S. 65–78.

Rohr, Christian: Von Plinius zu Isidor und Beda Venerabilis. Zur Übernahme antiken Wissens über Witterungsphänomene im Mittelalter. In: Stephan Dusil, Gerald Schwedler u. Raphael Schwitter (Hgg.): Exzerpieren – Kompilieren – Tradieren. Transformationen des Wissens zwischen Spätantike und Frühmittelalter (Millennium-Studien / Millennium Studies 64). Berlin, Boston 2017, S. 49–68.

Sezgin, Fuat: Geschichte des arabischen Schrifttums. Bd. 7: Astrologie, Meteorologie und Verwandtes bis ca. 430. Leiden 1979.

Storch, Christina: Wetter, Wolken und Affekte. Die Atmosphäre in der Malerei der Frühen Neuzeit. Berlin 2015.

Takahashi, Hidemi: Aristotelian Meteorology in Syriac. Barhebraeus, *Butyrum Sapientiae*, Books of Mineralogy and Meteorology (Aristoteles

Semitico-Latinus 15). Leiden, Boston 2004.

Wilson, Malcolm: Structure and Method in Aristotle's *Meteorologica.* A More Disorderly Nature. Cambridge 2013.

Wozniak, Thomas: Naturereignisse im frühen Mittelalter. Das Zeugnis der Geschichtsschreibung vom 6. bis 11. Jahrhundert (Europa im Mittelalter. Abhandlungen und Beiträge zur historischen Komparatistik 31). Berlin, Boston 2020.

Paul Hullmeine

Die Istanbuler Handschrift Ayasofya 4832

Meteorologische Themen und Methoden im Bagdad des 3./9. und 4./10. Jahrhunderts

Abstract The aim of this article is to present the meteorological material contained in one of the most important Arabic manuscripts in the history of science and philosophy, namely, Istanbul, Ayasofya 4832. A detailed study of the contents reveals that meteorology is one of the main themes that permeates many of its mathematical and philosophical treatises. Therefore, this manuscript is a valuable witness to the various connections—both methodological and thematic—between meteorology and other disciplines, especially mathematics, astronomy, astrology, physics, and metaphysics. In this way, this manuscript contributes to our better understanding of how pre-modern scientists saw the realm of meteorological phenomena as intertwined with the terrestrial and celestial worlds, and what this meant for the methods they used to solve meteorological problems.

Keywords al-Kindī; al-Nayrīzī; Arabic Philosophy; Codicology; Meteorology

Kontakt

Paul Hullmeine,
Ludwig-Maximilians-Universität München, Lehrstuhl VI für spätantike und arabische Philosophie, Geschwister-Scholl-Platz 1,
D-80539 München,
p.hullmeine@lrz.uni-muenchen.de

Die Istanbuler Handschrift Süleymaniye Kütüphanesi, Ayasofya 4832 ist eine der bekanntesten mittelalter-

Paul Hullmeine: Die Istanbuler Handschrift Ayasofya 4832. Meteorologische Themen und Methoden im Bagdad des 3./9. und 4./10. Jahrhunderts. In: Das Mittelalter 2024, 29(1), 19–36. Heidelberg: Heidelberg University Publishing.
DOI: https://doi.org/10.17885/heiup.mial.2024.1.24958

lichen arabischen Handschriften.[1] Es handelt sich bei ihr um eine Sammelhandschrift ungefähr aus dem 5./11. oder 6./12. Jahrhundert, die in drei Abschnitte unterteilt werden kann. Der erste besteht aus Werken von Ṯābit ibn Qurra (gest. 288/901), der zweite aus Werken von Abū Sahl al-Qūhī (aktiv in der zweiten Hälfte des 4./10. Jahrhunderts), der dritte aus Werken von al-Kindī (gest. um 256/870).[2] Diese dreigeteilte Struktur geht auf die ursprüngliche Zusammenstellung der Handschrift zurück: Bis auf ein paar wenige Ausnahmen ist sie von einem einzigen Schreiber kopiert worden. Von den ersten beiden Autoren liegen hier hauptsächlich mathematische Schriften vor, während die Werke al-Kindīs ein sehr breites philosophisches Spektrum abdecken. Die wichtigste Intention dieser Zusammenstellung liegt daher auf der Hand: Die Handschrift versammelt arabische Werke von drei bedeutenden Autoren an einem Ort, mit einem Schwerpunkt auf mathematischen Traktaten einerseits und einem Überblick über das philosophische Korpus von al-Kindī andererseits.

Zusätzlich tauchen zwischen den ersten beiden Teilen einige kleinere Werke auf. Die meisten fügen sich mit ihrem mathematischen Fokus inhaltlich gut in den Rest der Handschrift ein.[3] Allerdings findet sich auch ein kleines Werk von vier Folios, das nicht so recht in die Sammlung zu passen scheint, nämlich ein Werk von al-Nayrīzī (aktiv um 287/900) mit dem Titel ‚Über meteorologische Phänomene'.[4] Wie kam der Kopist dazu, dieses kurze Werk über die Ursachen von Wetterphänomenen in die eher mathematisch-philosophische Sammelhandschrift aufzunehmen? Bei genauerer Betrachtung der Handschrift Ayasofya 4832 fällt auf, dass sich mit der Meteorologie verwandte Themen wie ein roter Faden durch die gesamte Handschrift ziehen. Wenn wir daher die Frage beantworten, wie der meteorologische Traktat von al-Nayrīzī zum Rest der Handschrift passt, beschäftigen wir uns gleichzeitig mit der Frage, welchen Platz die Meteorologie damals allgemein im Gebäude der Wissenschaften eingenommen hat.

---

1 Ich danke Benno van Dalen und David Juste für ihre langjährige Unterstützung während meiner Zeit bei ‚Ptolemaeus Arabus et Latinus'. Ich bedanke mich außerdem bei Peter Tarras und Peter Adamson, die frühere Versionen dieses Beitrags gelesen und mir wertvolle Verbesserungsvorschläge unterbreitet haben. An dieser Stelle möchte ich auch den beiden Gutachter/innen danken, die mich u. a. auf einen von Alexander Fidora herausgegebenen Sammelband (Fidora 2013) hingewiesen haben, der sich in den letzten Arbeitsschritten als sehr hilfreich herausgestellt hat. Die Istanbuler Handschrift Süleymaniye Kütüphanesi, Ayasofya 4832 ist im Folgenden in den Fußnoten als AS 4832 abgekürzt. Für eine Übersicht zu Geschichte, Inhalt und Forschungsliteratur siehe die Beschreibung des Projektes ‚Ptolemaeus Arabus et Latinus'. Bayerische Akademie der Wissenschaften. https://ptolemaeus.badw.de/start (Zugriff: 04.03.2024).

2 Für biographische Details zu Ṯābit siehe Rashed 2009; zu al-Qūhī siehe Berggren 2008; zu al-Kindī siehe einführend Adamson 2007, Kap. 1.

3 Vgl. bspw. die mathematischen Werke von Ṯābit ibn Qurras Enkel Ibrahīm ibn Sinān in AS 4832, fol. 66v–79r und von al-Qabīṣī in ebd., fol. 85v–114v.

4 AS 4832, fol. 114v–116r.

Um diese Frage beantworten zu können, muss man sich zunächst die grundlegende Frage stellen, was der Gegenstand der vormodernen Meteorologie ist. Aristoteles' ‚Meteorologie' bietet uns eine erste Einführung. Für Aristoteles steht fest, dass wir es bei meteorologischen Phänomenen ausschließlich mit sublunaren Erscheinungen zu tun haben, die sich in ihrer Unregelmäßigkeit deutlich von allen gleichbleibenden himmlischen Aktivitäten unterscheiden.[5] Damit schließt er Kometen und Sternschnuppen genauso ein wie Wolken, Regen, Winde und Regenbögen, sogar scheinbar terrestrische Ereignisse wie Erdbeben.[6] Die meteorologische Untersuchung, wie sie daher in diesem Artikel adressiert wird, erstreckt sich weiter, als es in ihrer modernen Ausdeutung der Fall ist.

Wie ihre Phänomene sich an der Grenze zwischen der himmlischen und der irdischen Welt manifestieren, so bedient sich die vormoderne Meteorologie sowohl der Astrologie und der Astronomie als auch der Physik.[7] Das hat zwangsläufig wichtige methodische und epistemologische Fragen zur Folge, nämlich unter anderem die danach, wie wir meteorologisches Wissen erlangen, wenn es sich nur – im Gegensatz zur Physik – aus weiter Ferne beobachten lässt, aber gleichzeitig die Regelmäßigkeit vermissen lässt, die uns in der Astronomie durch die Bewegungen der Sterne und Planeten begegnet und sie zu einer exakten Wissenschaft macht. Aristoteles urteilt in ‚Über die Teile der Lebewesen', dass man mehr Einsicht in die Wissenschaft der Tiere hat als in die von den himmlischen Dingen, weil der Himmel so weit von uns entfernt ist.[8] Dementsprechend fasst er in seiner ‚Meteorologie' in Bezug auf den obersten Bereich der Atmosphäre zusammen:

> Wenn es sich um Vorgänge handelt, die der Sinneswahrnehmung nicht offenliegen, glauben wir der Forderung einer vernunftgemäßen Erklärung genuggetan zu haben, wenn wir sie auf eine mögliche Ursache zurückführen.[9]

Parallel dazu stellt er schon zu Beginn fest, dass die Ursachen von manchen meteorologischen Phänomenen nicht ergründet werden können.[10]

Die Meteorologie hat daher eine besondere Stellung innerhalb der vormodernen Philosophie und Wissenschaft inne. Die disziplinäre und methodische Verschränkung, die sich auch für die mittelalterliche arabische Tradition feststellen

5 Zur Unveränderlichkeit des Himmels vgl. Aristoteles: On the Heavens I, 3.

6 Vgl. Aristoteles: Meteorologica I, 1, 338a20–339a2, S. 4.

7 Vgl. dazu die Unterscheidung zweier Arten der Wettervorhersage im Beitrag von Schmidl im vorliegenden Band.

8 Vgl. Aristoteles: Parts of Animals I, 5, 644b22–25, S. 96.

9 Aristoteles: Meteorologica I, 7, 344a5–8, S. 48; Übersetzung: Aristoteles: Meteorologie, S. 20.

10 Vgl. Aristoteles: Meteorologica I, 1, 339a2 f., S. 4.

lässt, soll im Folgenden in der Handschrift Ayasofya 4832 exemplarisch nachgewiesen werden.

1 Wettervorhersage zwischen Meteorologie und Astrologie: Al-Nayrīzīs ‚Über meteorologische Phänomene'

Al-Nayrīzī ist vor allem durch seinen Euklidkommentar bekannt, der von Gerhard von Cremona (gest. 1187) ins Lateinische übersetzt wurde und der ihm den lateinischen Namen Anaritius eingebracht hat.[11] Er war um 287/900 in Bagdad aktiv und hat ‚Über meteorologische Phänomene' mutmaßlich für den Abbasidenkalifen al-Muʿtaḍid (gest. 289/902) geschrieben.[12] In einer kurzen Einleitung beschreibt al-Nayrīzī den Zweck und die Methode seines Traktates, der lediglich eine Zusammenfassung der meteorologischen Phänomene darstellen soll.[13] Al-Nayrīzī untersucht den astralen Einfluss auf die Vorhersage von meteorologischen Phänomenen.[14] Seiner Ansicht nach bieten zuallererst die Positionen der Sonne und des Mondes die wichtigsten Hinweise, zum Beispiel ob sie zueinander in Opposition oder Konjunktion stehen und ob die Sonne sich nahe an der Sommer- oder Winterwende befindet. Dieses erste Prinzip und dessen hervorragende Bedeutung ist im offensichtlichen vierteljährlichen Jahreszeitenwechsel und dem monatlichen Mondzyklus begründet. Dazu gesellen sich noch die Planeten, die ebenfalls verschiedene Einflüsse ausübten und deren Positionen daher zusätzlich in Betracht gezogen werden müssten. Dadurch lasse sich erklären, warum beispielsweise nicht jeder 15. Juni das gleiche Wetter aufweise.[15] Al-Nayrīzī gibt daraufhin eine kurze Übersicht über die allgemeinen Wirkungen der Planeten: So wird beispielsweise Saturn eine kühlende und trocknende Wirkung zugeschrieben, Jupiter eine eher ausgleichende, Mars eine erhitzende. Im Allgemeinen ähneln diese den Wirkungen, die bereits Ptolemaios den Planeten in seinem astrologischen Hauptwerk, dem ‚Tetrabiblos', zuschrieb.[16]

---

11 Vgl. Sezgin 1974, S. 283–285. Für eine Einführung in al-Nayrīzīs Methodik in seinen Anmerkungen zu Euklid siehe Arnzen 2002, S. xxvi–xxxvii.

12 Vgl. dazu Suter 1900, S. 45; Sezgin 1979, S. 330.

13 Die folgende Zusammenfassung beruht hauptsächlich auf AS 4832, fol. 114v–116r. Die dort erhaltene Version muss jedoch häufig mit dem Zeugen in der Handschrift Paris, Bibliothèque nationale de France, Arabe 4821, fol. 82v–86v, abgeglichen werden. Digitalisat: https://gallica.bnf.fr/ark:/12148/btv1b525040356 (Zugriff: 04.03.2024).

14 Für einen detaillierten Überblick über die verschiedenen Traditionen von Wettervorhersage in der mittelalterlichen islamischen Welt vgl. den Beitrag von Schmidl im vorliegenden Band.

15 Für eine ähnliche Erklärung vgl. al-Kindī in Bos u. Burnett 2016, S. 166.

16 Vgl. Ptolemaios: Tetrabiblos I, 4, S. 34–39.

An dieser Stelle gewinnt der Traktat an inhaltlicher Komplexität. Bei der genaueren Bestimmung der meteorologischen Phänomene geht es nun darum, welche Wirkungen der Planeten sich gegenseitig verstärken oder aufheben, welche Planeten durch ihre Nähe oder Distanz zur Erde ihre Wirkung besonders stark oder schwach entfalten und welche Rolle dabei ihre Stellung in den jeweiligen Tierkreiszeichen spielt. Diese Variablen würden einen ersten Rahmen vorgeben, bevor man sich dann, wenn es um das konkrete Wetter an einem bestimmten Tag geht, der Stellung des Mondes widme. Da der Mond von allen sieben Planeten (Sonne und Mond eingerechnet) der Erde am nächsten sei, befinde er sich genau an der Grenze zwischen himmlischem und irdischem Bereich und es komme ihm eine besondere Bedeutung in der Astrologie, aber eben auch in der Wettervorhersage zu.[17]

Mithilfe dieses Traktats lernt die Leserschaft die wichtigsten Grundzüge der astrologischen Wettervorhersage. Obwohl es sich bei diesem Text um eine kurze Übersichtsdarstellung handelt, ist er eindeutig nicht an ein unerfahrenes Publikum gerichtet. Um sich auf diese Weise mit der Wettervorhersage zu beschäftigen, bedarf es umfassender astronomischer und astrologischer Kenntnisse. Die enge Verschränkung zwischen der Erklärung von atmosphärischen Phänomenen und der Astrologie ist so stark, dass der Wissenschaftshistoriker Lynn Thorndike über die Vormoderne schrieb: „The most scientific form of weather prediction was astrological."[18] Ebenso brachte diese Verbindung den Historiker Fuat Sezgin dazu, im siebten Band seiner ‚Geschichte des arabischen Schrifttums' meteorologische Werke von astrometeorologischen Werken zu unterscheiden.[19]

Wenden wir uns an dieser Stelle dem methodischen Ansatz einer wissenschaftlichen Wettervorhersage zu. In seiner Einleitung schreibt al-Nayrīzī, dass er diese Zusammenfassung auf Grundlage von antiken Quellen wie Ptolemaios' ‚Tetrabiblos' und eigenen Untersuchungen erstellt hat. Dafür benutzt er die Formulierung „auf dem Wege von Schlussfolgerungen und Erfahrungen" (*ʿalā sabīl al-qiyāsāt wa-l-taǧārib*). Die beiden Begriffe, die al-Nayrīzī hier verwendet, haben eine lange Geschichte. Oft werden sie einander gegenübergestellt, um logisch gültige Schlüsse – und im engeren Sinne Syllogismen – von Regeln, die aus Erfahrungswerten abgeleitet sind, abzugrenzen. Die hier bei al-Nayrīzī auftretende Paarung dieser beiden Methoden ist insofern von Bedeutung, als beispielsweise der jüdische Philosoph Maimonides (gest. 1204) später der Astrologie die

---

17 AS 4832, fol. 115v, Z. 24.

18 Thorndike 1955, S. 274.

19 Sezgin 1979. Vgl. Bos u. Burnett 2016, S. 1–3, die die Wettervorhersage ebenfalls stärker von anderen meteorologischen Themen abgrenzen. Für den Begriff der Astrometeorologie vgl. ebenfalls den Beitrag von Schmidl im vorliegenden Band.

Wissenschaftlichkeit abspricht, da sie nur Gebrauch von Erfahrung mache.[20] Leider geht al-Nayrīzī nicht weiter auf solche epistemologischen Fragen ein. Er unterscheidet auch nicht, welche der genannten Regeln er aus der Erfahrung und welche er aus logischen Schlüssen abgeleitet hat. Zumindest lässt er keine direkten Zweifel anklingen, dass diese methodische Verquickung den wissenschaftlichen Charakter der Disziplin in Frage stellen würde, es sei denn, man liest seine Inklusion von Erfahrung als Quelle analog zu Aristoteles' epistemologischen Zweifeln an der Meteorologie.[21]

Damit sind wir wieder bei der Frage, ob die Meteorologie eine Disziplin ist, die sicheres Wissen erzeugt. Ptolemaios widmete sich ihr in Bezug auf die Astrologie und verteidigt diese zu Beginn seines ‚Tetrabiblos': Er verweist auf die Notwendigkeit einer korrekten Anwendung und Deutung von Daten und Beobachtungen nicht nur aus einer menschlichen Generation, sondern einer längeren Zeitspanne, auf deren Grundlage die Astrologen bessere Einschätzungen treffen können.[22] Wenn wir diese Einleitung zusammen mit al-Nayrīzīs kurzem Traktat zu meteorologischen Phänomenen lesen, rückt die mathematische Methodik in den Vordergrund. Sie prägt aufgrund der stark astrologisch gefärbten Natur der Wettervorhersage zumindest diesen Teilbereich der Meteorologie.

Bevor wir uns aber dem mathematischen Aspekt der Meteorologie weiter zuwenden, sei abschließend zur Astrologie noch erwähnt, dass unsere Handschrift Ayasofya 4832 auch einen Teilkommentar zu Ptolemaios' ‚Tetrabiblos' enthält, der von Ṯābit ibn Qurra verfasst wurde.[23] Ṯābit kommentiert darin Kapitel 3 aus Buch II, in dem Ptolemaios die Qualitäten der Bewohner der verschiedenen Teile der Erde auf astrologischen Grundlagen bestimmt. Damit soll der Leserschaft der Handschrift die Bedeutung des planetaren Einflusses auf die terrestrische Welt, insbesondere auf die Qualitäten der verschiedenen menschlichen Kulturen, vor Augen geführt werden.

---

20 Vgl. Langermann 1991, S. 134–138. Langermann 2014 hat zusätzlich weitere Passagen von anderen Autoren zu „Erfahrung" (*taǧriba*) im astrologischen Kontext gesammelt. Vgl. außerdem Gutas 2012.

21 Vielleicht ist hier die Ausarbeitung al-Fārābīs (gest. 338–339/950) von Erfahrung als einer Art wissenschaftlicher Erkenntnis von Bedeutung, da dieser ein jüngerer Zeitgenosse von al-Nayrīzī und ebenfalls in Bagdad aktiv war. Zu ‚Erfahrung' bei al-Fārābī vgl. Janos 2010, S. 249–255.

22 Vgl. Ptolemaios: Tetrabiblos I, 2, insbes. S. 15–17. Für den epistemologischen Hintergrund in Ptolemaios' ‚Almagest' I, 1 siehe Hullmeine [im Druck].

23 AS 4832, fol. 54v–56v. Für eine kurze Einführung von Morelon vgl. Ṯābit ibn Qurra: Œuvres d'astronomie, S. xvii, xxi.

2 Meteorologie und Mathematik: Al-Qabīṣīs ‚Schrift über die Distanzen und [Größen der himmlischen] Körper' und verwandte Texte

Ebenso wie al-Nayrīzī war al-Qabīṣī der vormodernen lateinischen Welt bekannt. Seinen lateinischen Namen Alcabitius verdankt er der lateinischen Übersetzung seines astrologischen Hauptwerks ‚Einführung in die Astrologie'.[24] Die in Ayasofya 4832 erhaltene ‚Schrift über die Distanzen und [Größen der himmlischen] Körper'[25] hat er Sayf al-Dawla gewidmet, der in der Mitte des 4./10. Jahrhunderts in Aleppo herrschte.[26] Sie stellt einen Versuch dar, die Distanzen der Planeten zur Erde und ihre Größen zu errechnen, und fußt dabei auf einer Tradition, die von Ptolemaios ausgeht und bereits im 3./9. und 4./10. Jahrhundert im arabischen Raum rezipiert wurde.[27] Al-Qabīṣī geht von Buch V von Ptolemaios' ‚Almagest' aus, dessen Beobachtungen und Methoden zur Berechnung der Distanzen von Sonne und Mond zur Erde er weitestgehend folgt. Auf Grundlage der Entfernungen der Planeten zur Erde in Relation zueinander sowie der Regel, dass beispielsweise die größte Distanz des Mondes zur Erde der kleinsten Distanz des nächsthöheren Planeten, Merkur, entspricht, kann er die Distanzen der weiteren Planeten errechnen.[28] Mit dieser Schrift erhalten wir also eine Karte des gesamten damaligen Kosmos basierend auf geometrischen Modellen und astronomischen Beobachtungen. Damit einher geht die Abmessung des Bereichs, in dem sich die meteorologischen Phänomene abspielen: Die kleinste Distanz des Mondes zur Erde entspricht der Grenze zwischen dem himmlischen und dem irdischen Bereich. Wir haben gesehen, dass al-Nayrīzī dem Mond deswegen eine besondere Rolle in der Wetterentstehung zuschrieb, weil seine Bewegungen direkt den irdischen Bereich berührten. Auch für Aristoteles war diese Grenze von besonderer Bedeutung: Das leichteste von den sublunaren Elementen, Feuer, strebe nach oben und sammele sich direkt unterhalb des Bereichs des Himmels. An der Grenze zwischen dem himmlischen Äther und der sich so bildenden Feuerschicht komme es aufgrund von Reibung zu Kometen und Sternschnuppen.

Die Inklusion von al-Qabīṣīs Werk in dieser Sammelhandschrift steht exemplarisch für das allgemein gut dokumentierte Interesse, meteorologische Phänomene genau im Raum zu verorten. Zwei der Autoren, mit denen wir uns schon beschäftigt haben und die in Ayasofya 4832 vertreten sind, haben sich in anderen

---

24 Ediert und ins Englische übersetzt in al-Qabīṣī: The Introduction to Astrology.

25 Vgl. AS 4832, fol. 88v–94r.

26 Für eine Edition, Übersetzung und Zusammenfassung vgl. Hogendijk 2012–2014.

27 Für eine Übersicht über die verschiedenen griechischen und arabischen Werke zu planetaren Distanzen und Größen vgl. Swerdlow 1968; Loizelet 2021; Hullmeine [im Druck].

28 Diese Zusammenfassung folgt Hogendijk 2012–2014, S. 170 f.

Werken mit ebendieser Frage beschäftigt, nämlich wie weit Erscheinungen wie Kometen und Wolken von uns entfernt sind. Über dieses Thema ist uns in einer anderen Handschrift in Istanbul ein weiteres Werk von al-Nayrīzī erhalten, das den folgenden Titel trägt: ‚Über die Instrumente, mit denen die Entfernungen der Dinge, die in der Atmosphäre und auf der Erdoberfläche emporragen, die Tiefe der Brunnen und Täler und die Breite der Flüsse ermittelt werden'.[29] Dieser Traktat beginnt in bemerkenswerter Weise: „Aristoteles sagt, dass die höchsten Säulen der Berge und die weiteste Entfernung der Wolken in der Atmosphäre und die größten Tiefen im Inneren der Erde 16 Stadien sind."[30] Anschließend beklagt al-Nayrīzī, dass er weder bei Aristoteles selbst noch bei einem anderen Autor eine Beschreibung eines Instruments gefunden hat, mit dem man diese Zahlen überprüfen könnte.[31] Nach einer Besprechung der notwendigen euklidischen Geometrie stellt er drei von ihm erdachte Instrumente vor und beschreibt, wie man sie konstruiert und benutzt. Dabei werden explizit nicht nur Wolken, sondern auch andere meteorologische Phänomene wie Kometen erwähnt.[32] In diesem Traktat adressiert al-Nayrīzī vor allem praktische Aspekte, die bei der Abmessung der atmosphärischen Phänomene eine Rolle spielen.

In die gleiche Kerbe schlägt ein Werk von al-Qūhī, das in einer Pariser Handschrift überliefert und von Roshdi Rashed ediert und übersetzt worden ist.[33] Der Titel beschreibt hier ebenfalls gut den zu erwartenden Inhalt: ‚Über das Wissen der Größe der Distanz zwischen dem Zentrum der Erde und dem Ort der Sternschnuppe in der Nacht'. Al-Qūhī präsentiert eine Methode, die Distanz einer Sternschnuppe zur Erde zu berechnen, wenn die Sternschnuppe von zwei verschiedenen Personen an zwei verschiedenen Orten beobachtet wird. Aufbauend auf der resultierenden Parallaxe, also der scheinbaren Verschiebung des beobachteten Objektes vor dem Hintergrund der Fixsterne, die sich durch den Abstand zwischen den zwei Beobachtenden ergibt, kann nicht nur die Distanz,

---

29 Vgl. Sezgin 1979, S. 268 f. Dieses Werk ist erhalten in der Handschrift Istanbul, Süleymaniye Kütüphanesi, Ayasofya 4830, fol. 215r–224v.

30 Istanbul, Süleymaniye Kütüphanesi, Ayasofya 4830, fol. 215r, Z. 5 f. Es ist nicht eindeutig zu klären, wie al-Nayrīzī dazu kommt, Aristoteles diese Distanzen zuzuschreiben. Beim stoischen Autor Kleomedes (aktiv ungefähr im 1. Jh.) werden 15 Stadien für die höchsten Berge und die tiefsten Stellen der Erde als allgemein anerkannt vorausgesetzt. Vgl. Kleomedes: Lectures on Astronomy I, 7, S. 84. Es scheint wahrscheinlich, dass diese Zahl (15 oder 16 Stadien) auch in anderen Quellen herumgegangen ist und den Weg in arabische Kompilationen gefunden hat. In Aristoteles' ‚Meteorologie' findet sich lediglich die Aussage, dass sich Wolken nie oberhalb der höchsten Berge bilden. Vgl. Aristoteles: Meteorologica I, 10, 347a28–35, S. 72–74.

31 Istanbul, Süleymaniye Kütüphanesi, Ayasofya 4830, fol. 215r, Z. 8 f.

32 Ebd., fol. 219v, Z. 11.

33 Vgl. Rashed 2001.

sondern in einem zweiten Schritt auch die Größe berechnet werden.[34] In seiner Analyse dieses meteorologischen Traktates arbeitet Rashed al-Qūhīs Präferenz geometrischer Methoden heraus, weil nur sie Quellen sicheren Wissens sein könnten. Zwar spricht al-Qūhī die Frage an, was Sternschnuppen eigentlich genau seien – ein Planet, der Strahl eines Planeten oder ein Feuer oder eine Flamme aus welcher Quelle auch immer –, löst sie aber selbst nicht auf. An der Mathematik, so al-Qūhī, könne es keine Zweifel geben, weshalb er sein Werk über Sternschnuppen eben auf die mathematischen Aspekte – Entfernung und Größe – beschränke.[35] Im Gegenzug bedeutet das, dass er Fragen nach der Natur der Sternschnuppen für nicht mit Sicherheit beantwortbar hält. Wir begegnen hier dem Gegensatz zwischen dem wahrnehmbaren Aspekt eines Phänomens, das sich im Raum verorten und vermessen lässt und damit greifbar wird, und seiner Ursache, die den Beobachtenden verborgen bleibt. Al-Qūhī ist darauf bedacht, diese beiden Bereiche strikt voneinander zu trennen.

Auch wenn die beiden letztgenannten Schriften nicht Teil von Ayasofya 4832 sind, stehen sie beispielhaft für den Kontext, in dem die Werke in unserer Handschrift entstanden sind. Wir haben Autoren aus dem 3./9. und 4./10. Jahrhundert, deren aktive Zeit in Bagdad sich teilweise sogar überschneidet (al-Nayrīzī, Ṯābit ibn Qurra und al-Qūhī), die sich mit den planetaren Ursachen für Wetter und mit dem Platz von meteorologischen Phänomenen im Kosmos beschäftigt haben. Es ist daher keine Überraschung, in einer solchen Sammelhandschrift eine meteorologische Schrift neben Werken zu finden, in denen der Kosmos abgemessen wird oder die Ptolemaios' Astrologie teilweise paraphrasieren. Al-Qabīṣīs Werk steht dabei beispielhaft für das Bestreben, einen Zugang zu den messbaren Größen in unserem Kosmos zu finden, während Ṯābits Paraphrase eines Teils von Ptolemaios' ‚Tetrabiblos' auf die astrologischen Quellen der Meteorologie hindeutet. Damit geht, wie wir bisher gesehen haben, auch eine methodische Frage einher. Es gibt nämlich Teilbereiche der Meteorologie, die stark mathematisch geprägt sind und sich aus epistemologischer Sicht zweifelsfreien Methoden wie Geometrie und Arithmetik bedienen. Allerdings gibt al-Nayrīzī in seinem Werk über Wetterphänomene zu, dass er auch auf Erfahrungswerte zurückgreift, wobei die Frage nach dem epistemologischen Wert dieser Erkenntnis unbeantwortet bleibt. Zumindest al-Qūhī scheint davon auszugehen, dass Fragen nach der Entstehung von Phänomenen wie Sternschnuppen nicht sicher beantwortbar sind. Dagegen gibt es in Ayasofya 4832 eine große Gruppe von Werken, die meteorologische Themen untersuchen, dabei aber stark auf physikalische Untersuchungen zurückgreifen. Dies ist die letzte Gruppe an Werken, auf die ich hier eingehen werde.

34 Für den arabischen Text und eine englische Übersetzung vgl. ebd., S. 176–185.

35 Für die arabische Passage vgl. ebd., S. 176; für Rasheds Analyse, auf die ich mich hier stütze, siehe ebd., S. 159 f., 163 f.

3 Meteorologie zwischen Physik und Metaphysik

Das umfassendste meteorologische Material in dieser Handschrift stammt von al-Kindī. Mehrere seiner Werke, die darin versammelt sind, beschäftigen sich dezidiert mit meteorologischen Fragen. Dabei handelt es sich um die folgenden:

- ‚Über die aktive Ursache von Ebbe und Flut' (fol. 153v–157r);
- ‚Über die azurne Farbe des Himmels' (fol. 159r–160r);
- ‚Über die Ursache, warum die höhere Luft kalt ist und, was der Erde nahe ist, warm' (fol. 163v–165r);
- ‚Über die Ursache, warum es an manchen Orten fast nie regnet' (fol. 166v–167r);
- ‚Über die Ursache von Nebel' (fol. 167r–167v);
- ‚Über die Ursache von Schnee, Hagel, Blitz und Raureif' (fol. 174r–174v).[36]

In den erhaltenen Werken erklärt al-Kindī die Phänomene mit einer Mischung aus Aristoteles' Theorie der Exhalationen, sublunarer Physik sowie dem Einfluss der himmlischen Bewegungen.[37] In seinem Traktat über die Gezeiten diskutiert er den Einfluss der himmlischen Bewegung auf die Flut. Er erläutert zunächst allgemein, dass erhitzende Körper sich ausdehnen, abkühlende Körper sich zusammenziehen und dass die kreisförmige Bewegung der Himmelskörper, weil sie besonders schnell ist, eine entsprechend starke Wirkung entfaltet.[38] Dies führt ihn zu den Planeten, von denen der größte Einfluss auf die Erde angenommen wird, nämlich Mond, Sonne und Saturn. Saturn erwähnt er, weil er eine ähnliche Geschwindigkeit wie die Sonne aufweise, was bedeuten könnte, dass Saturn und Sonne einen vergleichbaren Einfluss auf die sublunare Welt ausüben. Diese Vermutung weist er jedoch direkt zurück, weil nicht nur die Geschwindigkeit, sondern auch die

36 Diese Werke liegen ediert vor in al-Kindī: Rasā'il al-Kindī al-falsafiyya, Bd. 2. Andere meteorologische Werke von al-Kindī, die sich beispielsweise mit Kometen befasst haben sollen, sind uns leider nicht erhalten. Für eine Übersicht siehe Sezgin 1979, S. 260 f. Vgl. außerdem Daiber 2013, der sich bereits mit astrologischen und meteorologischen Themen bei al-Kindī auseinandergesetzt hat.

37 Vgl. zusammenfassend Adamson 2007, S. 192–194.

38 Mit dieser Zusammenfassung endet der Teil, der von Wiedemann 1922, S. 387, ins Deutsche übersetzt wurde. In der arabischen Edition entspricht diese Stelle al-Kindī: Rasā'il al-Kindī al-falsafiyya, Bd. 2, S. 118, Z. 11–13.

Nähe zur Erde und die relative Größe beachtet werden müssten, weshalb er eine Auflistung der Distanzen und Größen anschließt. Damit sind wir wieder bei der Tradition der Abmessung des Kosmos, die uns in der Handschrift Ayasofya 4832 bereits in dem Werk von al-Qabīṣī begegnet ist. Die Werte, die wir bei al-Kindī finden, sind nah an denen aus Ptolemaios' ‚Planetenhypothesen', die wahrscheinlich auf verschiedenen Wegen Einzug in die arabische Tradition gehalten haben.[39] Wenn man all diese Faktoren zusammennimmt – also Geschwindigkeit, Größe und Nähe zur Erde – wird deutlich, so al-Kindī, dass der Mond den größten Einfluss auf die sublunare Erde und das dortige Wasser und damit auch auf die Bildung der Gezeiten hat.[40] Dies entspricht dem oben besprochenen Traktat von al-Nayrīzī, in dem er den Einfluss des Mondes auf das Wetter betont, da die Mondsphäre der Erde am nächsten ist.

In al-Kindīs Werken über die Entstehung von Regen und Nebel wird der aristotelische Hintergrund deutlich. Er beschreibt, wie solche Phänomene durch ein Zusammenspiel von Exhalationen oder Dämpfen aus der Erde und abermals der Planeten entstünden, da die Sonne durch Erhitzen der Erde eben für jene Dämpfe sorge.[41] Solche Dämpfe, die aus der Erde oder dem Wasser in die Luft aufsteigen, spielen in Aristoteles' ‚Meteorologie' eine Hauptrolle.[42]

In keinem Werk jedoch wird die Verbindung zwischen Meteorologie und Physik so stark betont wie in seinem Traktat ‚Über die Ursache, warum die höhere Luft kalt ist und das, was der Erde nahe ist, warm'.[43] Weil die Bewegung und Reibung der Himmelskörper für Wärme sorge, stellt sich für al-Kindī die Frage, warum sich von der Erde aufsteigende Dämpfe dennoch abkühlen, anstatt dass sie von den himmlischen Bewegungen weiter erhitzt werden. In Vorbereitung auf seine Antwort erklärt al-Kindī zunächst ausführlich, warum man sich dafür erst

---

39 Vgl. al-Kindī: Rasāʾil al-Kindī al-falsafiyya, Bd. 2, S. 119, Z. 12–S. 120, Z. 5. Den Wert für die maximale Distanz des Mondes, der sonst meist als ungefähr 64 Erdradien angegeben wird, setzt al-Kindī auf 66 Erdradien fest. Der Herausgeber des arabischen Textes, Abū Rīda, liest den Text an dieser Stelle falsch. Er schreibt: *kāna buʿduhū min al-arḍ miṯla niṣf quṭr* [*al-arḍ*] *660 marra*, mit der Ergänzung *al-arḍ*, die von ihm stammt. Ebd., S. 119, Z. 14 f. Stattdessen lautet der letzte Teil des Satzes: *miṯla niṣf quṭrihī 66 marra.* AS 4832, fol. 154v, Z. 30.

40 Vgl. u. a. al-Kindī: Rasāʾil al-Kindī al-falsafiyya, Bd. 2, S. 120, Z. 9–13, S. 121, Z. 11 f. Die Sonne hingegen, so al-Kindī, hat den größeren Einfluss auf die Luft- und Feuerschicht. Ebd., S. 120, Z. 14–S. 121, Z. 2.

41 Vgl. die Zusammenfassung dieser beiden Werke in Sersen 1976, S. 220–224, Lettinck 1999, S. 107–109 und kürzer in Adamson 2007, S. 192.

42 Vgl. u. a. Aristoteles: Meteorologica I, 9. Der wichtige aristotelische, mit neuplatonischen Inhalten vermischte Hintergrund von al-Kindīs Meteorologie wird ausführlicher in Daiber 2013 betont.

43 Arabischer Text in al-Kindī: Rasāʾil al-Kindī al-falsafiyya, Bd. 2, S. 90–100. Für eine Zusammenfassung und englische Übersetzung siehe Adamson u. Pormann 2012, S. 206–216 sowie die Zusammenfassungen in Lettinck 1999, S. 50–53, und Adamson 2007, S. 193.

einmal mit Naturphilosophie befassen muss. Die Philosophie sei so strukturiert, dass man ihre einzelnen Disziplinen in einer bestimmten Reihenfolge studieren müsse. Um die Fragen einer übergeordneten Disziplin beantworten zu können, sei es notwendig, sich zunächst mit den zugrundeliegenden Prinzipien aus den untergeordneten Disziplinen befasst zu haben.[44] Um die offene Frage zu beantworten, brauche man ganz konkrete Kenntnisse der sublunaren Physik, unter anderem über die Anzahl und Qualitäten der Elemente.[45] Zwar seien Feuer und Luft von Natur aus warm und Erde und Wasser kalt. Jedoch würden die Sonnenstrahlen von den eher dichten Körpern der Erde und des Wassers reflektiert und sorgten so für eine Erhitzung und die Entstehung der Dämpfe. Diese seien nicht so heiß wie Feuer, aber dennoch wärmer als die Luft, weil die Sonnenstrahlen eben nicht von der Luftschicht reflektiert würden. Das führe dazu, dass diese warmen Dämpfe sich in der Luftschicht abkühlen.[46] Dieses Beispiel verdeutlicht: Vormoderne Meteorologen müssen sich nicht bloß mit dem Bereich des Kosmos auskennen, in dem sich die untersuchten Phänomene manifestieren, sondern müssen ebenso über ein breit gefächertes Wissen über die Prinzipien der sublunaren Physik verfügen.

Eine andere Frage, die in demselben Traktat von al-Kindī beantwortet wird, ist uns bereits begegnet: Woher weiß Aristoteles, dass Dämpfe nie höher als 16 Stadien steigen?[47] Mit ebendieser Frage hat al-Nayrīzī seinen Traktat über Instrumente begonnen, mit denen man die Distanz von Phänomenen im Himmel ermitteln kann. Al-Kindī verweist darauf, dass dieser Wert auf Beobachtungen (*wuǧūduhum*) beruhte.[48] Ob es sich dabei in al-Kindīs Augen eher um einen Erfahrungswert handelt oder um exakte Beobachtungen und Berechnungen, bleibt unklar. Bei al-Nayrīzī mündete diese Frage in einem geometrischen Ansatz, der mit der praktischen Konstruktion von Instrumenten Hand in Hand gehen soll. In Anbetracht der Tatsache, dass al-Nayrīzī nur wenig später als al-Kindī ebenfalls in Bagdad aktiv war, wird deutlich, dass dies eine Frage war, die im 3./9. Jahrhundert in Bagdad viel diskutiert wurde.

Dies sind nur ein paar ausgewählte Beispiele, die aber dennoch al-Kindīs interdisziplinäre Annäherung an meteorologische Phänomene deutlich machen. Außerdem – und dies ist ein Punkt, der bereits in der Forschung thematisiert wurde – interessierten al-Kindī insbesondere metaphysische Aspekte der Meteorologie.

---

44 Vgl. Adamson u. Pormann 2012, S. 209 f.

45 Vgl. ebd., S. 211.

46 Vgl. ebd., S. 211–214.

47 Vgl. al-Kindī: Rasāʾil al-Kindī al-falsafiyya, Bd. 2, S. 90, Z. 11 f.; Adamson u. Pormann 2012, S. 209.

48 Vgl. al-Kindī: Rasāʾil al-Kindī al-falsafiyya, Bd. 2, S. 100, Z. 4–8; Adamson u. Pormann 2012, S. 216. Für den Wert von 15 Stadien bei Kleomedes s. o. Anm. 30. Al-Kindī nennt in seiner Antwort nur Marinus und Ptolemaios als antike Autoritäten in dieser Frage. Vgl. auch Sersen 1976, S. 173–180. Ich danke Andreas Lammer für diese Referenz, die noch weiterführende Literatur zu den *Iḫwān al-Ṣafāʾ* enthält.

Peter ADAMSON hat auf die Verbindung zu al-Kindīs Strahlentheorie verwiesen und knüpft darauf aufbauend ein enges Band zwischen al-Kindīs Metaphysik, Astrologie und Meteorologie.[49] Schließlich ist das Thema der göttlichen Wirkung auf die Welt ebenfalls prominent in unserer Handschrift Ayasofya 4832 vertreten, und zwar in den folgenden Werken:

- al-Kindī: ‚Über das Niederwerfen des äußersten Körpers und seine Fügsamkeit gegenüber Gott' (fol. 184r–186v);
- al-Kindī: ‚Über die unmittelbare Wirkursache von Entstehen und Vergehen' (fol. 187v–191r);
- Ṯābit ibn Qurra: ‚Abkürzung von dem, was Aristoteles in seiner Metaphysik anführt' (fol. 60v–62r).

Diese Werke beschäftigen sich mit den Beziehungen und Wirkungen zwischen Gott, der himmlischen Welt und der sublunaren Welt. Für das Thema der göttlichen Vorsehung gibt es für die frühen arabischen Philosophen einige wichtige Quellen, die in Verbindung mit Buch XII von Aristoteles' ‚Metaphysik' gelesen wurden, unter anderem das pseudo-aristotelische ‚Über die Welt', das in mehreren arabischen Übersetzungen vorlag.[50] Insbesondere ‚Über die Welt' ist eine interessante Parallele, weil hier ein einzelnes Werk viele Themen enthält, die wir in der Handschrift Ayasofya 4832 insgesamt ausgebreitet finden: das Zusammenspiel zwischen sublunarer Physik und Astronomie, dazwischen die meteorologischen Phänomene sowie göttliche Vorsehung, die durch die Bewegungen der Himmelskörper ihre Wirkung entfalte. Auf diese Weise fügt sich die Meteorologie auch in diesen drei Werken über göttliche Vorsehung in unserer Handschrift inhaltlich ein. Nicht ohne Grund, so kann man all diese Schriften lesen, bewegen sich die Planeten in der Form, wie wir sie beobachten können. Vielmehr seien sie die direkte Ursache für Veränderungen in der sublunaren Welt, inklusive des Wetters und anderer meteorologischer Erscheinungen.

In ‚Über die unmittelbare Wirkursache von Entstehen und Vergehen' beschreibt al-Kindī, dass der jährliche Lauf der Sonne um die Erde so angelegt ist, dass die vier Jahreszeiten erzeugt werden.[51] In Anbetracht der Tatsache, dass er vorher die Rolle Gottes als aus der Ferne wirkende Ursache beschrieben hat, erhalten wir dadurch

---

49 Vgl. Adamson 2007, insbes. S. 193–197.

50 Vgl. Stern 1964; Stern 1965.

51 Für die arabische Textpassage vgl. al-Kindī: Rasāʾil al-Kindī al-falsafiyya, Bd. 1, S. 230, Z. 6–12; englische Übersetzung in Adamson u. Pormann 2012, S. 166 f. Für inhaltliche Studien dieses Werkes siehe Wiesner 1993, S. 41–73, und Adamson 2007, S. 185–188.

einen weiteren wichtigen Ansatz, wenn wir nach der Ursache von meteorologischen Phänomenen suchen.[52] Ähnlichen Inhalten begegnen wir in ‚Über das Niederwerfen des äußersten Körpers und seine Fügsamkeit gegenüber Gott'. Ausgehend von Sure 55, Vers 6 des Korans, in dem es um das Sich-nieder-Werfen der Sterne vor Gott geht, bietet dieser Traktat eine Übersicht über al-Kindīs Kosmologie.[53] Auch hier begegnen wir wieder der Ursache für die alternierenden Jahreszeiten auf der Erde und die damit verbundenen steten natürlichen Veränderungen. Es seien die Himmelskörper, die durch ihre Bewegungen diese Veränderungen auslösen. Ihre Wirkungen werden in diesem Traktat stark mit Gottes Wirken verbunden:

> Der Wechsel der Jahreszeiten existiert durch die Bewegung [der Himmelskörper]. Durch den Wechsel der Jahreszeiten wird jeglicher Anbau und Reproduktion vollkommen und alles, was entsteht und vergeht. Sie folgen einem einzigen Befehl und weichen nicht von ihm ab, solange ihr Schöpfer, gepriesen sei er, sie bestehen lässt.[54]

Auch wenn diese Werke sich also nicht explizit meteorologischen Phänomenen widmen, decken sie eine weitere Möglichkeit ab, sich meteorologischen Phänomenen anzunähern.

Zum Abschluss sei in diesem Zusammenhang auf den Metaphysikkommentar von Ṯābit ibn Qurra verwiesen.[55] Es handelt sich dabei um einen Kommentar zu einem kleinen Teil der ‚Metaphysik', nämlich zu den theologischen Kapiteln in Buch XII über den ‚Ersten Beweger'. Von Bedeutung ist hier vor allem ein Abschnitt zu Beginn des relativ kurzen Textes, in dem Ṯābit in Anlehnung an Aristoteles' ‚Physik' erklärt, dass sich alle Bewegungen letztlich auf eine erste Ursache zurückführen ließen, nämlich den ‚Ersten Beweger' aus ‚Metaphysik', Buch XII:

> Daher sagt Aristoteles, dass die Bewegung von dem, das sich bewegt, durch das Verlangen nach einer Sache erfolgt und dass die erste Form in dem, was im Entstehen ist, und dem, was existiert, die ihm eigene Bewegung ist. Der Erste Beweger ist also das Prinzip und die Ursache in der Existenz und Beständigkeit der Formen aller körperlichen Substanzen.[56]

---

52 Vgl. Adamson u. Pormann 2012, S. 155–157.

53 Vgl. ebd., S. 174–186. Vgl. dazu Wiesner 1993, S. 73–106; Adamson 2007, S. 182–185.

54 Übersetzung des Autors nach Rashed u. Jolivet 1998, S. 181, Z. 2–4; vgl. Adamson u. Pormann 2012, S. 176.

55 Für eine Edition, Übersetzung und inhaltliche Einordnung dieses Textes siehe Reisman u. Bertolacci 2009.

56 Für den arabischen Text siehe ebd., S. 739, Z. 12–15.

Hier zeigt sich zum wiederholten Mal, dass sich in dieser Sicht alle natürlichen Bewegungen auf den Ersten Beweger zurückführen lassen. Lesen wir diesen Text beispielsweise in Zusammenhang mit der astrologisch gefärbten Erklärung der Wetterphänomene bei al-Nayrīzī, zeichnet sich eine Kosmologie ab, wie wir ihr bei al-Kindī begegnet sind, in der meteorologische Phänomene sowohl von terrestrischer Physik ‚von unten' als auch durch Gottes Wirken ‚von oben' erklärt werden. Während wir vorher also über mathematische und astrologische Methoden und Zugänge zur Meteorologie gesprochen haben, handelt es sich hier um physikalische und metaphysische Erklärungsansätze.

4 Zurück zur Handschrift

Die vormoderne Meteorologie ist eine so breite Disziplin, dass sie alles von der Entstehung von Wetter über Kometen und Regenbögen bis hin zu Erdbeben umfasst. Sie ist mit verschiedenen anderen Wissenschaften direkt verschränkt und bedient sich einer Vielzahl von Prinzipien und Methoden. Die Verschränkung der Meteorologie ist in ihrer vormodernen Ausrichtung ein Spiegelbild der damaligen Vorstellung von der Ordnung des Kosmos. Kometen, Nebel oder Wolken sind danach keine Phänomene, die losgelöst vom Rest der Welt in der Atmosphäre auftreten. Sie speisten sich aus Exhalationen aus den Meeren und aus der Erde, aus der Reibung zwischen der supralunaren Welt des Äthers mit der Feuerschicht und aus den Einflüssen, die die terrestrische Welt von den Sternen als Übermittler des göttlichen Willens erhält.[57]

Ayasofya 4832 ist für all diese Beobachtungen ein exzellenter Zeuge. Auf den ersten Blick ist sie eine Sammlung von Schriften von hauptsächlich drei wichtigen Autoren, nämlich al-Kindī, Ṯābit ibn Qurra sowie al-Qūhī. Wir wissen leider nicht, wer sie in wessen Auftrag zusammengestellt hat. Dennoch hat dieser Beitrag deutlich gezeigt, dass man sich dieser Handschrift auch aus einer bestimmten thematischen Richtung nähern kann, wenn man sich fragt, wie sich die einzelnen Werke von anderen Autoren in das Konzept der Sammlung einfügen. So zeigt uns die Handschrift, wie die einzelnen Autoren meteorologische Themen mit Astrologie (al-Nayrīzī) oder mit physikalischen und metaphysischen Theorien (al-Kindī, Ṯābit ibn Qurra) verbunden haben. Außerdem gibt sie uns einen Überblick über die Quellen, die an Meteorologie interessierte Autoren konsultieren konnten. All diese Autoren waren im Bagdad des 3./9. und 4./10. Jahrhunderts aktiv. Dies erlaubt uns einen direkten Einblick, in welchen Zusammenhängen meteorologische Themen in dieser Zeit diskutiert wurden. Außerdem wissen wir, dass die Handschrift

---

57 Im Gegenzug kann auch ein möglicher Einfluss bspw. der Kometen auf die sublunare Welt diskutiert werden. Vgl. dafür den Beitrag von la Martire im vorliegenden Band.

ungefähr aus dem 5./11. oder 6./12. Jahrhundert stammt. Das zeigt das Interesse an meteorologischen Schriften aus dieser Zeit, das noch bis zu 300 Jahre später bestand, ungeachtet der Frage, ob die Handschrift zu dieser Zeit zusammengestellt oder von einer entsprechenden früheren Vorlage abgeschrieben wurde.[58] Diese Handschrift illustriert daher eine in vielerlei Hinsicht verschränkte Disziplin. Der Platz, der der vormodernen Meteorologie in der Ordnung der Welt zugewiesen wurde, wird ihr hier gleichsam in unserem Textzeugen in methodischer und disziplinärer Hinsicht eingeräumt.

Literaturverzeichnis

Quellen

Aristoteles: Meteorologica. Hrsg. u. übers. v. Henry D. P. Lee (Loeb Classical Library 397). Cambridge MA, London 1952.

Aristoteles: Meteorologie. Über die Welt. Übers. v. Hans Strohm (Aristoteles. Werke in deutscher Übersetzung 12). Berlin 1984.

Aristoteles: On the Heavens. Hrsg. u. übers. v. William K. C. Guthrie (Loeb Classical Library 338). Cambridge MA, London 1939.

Aristoteles: Parts of Animals. Movement of Animals. Progression of Animals. Hrsg. u. übers. v. Arthur L. Peck u. Edward S. Forster (Loeb Classical Library 323). Cambridge MA, London 1937.

AS 4832 = Istanbul, Süleymaniye Kütüphanesi, Ayasofya 4832.

Istanbul, Süleymaniye Kütüphanesi, Ayasofya 4830.

al-Kindī: Rasāʾil al-Kindī al-falsafiyya. Hrsg. v. Muḥammad ʿA. Abū Rīdā. 2 Bde. Kairo 1950–1953.

Kleomedes: Cleomedes' Lectures on Astronomy. A Translation of *The Heavens.* Übers. v. Alan C. Bowen u. Robert B. Todd. Berkeley, Los Angeles, London 2004.

Paris, Bibliothèque nationale de France, Arabe 4821.

Ptolemaios: Tetrabiblos. Hrsg. u. übers. v. Frank E. Robbins (Loeb Classical Library 435). Cambridge MA 1964.

al-Qabīṣī: The Introduction to Astrology. Hrsg. u. übers. v. Charles Burnett, Keiji Yamamoto u. Michio Yano. London, Turin 2004.

Ṯābit ibn Qurra: Œuvres d'astronomie. Hrsg. u. übers. v. Régis Morelon (Collection sciences et philosophie arabes). Paris 1987.

Forschungsliteratur

Adamson, Peter: Al-Kindī (Great Medieval Thinkers). Oxford 2007.

Adamson, Peter u. Peter E. Pormann: The Philosophical Works of al-Kindī (Studies in Islamic Philosophy). Oxford 2012.

58 Dieses meteorologische Interesse im 5./11. und 6./12. Jh. wird im Beitrag von Borroni im vorliegenden Band diskutiert.

Arnzen, Rüdiger (Hg.): Abū l-ʿAbbas an-Nayrīzīs Exzerpte aus (Ps.-?)Simplicius' Kommentar zu den Definitionen, Postulaten und Axiomen in Euclids *Elementa* I. Köln, Essen 2002.

Berggren, J. Lennart: Qūhī (or al-Kūhī), Abū Sahl Wayjan Ibn Rustam al-. In: Complete Dictionary of Scientific Biography, Bd. 1 (2008), S. 185–187.

Bos, Gerrit u. Charles Burnett: Scientific Weather Forecasting in the Middle Ages. The Writings of al-Kindī. Studies, Editions, and Translations of the Arabic, Hebrew and Latin Texts (The Sir Henry Wellcome Asian Series). 2. Aufl. London 2016.

Daiber, Hans: Erkenntnistheoretische Grundlagen der Wetterprognose bei den Arabern. Das Beispiel von Kindī, dem „Philosophen der Araber" (9. Jh. n. Chr.). In: Fidora 2013, S. 151–165.

Fidora, Alexander (Hg.): Die mantischen Künste und die Epistemologie prognostischer Wissenschaften im Mittelalter (Beihefte zum Archiv für Kulturgeschichte 74). Köln, Weimar, Wien 2013.

Gutas, Dimitri: The Empiricism of Avicenna. In: Oriens 40 (2012), S. 391–436.

Hogendijk, Jan P.: al-Qabīṣī's Treatise on the Distances and Sizes of the Celestial Bodies. Edition and Translation. In: Zeitschrift für Geschichte der Arabisch-Islamischen Wissenschaften 20–21 (2012–2014), S. 169–233.

Hullmeine, Paul: Ptolemy's Cosmology in Greek and Arabic. The Background and Legacy of the *Planetary Hypotheses* (Ptolemaeus Arabus et Latinus. Texts). Turnhout [im Druck].

Janos, Damien: Al-Fārābī on the Method of Astronomy. In: Early Science and Medicine 15 (2010), S. 237–265.

Langermann, Y. Tzvi: Maimonides' Repudiation of Astrology. In: Maimonidean Studies 2 (1991), S. 123–158.

Langermann, Y. Tzvi: From My Notebooks. On Tajriba/Nissayon ("Experience"). Texts in Hebrew, Judeo-Arabic, and Arabic. In: Aleph 14 (2014), S. 147–176.

Lettinck, Paul: Aristotle's *Meteorology* and Its Reception in the Arab World. With an Edition and Translation of Ibn Suwar's *Treatise on Meteorological Phenomena* and Ibn Bajja's *Commentary on the Meteorology* (Aristoteles Semitico-Latinus 10). Leiden, Boston, Köln 1999.

Loizelet, Guillaume: Mesurer et ordonner les astres d'al-Farghānī à al-Bīrūnī. La tradition arabe du Livre des Hypothèses de Ptolémée (IXᵉ–XIᵉ s.). Avec une édition et une traduction française du chapitre X.6 d'*al-Qānūn al-Masʿūdī* d'al-Bīrūnī. Paris 2021.

Rashed, Roshdi: al-Qūhī. From Meteorology to Astronomy. In: Arabic Sciences and Philosophy 11 (2001), S. 157–204.

Rashed, Roshdi: Thābit ibn Qurra. From Ḥarrān to Baghdad. In: Ders. (Hg.): Thābit ibn Qurra. Science and Philosophy in Ninth-Century Baghdad (Scientia Graeco-Arabica 4). Berlin 2009, S. 15–24.

Rashed, Roshdi u. Jean Jolivet: Œuvres philosophiques et scientifiques d'al-Kindī. Volume Bd. II: Métaphysique et cosmologie (Islamic Philosophy, Theology and Science. Texts and Studies 24). Leiden, Boston, Köln 1998.

Reisman, David C. u. Amos Bertolacci: Thābit ibn Qurra's Concise Exposition of Aristotle's Metaphysics. Text, Translation, and Commentary. In: Roshdi Rashed (Hg.): Thābit ibn Qurra. Science and Philosophy in Ninth-Century Baghdad (Scientia Graeco-Arabica 4). Berlin 2009, S. 715–777.

Sersen, William J.: Arab Meteorology from pre-Islamic Times to the Thirteenth Century A.D. London 1976.

Sezgin, Fuat: Geschichte des arabischen Schrifttums. Bd. V: Mathematik bis ca. 430 H. Leiden 1974.

Sezgin, Fuat: Geschichte des arabischen Schrifttums. Bd. VII: Astrologie, Meteorologie und Verwandtes bis ca. 430 H. Leiden 1979.

Stern, Samuel M.: The Arabic Translations of the Pseudo-Aristotelian Treatise *De mundo*. In: Le Muséon 77 (1964), S. 187–204.

Stern, Samuel M.: A Third Arabic Translation of the Pseudo-Aristotelian *De Mundo*. In: Le Muséon 78 (1965), S. 381–393.

Suter, Heinrich: Die Mathematiker und Astronomen der Araber und ihre Werke. Leipzig 1900.

Swerdlow, Noel M.: Ptolemy's Theory of the Distances and the Sizes of the Planets. A Study of the Scientific Foundations of Medieval Cosmology. New Haven 1968.

Thorndike, Lynn: The True Place of Astrology in the History of Science. In: Isis 46 (1955), S. 273–278.

Wiedemann, Eilhard: Über al Kindī's Schrift über Ebbe und Flut. In: Annalen der Physik 67 (1922), S. 374–387.

Wiesner, Hillary: The Cosmology of al-Kindī. Cambridge MA 1993.

Petra G. Schmidl

Al-Ašraf ʿUmar's 'Tabṣira', Chapter XXXV
Forecasting Weather and Predicting Prices

Abstract Al-Ašraf ʿUmar (d. 695/1296), author of more than ten scholarly treatises and later in his life ruler over Yemen, merges two prognostic practices—weather forecasting and price prediction—in Chapter XXXV of his 'Book of Enlightenment in the Science of the Stars' ('Kitāb al-Tabṣira fī ʿilm al-nuğūm'). This article investigates the tradition strands of both prognostic practices in the Islamicate sources and discusses commonalities of their underlying techniques. With this background knowledge, Chapter XXXV of the 'Tabṣira' is discussed and assessed.

Keywords Al-Ašraf ʿUmar; Islamicate Traditions; Meteorology; Price Prediction; Weather Forecasting

> Māšāʾallāh wrote this book [on prices] on account of one of his friends who was a merchant, and they both made a partnership for profit, and they earned a lot of money the very first time. Pay attention, therefore, to what I will say […].[1]

> The only function of economic forecasting is to make astrology look respectable.[2]

Contact

Dr. Petra G. Schmidl,
M.A., Friedrich-Alexander-Universität Erlangen-Nürnberg,
Department Geschichte,
Kochstr. 4, D-91054 Erlangen,
petra.schmidl@fau.de
https://orcid.org/0009-0001-2162-7334

1 Māšāʾallāh: Dykes 2013, p. 253.

2 According to Ratcliffe 2018, the quote is by the Burmese-born American economist Ezra Solomon (1920–2002) and often wrongly attributed to J. K. Galbraith.

In: Das Mittelalter 2024, 29(1), 37–68. Heidelberg: Heidelberg University Publishing.
DOI: https://doi.org/10.17885/heiup.mial.2024.1.24959

1 Weather Forecasting and Price Prediction as Prognostic Practices

In the headline of Chapter XXXV in his 'Book of Enlightenment in the Science of the Stars' ('Kitāb al-Tabṣira fī ʿilm al-nuǧūm'), al-Ašraf ʿUmar, author of at least eleven scholarly treatises who later in his life became the third Rasūlid sultan and ruled over Yemen until his death in 695/1296,[3] announces two topics that are, even today, of keen interest in everyday life when it comes to discerning the future, weather forecasting, and predicting price trends.[4]

However, the methods and techniques that permit learning how the weather will be and how prices will develop differ widely between pre- and early modern times and today. The direct relation between these two spheres of everyday life, meteorology and economics, has today often sunk into oblivion, while in former times their practical dependencies were more immediately obvious.[5] Weather forecasting and predicting prices were, however, also linked theoretically in pre- and early modern times. Both can be classified as prognostic practices—leaving out of consideration that meteorology also consists of a theoretical part mainly based on Aristotle's 'Meteorologica'.[6] In turn, they can be characterised as methods and techniques drawing on signs or indications and interpreting them,[7] independently of how they are associated, e.g. by cause and effect, by empirical values, analogies, or other methods.[8] In one way or another, they all deduce from visible to invisible data.

By taking into account the prevalent pre- and early modern *Weltbild* that assumes the Earth in its centre and that distinguishes between a sublunar region inside the orbit of the Moon, where all changes take place, and an unchanging

3 This article belongs to a series by this author, all dealing with different aspects of the 'Tabṣira' and its author, al-Ašraf ʿUmar. They provide the basis of an edition, English translation, and study of the whole text; preprints of single chapters and further material informing on the contents and context of the treatise and its author are already published online via tabsira.hypotheses.org and will eventually be compiled into a printed volume.

4 For a critical view, see in particular Niederwieser 2020, pp. 292 f.; also ibid., pp. 245–278 and Niederwieser 2016, pp. 166–181.

5 Burnett 2021a, p. 689; al-Kindī (Bos/Burnett) 2000, p. 1.

6 See the contributions by Borroni, Hullmeine, and la Martire in this volume; for Aristotle's 'Meteorologica' in the pre-modern Islamicate sources, see Lettinck 1999; also Daiber 1975 and the overview in Lewin 1960; modern research sometimes distinguishes meteorological theory and practice into two sub-disciplines, 'meteorology' and 'weather forecasting' (Burnett 2008, p. 219 with an overview of the state of research; also Mandosio 2013, p. 168); also al-Kindī (Bos/Burnett) 2000, p. 10; Daiber 2013, pp. 154–156; Telelis 2021, p. 665.

7 Schmidl 2021a, pp. 196–198; there is abundant discussion in the pre- and early modern sources concerning the question of whether what is interpreted is a mere sign or an efficient cause, e.g. by al-Baqqār (Guesmi/Samsó) 2018, pp. 33–36; also Daiber 2013, p. 152; Forcada 1995, p. 526b; Varisco 2021, p. 646.

8 Schmidl 2021a, p. 197.

supralunar world beyond it,[9] prognostic practices can be organised in parallel. While countless mantic arts interpret sublunar signs or omens, the interpretation of the movements of the celestial bodies, in particular the planets, belongs to the realm of astrology. Weather forecasting and price prediction are a special case insofar as both are not defined by the signs they interpret but by the issue they deal with, namely, learning more about tomorrow's weather and prices.[10] Despite these classificatory and methodological commonalities and the fact that al-Ašraf ʿUmar merges the two prognostic practices in Chapter XXXV of his 'Tabṣira', it appears advisable, given the state of research, to introduce them separately. Furthermore, although it is of secondary importance in this article, one should not lose track of the fact that weather phenomena, in particular rainbows, winds, thunder, and lightning, are also used as signs to be interpreted.[11]

1.1 Weather Forecasting in Pre-modern Islamicate Sources

When organising prognostic practices with regard to the signs they interpret, one can identify three tradition strands of what Arabic sources call "the science of the phenomena of the atmosphere" (*ʿilm aḥdāṯ al-ǧaww*) or sometimes simply "the science on rain(s)" (*ʿilm fī l-maṭar* [or: *fī l-amṭār*]), but also, and including meteorology, "the science of celestial effects" (*ʿilm al-āṯār al-ʿulwiyya*).[12] One tradition strand of weather forecasting in the pre- and early modern Islamicate sources considers sublunar signs comprising all kind of inanimate (but sometimes also animate, non-periodical, accidental, or unusual) phenomena as weather signs. They pertain to a stock of folk sayings,[13] common knowledge, and intergenerational experience that form a rather popular way of forecasting the weather and only require an alert mind, rather than any scholarly expertise, to apply them.[14] The signs either

9 For a general introduction, Hoppe 2017; for a concise summary, Ragep 2009; for a similar organisation of the Eastern Roman tradition, see Telelis 2021, p. 666; for a different organisation of the Latinate traditions, see Mandosio 2013, p. 167.

10 Schmidl 2021a, p. 212.

11 For an example in the Arabic sources, Fodor 1974, pp. 114–121 (English translation), 46–53 (Arabic text); for examples in the Latin sources, Berg 2020; Chiu and Juste 2013; for an overview of the Eastern Roman traditions, Grünbart 2021, pp. 811–813.

12 For the terminology, Burnett 2021b, p. 689; Burnett 2008, p. 220; Schmidl 2021a, p. 226; for a slightly different organisation of the tradition strands in the Islamicate sources, al-Kindī (Bos/Burnett) 2000, pp. 3–10; for an overview of weather forecasting practices in different traditions illustrating their entanglement, Burnett 2021b and Burnett 2004; Kocánová 2021; Mandosio 2013; Jenks 1983; Telelis 2021; Schwartz 2021.

13 Fahd, Heinrichs and Abdesselem 1995, p. 734a.

14 al-Kindī (Bos/Burnett) 2000, p. 5; also Abū Maʿšar (Burnett/Yamamoto) 2019, i. 6, pp. 150–153.

appear singularly or are embedded in comprehensive schemes, in particular when it comes to sublunar celestial, atmospheric, meteorological, and geological phenomena, such as eclipses, haloes around the Sun or Moon, thunder and lightning, rainbows, and earthquakes.[15] They indicate rain and breaks in the weather for a given list of moments in time, e.g. in the *malḥama* literature, prognostics attributed to the prophet Daniel,[16] where they occur together with other kinds of prognostications:

> If there is a halo around the Moon in the month of Nīsān this indicates a multitude of winds, earthquakes and clouds; but the fruits will be good.[17]

The behaviour and occurrence of animals are also taken into considerations,[18] e.g. in the chapter on weather signs in 'The Nabatean Agriculture' ('al-Filāḥa al-nabaṭiyya') by Abū Bakr Aḥmad ibn Waḥšiyya (late 3rd/early 10th century [?]). He mentions that, among other things, cows turning their heads towards the south and ants carrying around their eggs indicate rain.[19]

The interpretation of such sublunar weather signs is already known from Ancient Mesopotamian times,[20] appears in the Greco-Roman traditions,[21] and continues to be used all over the pre- and early modern Afro-Eurasian *oikouménē*,[22] as documented, for example, in the Syriac treatise known as 'The Book of Medicines', allegedly copied in the 12th century,[23] and the Mandaic 'Book of the Zodiac' ('Sfar Malwašia'), probably originating in Sassanid times (3rd–7th century),[24]

---

15 For an example in Chapter XXXIV of the 'Tabṣira', Schmidl 2022a.

16 DiTommaso 2005, pp. 231–307; Fodor 1974.

17 Fodor 1974, pp. 112 (English translation), 39 (Arabic text).

18 Robertson 1930, pp. 387 f.

19 Ibn Waḥšiyya: al-Filāḥa al-Nabaṭiyya, p. 212; Hämeen-Anttila 2006, p. 82 (English translation).

20 For examples in the Akkadian series *iqqur īpuš* ("He tears down, he rebuilds") providing prognostications "for phenomena occurring or activities undertaken in the twelve months of the year" (Rochberg 2010, p. 230), see Un calendrier babylonien, esp. pp. 58–203; also Rochberg 2010, pp. 231 f.

21 Ptolemy: Tetrabiblos II, 13, pp. 212–219; also al-Kindī (Bos/Burnett) 2000, pp. 3–5, Telelis 2021, p. 669.

22 For the term Melvin-Koushki 2019, pp. 272 f. with n. 32; for examples from the Latinate societies, Heiduk 2021, who denotes such practices as "'do-it-yourself'-prognostication" (p. 125).

23 Budge 1913, vol. 1, p. XL; also Rudolf 2018 (including a German translation), here pp. 116 f.; Bhayro and Rudolf 2018, p. 116; for a prognostic practice using sublunar signs Budge 1913, vol. 2, p. 648; Rudolf 2018, p. 282.

24 The Book of the Zodiac, p. 2; for a prognostic practice using sublunar signs, pp. 143–146; also Rochberg 2010, p. 224.

both preserved only in late manuscripts (19th–20th century).[25] Their use is still popular today, as attested by the farmer's almanacs, annually published and sold, with their weather proverbs and sayings.[26]

A specific practice of weather forecasting by means of sublunar signs that uses mainly sheep shoulder blades for prognostication is described in some Arabic manuscripts on scapulimancy. They mark out a place on the scapula that indicates "abundant rain and its floods, and what happens in it of good and ill fortune".[27]

Two other tradition strands of weather forecasting in the pre-and early modern Islamicate sources interpret supralunar signs. They use two different concepts that might be distinguished along the disciplinary boundary between astronomy and astrology.[28] The former uses, seen from a geocentric point of view, the course of the Sun during the day and throughout the year, the phases of the Moon and its monthly movement through the zodiacal belt, and the rotation of the fixed stars for timekeeping, chronology, and calendrics. The latter interprets as signs not only actual, observable celestial objects, mainly the Sun, Moon, planets, and stars, but also notional, computed reference systems and points on the celestial sphere, e.g. the houses (basic for casting any horoscopes) or the lots, positions on the ecliptic, the apparent path of the Sun around the Earth and, most famous, the Lot of Fortune.[29]

In the first case, when considering supralunar signs, the Sun's position with reference to the zodiacal signs, or more precisely, its ecliptic longitude, acts as a time base. This parameter accounts for seasonal changes in the weather and lays the foundation for all solar calendars, e.g. when the Sun enters Aries on the northern hemisphere, days become longer, nights shorter, spring begins. Therefore, information related to the position of the Sun can be easily organised according to the date in a solar year and comprises data related to celestial phenomena, hygiene and medical treatment, rains and winds, planting and seeding, navigation and related topics.[30] Similar material is already found in the Greco-Roman tradition,[31] continuing in pre- and early modern times, not only in Arabic but also in Latin (as the entangled text history of the so-called 'Calendar of Cordoba' documents)[32] and in other languages.[33]

---

25 Rudolf 2018, pp. 116–125; also Bhayro and Rudolf 2018, pp. 124–126; The Book of the Zodiac, p. 1; Rochberg 2010, pp. 223 f.

26 For a German example, Bauernkalender 2023; for a short summary, Niederwieser 2020, pp. 96 f.

27 al-Kindī (Bos/Burnett) 2000, pp. 9 f.

28 Already Ptolemy: Tetrabiblos I, 1, pp. 2–5.

29 For a short explanation, Schmidl 2021b, pp. 540–542.

30 For examples, Varisco 1994; Pellat 1986.

31 For examples, Lehoux 2007, pp. 217–309; also al-Kindī (Bos/Burnett) 2000, pp. 5–7.

32 Arabic and Latin text with French translation in Pellat 1961; for a summary of the text history, Forcada 2011; also al-Kindī (Bos/Burnett) 2000, pp. 7 f.

33 Kocánová 2021, p. 658; Telelis 2021, pp. 667 f.

These practices that use the regular movement of the celestial bodies as a time base are, however, not strictly separated from astrological weather forecasting, as becomes clear, e.g. in 'The Great Introduction into Astrology' ('al-Mudḫal al-kabīr fī aḥkām al-nuǧūm') by Abū Maʿšar Ǧaʿfar ibn Muḥammad ibn ʿUmar al-Balḫī (d. 272/886),[34] a treatise fundamental for the development of astrology not only in the Islamicate societies but also elsewhere.[35] Its author stresses the role of the planets in explaining different weather conditions of a season in consecutive years: without them, they would remain always the same; no winter would be colder, no summer hotter than any other.[36]

Apart from the Sun, the concept of the *anwāʾ* (in the plural; *nawʾ* in the singular), which relies on pre-Islamic traditions and Arabic star lore, also acts as a time base in pre- and early modern Islamicate sources.[37] It comprises two different manifestations, which might explain their sometimes vague or even contradictory descriptions. On the one hand, *nawʾ* apparently denotes the rain falling when a star or a group of stars set at dusk, i.e. having its/their acronychal setting. On the other hand, *anwāʾ* describes a system of heliacal risings and acronychal settings of 28 different stars and asterisms positioned alongside the ecliptic,[38] which, in Islamic times, merged with the lunar mansions.[39] It subdivides the year into 28 intervals of usually 12, 13, or 14 days that run parallel to the seasons, providing a stellar calendar and can, therefore, be used for weather forecasting.[40] Sometimes, *nawʾ* only designates the setting, without the rising that marks the beginning of such an interval, as discussed in the sources. Furthermore, in such an interval, a shorter period of up to seven days might also be called *nawʾ*, apparently having its own weather characteristics.[41]

---

34 Arabic text and English translation in Abū Maʿšar (Burnett/Yamamoto) 2019.

35 Documented, e.g. by the Latin translations of John of Seville and Herman of Carinthia (text in Abū Maʿšar: Kitāb al-Mudḫal al-kabīr ilā ʿilm aḥkām al-nuǧūm, vol. 4–7) and the early prints based on them, as well as by the Greek translation made around 1000 (text in Abū Maʿšar [Burnett/Yamamoto] 2019, vol. 2).

36 Abū Maʿšar (Burnett/Yamamoto) 2019, i. 2, pp. 58 f.

37 Varisco 1989, p. 145.

38 Ibid., p. 148.

39 Varisco 1991, p. 6; also Pellat 1960, p. 523a–b; a system classifying the lunar mansions into humid, dry, and sometimes apparently also moderate is recorded by Ibn Hibintā in his 'Muġnī' (Sezgin 1979, p. 332) and in a Latin treatise by John of Seville that is, in turn, relying on Arabic sources (Burnett 2008, pp. 235 f., pp. 249–253 [Latin text], 261–265 [English translation]). If and how the entangled history of the *Unwettersterne* (Kunitzsch 1972; also Kunitzsch 1967) is related to the concept of the *anwāʾ* requires further research.

40 For examples, Schmidl 2021c; Schmidl 2007, pp. 280–305, 326–341 (Arabic texts and German translations), pp. 602–614, 628–637 (studies).

41 Pellat 1960, p. 523a.

The *anwāʾ* are mainly discussed in a specific genre—in 'The Books on *anwāʾ* and Times' ('Kutub al-Anwāʾ wa-l-azmina')—that might not only include an explanation and tables with the dates of the risings and settings of the stars and information on winds and rains but also proverbs and poetry, e.g. in 'The Book of *anwāʾ*' ('Kitāb al-Anwāʾ') by Ibn Qutayba (d. c. 275/890).[42] To use the information on weather forecasting based on the concept of the *anwāʾ* requires a deeper astronomical knowledge than the information based on a solar calendar.[43] It involves a certain familiarity with the technical literature, e.g. for identifying the constellations.

In the second case, when taking supralunar signs into account, astrological concepts are employed for weather forecasting,[44] a tradition strand sometimes denoted as 'astrometeorology' in modern research.[45] Amongst the more general notions are the characteristics of the zodiacal signs, e.g. their belonging to the watery triplicity, those three zodiacal signs separated from each other by 120° and associated with the element water,[46] or the association of the planets with certain weather phenomena.[47] Several lots that are related to weather phenomena belong to the more specific concepts, e.g. Abū Rayḥān al-Bīrūnī (d. c. 440/1048) in 'The Book of Instruction in the Elements of the Art of Astrology' ('Kitāb al-Tafhīm li-awāʾil fī ṣināʿat al-tanǧīm') lists "the lot of air and wind" (*al-sahm al-hawwāʾ wa-l-riyāḥ*), "the lot of clouds" (*al-sahm al-ġuyūm*), and "the lot of rains" (*al-sahm al-amṭār*),[48] while Abū ʿAbd Allāh al-Baqqār (fl. early 9th/15th century) uses in 'The Book on Rains and Prices' ('Kitāb al-Amṭār wa-l-asʿār') "the lot of rain" (*al-sahm al-maṭar*), "the lot of the wind" (*al-sahm al-riyāḥ*), and "the lot of the days" (*al-sahm al-ayyām*),[49] both authors referring to Abū Maʿšar.[50] Although the sources clearly describe how these lots are determined, they remain rather silent with regard to their application.

---

42 For the Arabic text, see Ibn Qutayba: Kitābuʾl-Anwāʾ; Pellat 1960, p. 523b.

43 Slightly different: al-Kindī (Bos/Burnett) 2000, p. 9.

44 See also the contribution by Hullmeine in this volume.

45 al-Kindī (Bos/Burnett) 2000, pp. 2f. argues against this denotation; also the argumentation in Lawrence-Mathers 2020.

46 Kūšyār ibn Labbān (Yano) 1997, ii. 7, pp. 196f.; also Burnett 2021b, p. 692; for a short explanation of the triplicities, Schmidl 2021b, p. 539.

47 Della Levi Vida 1934, pp. 271–279; also Burnett 2008, p. 255: "Venus indicates moisture, Mercury wind, Saturn clouds and cold [...]".

48 al-Bīrūnī: The Book of Instruction, § 479, p. 291.

49 al-Baqqār (Guesmi/Samsó) 2018, pp. 98f. (summary and commentary), 233 (Arabic text).

50 al-Bīrūnī: The Book of Instruction, § 476, p. 282; al-Baqqār (Guesmi/Samsó) 2018, pp. 98f. (summary and commentary) and p. 233 (Arabic text); also the overview in Dykes 2013, pp. 29–31.

Of particular relevance is another method called "the opening of the doors" (*fatḥ al-abwāb*) that belongs also to the more specific notions.[51] It is, for example, explained and exemplified by al-Bīrūnī in his 'Tafhīm':

> When two planets whose natures are opposed conjoin, this is called opening the doors. So the conjunction of the sun or moon with Saturn indicates quiet rain, fine drizzle or snow-storms, that of Venus and Mars torrential rain, hail, thunder and lightning, and that of Mercury and Jupiter the opening of the doors of the winds.[52]

Al-Bīrūnī's contemporary, Kūšyār ibn Labbān (fl. 390/1000), in 'The Compendium of the Principles in Astrology' ('Muǧmal al-uṣūl fī aḥkām al-nuǧūm'), keeps the explanation of the opening of the doors more general and does not include the specification for each of the planets.[53] Kūšyār ibn Labbān draws on application and separation, a concept describing, as al-Bīrūnī simply puts it in his 'Tafhīm', the meeting of two planets in an aspect and their parting.[54]

> The separation of the Moon from a planet and its application to [another] planet whose house is in opposition to the house of the first planet: this is called 'the opening of the door'.[55]

Astrological weather forecasting, viewed from the technical side, either forms a branch of mundane, or general, astrology that keeps an eye on the big picture (not on individual odds and ends),[56] or belongs to interrogational astrology, another subfield, in which questions are asked and answered by astrological means.[57] Casting and interpreting a horoscope, the basis of both practices, requires advanced expertise in mathematics, astronomy, and astrology; the use of a technical terminology in these texts asks for specific linguistic skills. These requirements make weather forecasting in this tradition strand less suitable for non-experts than those based on sublunar signs and those using supralunar signs as a time base.

---

51 For a definition and explanation of the opening of the doors, al-Baqqār (Guesmi/Samsó) 2018, pp. 16, 105 f.; Burnett 2021b, p. 693; also Dykes 2013, pp. 19–21.

52 al-Bīrūnī: Kitāb al-Tafhīm, § 517 (511) (Arabic text) and al-Bīrūnī: The Book of Instruction, § 511, p. 315 (facsimile and English translation).

53 Kūšyār ibn Labbān (Yano) 1997, pp. 86 f.

54 al-Bīrūnī: The Book of Instruction, § 489–490, pp. 303 f.; see also n. 133.

55 Kūšyār ibn Labbān (Yano) 1997, pp. 86 f.

56 Abū Maʿšar (Burnett/Yamamoto) 2000, viii. 1, pp. 478 f.; for a summary of mundane, or general, astrology, Burnett 2021a, pp. 488 f.; Schmidl 2021a, pp. 543 f.

57 For a summary of interrogational astrology, Burnett 2021a, pp. 489 f.; Schmidl 2021a, pp. 544 f.

Information on astrological weather forecasting is included in the pre- and early modern Islamicate sources in general treatises (either treated in specially tailored chapters or scattered throughout the text) or occurs in the technical literature dedicated to this topic—although one can always ask whether treatises were from the beginning independent texts or whether they were formerly part of a longer work and then outsourced.[58] To the former belong, e.g. introductory literature to astrology, such as Kūšyār ibn Labbān's 'Muǧmal', which deals in the second part, Chapters VI and VII, with "heat, coldness, and winds" and with "moisture and rains";[59] astrological compendia such as the 'The Complete Book on Astrology' ('al-Kitāb al-Muġnī fī aḥkām al-nuǧūm') by Ibn Hibintā (fl. c. 340/950) and 'The Outstanding Book on Astrology' ('al-Kitāb al-Bāriʿ fī aḥkām al-nuǧūm') by Ibn Abī l-Riǧāl (d. after 429/1037–38);[60] treatises on mundane astrology such as Abū Maʿšar's 'On the Report of What Influences on Terrestrial Things the Celestial Bodies from among the Heavenly [Bodies] Indicate' ('Fī ḏikr mā tadullu ʿalayhi l-ašḫāṣ al-ʿulwiyya min al-samāʾiyya li-l-taʾṯīrāt fī l-ašyāʾ al-sufliyya'), whose Chapter II in Book III bears at least in one manuscript the heading "chapter on the determination of rains" (*bāb fī maʿrifat al-amṭār*);[61] and texts on interrogations such as 'The Book of Interrogations' ('Kitāb al-Masāʾil') by ʿUmar ibn Farruḫān al-Ṭabarī (d. c. 200/816).[62]

In this last are included, e.g. 'The Book of Rains and Winds' ('Kitāb al-Amṭār wa-l-riyāḥ') by Māšāʾallāh (fl. c. 170/790),[63] whose works "are often echoed in Abū Maʿšar",[64] in this case in 'The Book of Rains and Winds and Changes in the Weather'

---

58 Also the translations of several treatises in Dykes 2013, pp. 32–240.

59 Kūšyār ibn Labbān (Yano) 1997, pp. 86–95.

60 For Ibn Hinbintā's 'Muġnī', see Sezgin 1979, pp. 331 f.; for a facsimile, see Ibn Hibintā: The Complete Book on Astrology, here pp. 203–216; for Ibn Abī l-Riǧāl's 'Bāriʿ', see Ullmann 1972, pp. 335–337; for its Old Castilian version by Yehudā b. Mošē for King Alfonso X (d. 1284), see ʿAlī ibn Abī l-Riǧāl (Hilty) 1954; for an English translation of extracts based on the Latin edition published in Venice in 1485 and two Arabic manuscripts, see Dykes 2013, pp. 158–162.

61 Abū Maʿšar (Burnett/Yamamoto) 2000, pp. xvi–xvii; Paris, Bibliothèque nationale de France, Arabe 2588.1, fol. 4b–29b, here fol. 12a; see also n. 82.

62 Ullmann 1972, p. 306; Burnett 2021b, p. 692; for an English translation of extracts included in Ibn Abī l-Riǧāl's Latin version Dykes 2013, pp. 129–140.

63 Māšāʾallāh's 'Kitāb al-Amṭār wa-l-riyāḥ' might be either identical to or include 'This chapter of the rains of the year (taken) from Māšāʾallāh' published by Della Levi Vida 1934, pp. 270–281 (cf. Pingree 1974, p. 161a); for an English translation of the Latin version, Dykes 2008, pp. 309–314 and also pp. 315–323 with an English translation of the Latin version of 'The letter of Māšāʾallāh on rains and winds' updated in Dykes 2013, pp. 149–157; see also n. 130.

64 Pingree 1974, p. 160a.

('Kitāb al-Amṭār wa-l-riyāḥ wa-taġayyur al-ahwiya'),[65] which both rank amongst the oldest Arabic texts of this type.[66] The treatises by Yaʿqūb ibn Isḥāq al-Kindī (d. c. 256/870) that merge the theoretical and the practical parts of weather forecasting became most influential.[67] The author's familiarity with Aristotle's 'Meteorologica', probably in the translation by Yaḥyā ibn al-Biṭrīq (fl. mid 3rd/9th century),[68] and the preservation of his texts only in Hebrew and Latin (the Arabic original is lost) draw a vivid image of the entanglement of pre-modern knowledge on weather forecasting.[69]

Distant relatives of astrological weather forecasting can already be found in the Ancient Mesopotamian sources.[70] The topic also occurs in the Ancient Greek traditions, being included in the 'Tetrabiblos' (or 'Αποτελεσματικὴ σύνταξις'; 'Kitāb al-Arbaʿa') by Ptolemy (fl. 2nd century), first translated into Arabic by Abū Yaḥyā al-Biṭrīq (fl. 2nd/8th century) and again by Ibrāhīm ibn al-Ṣalt (fl. 3rd/9th century),[71] a fundamental work not only for pre- and early modern Islamicate astrology. In Chapter II, Part 11, "the nature of the signs, part by part, and their effect upon the weather" is discussed.[72]

Similar to other prognostic practices, all three tradition strands of weather forecasting in the pre- and early modern Islamicate sources combine observations or calculations with interpretations. To link them, everyday experience stands side by side with scholarly knowledge.

1.2 Price Predictions in Pre-modern Islamicate Sources

As opposed to weather forecasting, the prediction of prices (*asʿār*, sg. *siʿr*) has been less systematically investigated by modern research, and proper overviews like those for weather forecasting have, so far, not been published.[73] The relevant literature

---

65 Pingree 1970, pp. 38b–39a, no. 34 argues that Abū Maʿšar's 'Kitāb al-Amṭār wa-l-riyāḥ wa-taġayyur al-ahwiya' is probably identical with his 'Kitāb al-Sirr', an assumption declined by Sezgin 1979, pp. 148, 328 f.; also Ullmann 1972, p. 323 and n. 79.

66 Burnett 2021b, p. 692.

67 Burnett 2004, pp. 205 f.

68 al-Kindī (Bos/Burnett) 2000, pp. 12 f.; for an edition of Yaḥyā ibn al-Biṭrīq's translation, Schoonheim 2000, pp. 1–174.

69 al-Kindī (Bos/Burnett) 2000, pp. 29 f.

70 Hunger 1976.

71 Löhr 2023 (bis); Sezgin 1979, pp. 42 f.; Ullmann 1972, pp. 282 f.

72 Ptolemy: Tetrabiblos II, 11, pp. 200–205 and also II, 12, pp. 206–213 with the title 'On the Investigation of Weather in Detail'; also Daiber 2013, pp. 153 f.

73 For introductions into the Islamicate traditions of weather forecasting, Burnett 2021b; Burnett 2004; for a summary of the Latin traditions of price prediction, Burnett 2021a, p. 489; Dykes 2013, pp. 241–247.

helps only in exposing isolated examples and allowing the location of sources dealing with the prediction of prices; most of them, however, have not been investigated in detail.[74] Nevertheless, some parallels between weather forecasting and price prediction have already become obvious.[75] Again, both practices can be organised according to the signs they interpret; the expertise required for their application differs accordingly. They are either found in general treatises, be it together with other prognostications or in chapters dedicated particularly to the topic, or in special texts—again raising the question of whether they were originally composed as standalones or belonged to longer works and become separated from them later.[76]

With regard to the sublunar world, similar signs to those for weather forecasting are taken into account. Celestial, atmospheric, meteorological, and geological phenomena are considered to predict price trends, e.g. in the *malḥama* literature. The weekday of the beginning of the month, haloes around the Sun and the Moon, and eclipses indicate the rising and lowering of prices; their predictions occur together with other prognostication, e.g. related to agriculture. The behaviour and occurrence of animals are also taken into consideration. They permit learning more about price trends, when, e.g. the death of rats indicates their reduction and abundance.[77]

When considering supralunar signs, the texts present astrological price prediction with many parallels to astrological weather forecasting.[78] Again, general astrological concepts are employed, e.g. the lord of the ascendant being in a stable position, namely, in one of the four cardines, indicates price stability as in 'The Book of the Secret' ('Kitāb al-Sirr') by Abū Maʿšar.[79] Price prediction also belongs to mundane astrology, as, e.g. the Iḫwān al-Ṣafāʾ ("Brethren of Purity"; fl. c. 370/980) explain in 'The Third Epistle on *astronomia*' ('al-Risāla al-ṯāliṯa fī l-asṭrunumiyā'),[80] one of the 50, 51, or 52 letters, depending on how one counts, forming the encyclopaedic corpus of this group of scholars.[81] Therefore, as before,

---

74 An exception forms Dykes 2013, pp. 248–309, with English translations of chapters and treatises related to price prediction attributed to Greek-, Arabic-, Hebrew-, and Latin-writing scholars.

75 Also Dykes 2013, p. 2.

76 See also n. 74.

77 Cf. Fahd 1966, p. 477: "Si la mort se répand chez les rats, il y aura baisse des prix et abondance", referring to "Ps.-Ǧāḥiẓ, *ʿIrāfa*, 9; Ibn Qutayba, *ʿUyūn*, II, 151" and again p. 517.

78 Also Dykes 2013, p. 2.

79 Abū Maʿšar: Kitāb al-Sirr, p. 61 (copy kindly provided by the editor); see also n. 65; for a short explanation of the cardines Schmidl 2021b, p. 541.

80 Iḫwān al-Ṣafāʾ: On Astronomia, pp. 84 f. (English translation) and pp. 148 f. (Arabic text).

81 There is an ever-expanding literature on the 'Rasāʾil' of the Iḫwān al-Ṣafāʾ fuelled by the series of critical editions and annotated English translations published under the aegis of the Institute of Ismaili Studies (IIS) in London.

these practices require more advanced expertise than those based on sublunar signs.

Similarly, information on price prediction appears either in general treatises or as single texts. In his 'Dhikr', Abū Maʿšar, at least in one manuscript, places the "chapter on the determination of high and low prices" (*bāb maʿrifat al-ġilāʾ wa-l-raḫṣ*), before he deals with rains.[82] Kūšyār ibn Labbān proceeds the other way round and continues his astrological introduction, the 'Muğmal', in Part 2 with Chapter VIII "on prices" after dealing with weather forecasting in Chapters VI and VII.[83] ʿUmar ibn Farruḫān al-Ṭabarī follows the same procedure in his 'Masāʾil'.[84]

As a starting point towards a more complete picture of price prediction in the pre- and early modern Islamicate sources, further examples mentioned by Manfred Ullmann and Fuat Sezgin might serve.

(A) 'The Book on the Rising (or: the Judgements]) of Sirius' ('Kitāb al-Ṭulūʿ [or: al-aḥkām] al-šiʿrā l-yamaniyya'), attributed to Hermes Trismegistus,[85] a colourful authority, already present in Ancient Greek texts, which became established in Islamic, Christian, and Jewish traditions.[86]

(B) An extract of 'The Sixteenth Book on Prices' ('Kitāb al-Sādis ʿašar fī l-asʿar'), attributed to Dorotheos of Sidon (fl. 1st century [?]),[87] whose title reinforces the doubts already uttered with regard to independent texts on the topic.

(C) Māšāʾallāh's 'Book of Prices' ('Kitāb al-Asʿār'), which ranks among the earliest Arabic texts dealing with price prediction and the Latin version of which conveys the impression that it is compiled by using more than one text attributed to this author.[88]

---

82 Abū Maʿšar (Burnett/Yamamoto) 2000, pp. xvi–xvii; Paris, Bibliothèque nationale de France, Arabe 2588.1, fol. 4b–29b, here fol. 11a–12a; see also n. 61.

83 Kūšyār ibn Labbān (Yano) 1997, pp. 96–101; see also n. 59.

84 Ullmann 1972, p. 306; for the English translation of a Latin version, Dykes 2013, pp. 268–282; see also n. 62.

85 Sezgin 1971, pp. 41f.; Ullmann 1972, p. 291.

86 Bladel 2009, esp. pp. 125–127; also Schmidl 2021a, p. 202.

87 Sezgin 1979, p. 37 referring to a 4th-/10th-century manuscript in Tehran, Majlis 6452, fol. 122b–123b; not mentioned in Ullmann 1972, pp. 280f.; also Dykes 2013, pp. 248–250, who presents an English translation of a Latin text with the title 'Dorotheos on the Moon & Prices'.

88 Ullmann 1972, p. 305; Sezgin 1979, p. 104; for a horoscope taken from this treatise, see The Astrological History of Māshāʾallāh, p. 185; for an introduction and an English translation of the Latin version, Dykes 2013, pp. 251–268.

(D) The 'Book of Prices' ('Kitāb al-Asʿār') by Aḥmad ibn Muḥammad al-Siǧzī (late 4th/10th century), whose author also wrote on weather forecasting in a treatise titled 'The Book on the Determination of the Opening of the Doors' ('Kitāb Maʿrifat fatḥ al-abwāb').[89]

(E) 'The Collection of the Judgements of the Year Transfers by the knowledgeable Šayḫ Sahl ibn Bišr' ('Maǧmūʿ al-šayḫ Sahl ibn Bišr fī aḥkām tahāwīl al-sinīn'), apparently not written by Sahl ibn Bishr (d. c. 230/845) but referring to him and Abū Maʿšar as authorities.[90]

At one end, rudiments of price prediction can be identified already in the Ancient Mesopotamian sources,[91] namely in the 'Diaries', with their immense set of data compiled from the 8th or 7th to the 1st century BC and probably continuing nearly another 200 years.[92] The records of economic trends and the river level appear to be included in them due to their regularity and periodicity.[93] At the other end, one finds Arabic treatises on price predictions that were translated into Latin and bear titles such as 'On Market Prices' ('De mercibus').[94] The mainly uncharted territories in between deserve further research to disclose the entanglement of different cultural and linguistic areas as it becomes evident in these treatises.

2 Intertwining Weather Forecasting and Price Prediction

Several of the examples provided above deal with weather forecasting and price prediction, though not exclusively in one treatise or even combined in one chapter. One also finds, however, treatises that focus on these two prognostic practices—more exactly, their astrological manifestations—and join them together in one text, e.g. in Abū Maʿšar's 'Kitāb al-Sirr', which deals in its first part with weather forecasting, this being approximately five times as long as the second part

---

89 Ullmann 1972, pp. 333 f.; Sezgin 1979, pp. 179–181, 333 f., who additionally mentions a 'Kitāb al-Amṭār' ('The Book on Rains') by al-Siǧzī; see also n. 51.

90 Ullmann 1972, p. 311; Berlin, Staatsbibliothek zu Berlin, Preußischer Kulturbesitz, Landberg 221, fol. 99a–132a; Ahlwardt 1893, pp. 279 f., no. 5883 (omitting the adjective "knowledgeable").

91 Slotsky 1997; cf. also Hunger and Pingree 1999, p. 29: "Similarly, a tablet written around -320 makes predictions for business from the positions of the planets [...]", referring to Hunger 1976, no. 94, pp. 95–99 (text and German translation), 164 (tablet).

92 For the diaries in general, Hunger and Pingree 1999, p. 2.

93 Hunger and Pingree 1999, p. 140.

94 For an example, see n. 88; for an overview, n. 73.

that provides price prediction.[95] Another example is al-Baqqār's 'Kitāb al-Amṭār wa-l-asʿār', divided into a preface discussing three attitudes towards astrology and three parts that introduce first "the system of the judgement of the crosses" (*ṭarīqat aḥkām al-ṣulub*), then discuss the position of Saturn in one of the zodiacal signs, and conclude with the signs that indicate weather changes, rains, and prices.[96]

Chronologically, these two treatises frame the 'Tabṣira' written in 7th-/13th-century Yemen by al-Ašraf ʿUmar (d. 695/1296), the third of the Rasūlid sultans, who most probably, before ascending the throne in 694/1295, authored at least eleven scholarly treatises and constructed instruments, namely, astrolabes and water-clocks.[97] He therefore forms one of the few examples of a ruler writing scholarly treatises.[98] Apart from dealing with astronomy, astrology, and astronomical instruments, his oeuvre also comprises texts on animal studies, genealogy, mantic arts, medicine, and agriculture.[99] It reflects its author's interest and expertise in these fields of knowledge, in the broadest sense to be described as applied or applicable sciences.[100]

The 'Tabṣira' is preserved in two manuscripts: one in Oxford, most probably from 8th-/14th-century Yemen, and one in Paris, copied in Muḥarram 1036 (March 1626) and given its script from the Eastern part of the Islamicate realm.[101] In the former copy, more reliable and most probably closer to al-Ašraf ʿUmar's version of the text, the treatise comprises 50 chapters on a broad variety of topics: astronomical, astrological, mathematical, and geographical knowledge as well as calculating, prognostic, and magic practices.[102]

The 'Tabṣira' has hitherto defied a clear assignment to a scholarly genre of pre- and early modern astronomy or astrology, such as the *zīǧes*, astronomical–astrological handbooks with tables, or the *mudḫal* literature, astrological introductory

---

95 Abū Maʿšar: Kitāb al-Sirr; also Sezgin 1979, p. 148; differently Pingree 1970, p. 38b, no. 34 and also Ullmann 1972, p. 323 identify the 'Kitāb al-Sirr' with the 'Kitāb al-Amṭār wa-l-riyāḥ wa-taġayyur al-ahwiya'; see also n. 65.

96 al-Baqqār (Guesmi/Samsó) 2018, esp. pp. 33–174 (summary and commentary) and pp. 187–277 (Arabic text).

97 For the author and his oeuvre, the material provided on tabsira.hypotheses.org; also Schmidl 2007; Varisco 1994, pp. 12–18; King 1983, pp. 27–29; for his scholarly oeuvre, Schmidl 2024; for his astrolabe and his instrument book, King 2005, study XIVa, pp. 615–657.

98 For other examples of rulers as authors, see Brentjes, Fierro and Seidensticker 2024.

99 Schmidl 2024.

100 Schmidl 2024, pp. 470–472.

101 Oxford, Bodleian Library, Huntington 233; Paris, Bibliothèque nationale de France, Arabe 2601.2; a concordance of the two manuscripts is in preparation by the author and will be pre-published on tabsira.hypotheses.org.

102 For the contents of the 'Tabṣira' in general, Schmidl 2021d; Schmidl 2016, pp. 36–40; for specific chapters, the pre-prints and materials published on tabsira.hypotheses.org.

texts.[103] The first part of the 'Tabṣira', Chapters I–XIII, includes basics commonly included in the latter, albeit with peculiar and conspicuous variations.[104] Other chapters present different information, e.g. geographical data,[105] tables for time-keeping,[106] an almanac,[107] or mathematical basics.[108] Besides these scattered topics, another focus of the 'Tabṣira' is prognostic practices, such as an onomantic scheme, announced in the heading although omitted in the manuscripts;[109] palmomantic tables that allow the interpretation of spontaneous convulsions of the body parts;[110] or a double-argument table with incidents;[111] aeromantic and meteromantic practices that interpret rainbows, shooting stars, and haloes in parts similar to what is found in the *malḥama* literature.[112]

Therefore, Chapter XXXV does not belong to a properly defined textual context but fits to the overall contents of the 'Tabṣira'. Merging weather forecasting and price prediction, both belonging to the astrological tradition strand and showing parallels to what is known so far about these practices in the pre- and early modern Islamicate sources, in a single chapter appears rather unusual. However, al-Ašraf ʿUmar combines them in five statements, the first three attributed to Mūsā ibn al-Ḥasan ibn Nawbaḫt (fl. c. 290/900).[113] They begin with discussing the amount of rainfall depending on the ecliptic position of the Sun, either being in the first degree of Taurus or Scorpio (1° Tau or 1° Sco), and the directional quality of Venus and Mercury, either being easterly or westerly.[114] It then continues with listing price trends linked again to the ecliptic position of the Sun, this time leaving its dejection (19° Lib),[115] and the position of the Moon in the houses, namely, their four quadrants. Finally, it closes by informing of the occurrence or non-occurrence

---

103 For the *zīǧes*, Kennedy 1956; King and Samsó 2001; Gaida 2021a; for the *mudḫal* texts, Burnett 2007; Gaida 2021b.

104 Schmidl 2020a.

105 For the *qibla* scheme, Schmidl 2022b; also Schmidl 2007, pp. 666 f., 676; for the geographical table, Schmidl 2020b; also Schmidl 1997, p. 108.

106 Schmidl 2019.

107 Varisco 1994, pp. 41–60 (Arabic text) and pp. 23–40 (English translation).

108 Schmidl 2021d; Schmidl 2021e.

109 Schmidl 2020c, p. 221, note a.

110 In the initial part of Chapter XLI.

111 In the final part of Chapter XL; also Hertogh, Rhijn, Schalekamp, Schmidl 2023; shortly Schmidl 2021c, pp. 222 f.

112 Schmidl 2022a.

113 On the attribution, see n. 135; on Mūsā ibn Nawbaḫt (Nawbajt): al-Kitāb al-Kāmil, pp. 23–27; also Mūsā ibn Nawbaḫt (Nawbajt): Kitāb al-Azmina wa-'d-duhūr, pp. 15–18.

114 Also Dykes 2013, pp. 21 f.

115 If the Sun's leaving of 19° Libra is related to what Dykes 2013, pp. 22–24 calls "Method 5: Sun at 20° Scorpio", one of seven procedures he lists for weather forecasting and for which

of rain related to the Sun's and the Moon's conjunction or opposition and establishes to which planets the Moon applies.[116]

The fourth statement in Chapter XXXV, attributed to Abū l-ʿAnbas Muḥammad ibn Isḥāq al-Ṣaymarī (d. 275/888),[117] discusses price trends requiring the determination of the month and employing different astrological concepts. Sign and interpretation are apparently linked by analogy, e.g. when the lord of the ascendant applies to a planet in the third or the ninth house, both cadent houses falling from the cardines, the food costs will decrease; or if it is in the fourth or the seventh house, two of the cardines and of specific stability, the prices will stand stable without increasing or decreasing.

The fifth and final statement is taken from a "text collection" (*kitāb maǧmūʿ*) that does not limit itself to weather forecasting and price prediction but also includes, e.g. prognostications concerning illnesses. It asks again for the lord of the ascendant—this time, however, at the first degree of Aries—and calls it "the indicator of the year" (*dalīl al-sana*). What is foretold mainly relates to the general characteristics of the planets. In the final part of this statement, it seems that the zodiacal sign of the ascendant is also taken into consideration, because the method is only suitable for those regions to which the zodiacal sign is related. To find this relationship, Chapter XXXV refers to the 'Book of the Introduction to the Craft of Astrology' ('Kitāb al-Mudḫal ilā ṣināʿat aḥkām al-nuǧūm') by al-Qabīṣī (fl. late 4th/10th century).[118] Al-Ašraf ʿUmar—or the unknown author of his source—classifies this method as "easiest to use".

The methods and procedures in Chapter XXXV of the 'Tabṣira' show some similarities to what is provided by Abū Maʿšar in his 'Kitāb al-Sirr' and al-Baqqār in his 'Kitāb al-Amṭār wa-l-asʿār', and also to weather forecasting practices in the astrological introductory literature and in treatises on mundane astrology, but appear in general to be less complex and less comprehensive—an observation that fits with the emphasis on their user-friendliness noted at the end of Chapter XXXV.

Weather forecasting as an independent subject is also dealt with in Chapter XXXVI of the 'Tabṣira', which discusses the times of rain, seeding, and the winds and, as far as one can tell at the moment, rather focuses on the time base

---

some sources use instead the entrance of the Sun, its ingress (in Libra) deserves further research.

116 For the application of a planet, see n. 133.

117 See n. 126.

118 al-Qabīṣī (Alcabitius): The Introduction to Astrology (Arabic text and English translation); a list of astrological treatises dealing with this topic in al-Baqqār (Guesmi/Samsò) 2018, p. 60.

function of the celestial bodies.[119] The topic occurs, however, in many other chapters as part of more general prognostications, e.g. in Chapter XXXII, an almanac;[120] Chapter XXXIV, interpreting rainbows, shooting stars, and haloes;[121] or in the incident table in the second part of Chapter XL.[122] Price prediction, however, does not occur that prominently in the 'Tabṣira', in parallel with what is known in general of the role and place of these two prognostic practices in pre- and early modern Islamicate sources.

As opposed to most of the other chapters of the 'Tabṣira', which barely mention their sources but whose contents clearly demonstrate al-Ašraf ʿUmar's familiarity with the general as well as the local scholarly traditions, Chapter XXXV provides three authors' names. The first, Mūsā ibn Nawbaḫt, also occurs in Chapter XLVIII of the 'Tabṣira', which deals with astrological elections.[123] This author wrote several treatises, many of them dealing with astrology, including 'The Book on Times and Ages' ('Kitāb al-Azmina wa-l-duhūr') and 'The Complete Book' ('al-Kitāb al-Kāmil'), both of which deal with historical astrology: the former taking rather a theoretical point of view, the latter a more practical one. Being organised in two parts, it first presents a series of horoscopes and second lists quarterly prognostication calculated for the equinoxes and the solstices.[124] However, neither of these treatises includes what al-Ašraf ʿUmar presents at the beginning of Chapter XXXV. Rather, these paragraphs attributed to Ibn Nawbaḫt closely resemble "this chapter of the rains of the year (taken) from Māšāʾallāh" (*hāḏihī bāb al-amṭār fī l-sana min qawl Māšāʾallāh*).[125] The final statement of Chapter XXXV is also attributed to Ibn Nawbaḫt and relates Yemen with Scorpio, the only time al-Ašraf ʿUmar's authorship shines through.

Similar to Mūsā ibn Nawbaḫt, the second author mentioned in Chapter XXXV, al-Ṣaymarī, also appears in Chapter XLVIII of the 'Tabṣira'. Mainly known for his humorous pieces, this author also wrote several treatises on astronomy and astrology, which are, however, only partially preserved.[126] One of them, 'The Book of the Foundation of Foundations on the Characteristics of the Stars' ('Kitāb Aṣl

119 For the wording of the headline of Chapter XXXVI, Schmidl 2021d, pp. 229 f.; a publication is in preparation in cooperation with Razieh S. Mousavi, Berlin.

120 See n. 107.

121 Schmidl 2022a.

122 See n. 111.

123 For the wording of the headline of Chapter XLVIII Schmidl 2021d, pp. 231 f., a major part is taken from Kūšyār ibn Labbān (Yano) 1997, iv.2, pp. 240–259.

124 Mūsā ibn Nawbaḫt (Nawbajt): al-Kitāb al-Kāmil; Mūsā ibn Nawbaḫt (Nawbajt): Kitāb al-Azmina wa-'d-duhūr.

125 Della Levi Vida 1934, p. 271; see also n. 135.

126 Pingree 1983; Pellat 2004; also Sezgin 1979, pp. 152 f.

al-uṣūl fi ḫawāṣṣ al-nuǧūm') does not mention any information related to astrological weather forecasting and price prediction, according to the descriptions in the relevant literature.[127] The third author, al-Qabīṣī, on whose 'Mudḫal' Chapter IV of the 'Tabṣira' mainly relies,[128] is an outlier because he is not included due to his contribution to astrological weather forecasting and price predictions, as Ibn Nawbaḫt and al-Ṣaymarī are, but as a reference for a basic astrological relation, namely, of zodiacal signs and regions. Furthermore, Chapter XXXV refers to a "text collection", so far not identified, as its source.

3 Entanglements

Chapter XXXV of al-Ašraf ʿUmar's 'Tabṣira' illustrates several entanglements, most obviously the merging of astrological weather forecasting and price prediction in a single chapter. The methods and techniques introduced for both prognostic practices are based on similar astrological manifestations. So, although it appears natural to combine them in one chapter, as in the 'Tabṣira', they are dealt with separately in the Islamicate sources investigated so far.

Less conspicuous are the entanglements that are reflected in the different tradition strands used for weather forecasting and price prediction, both interpreting not only supra- but also sublunar signs to meet their objectives and, therefore, belonging to two different disciplines: astral sciences and mantic arts. This combination entails a wide range of methods, from the simplest techniques, e.g. observing an animal's behaviour, to the most elaborate, e.g. casting a horoscope; the skills required similarly range from a basic to an expert level. Seen from a more general angle, Chapter XXXV illuminates the concept 'as in the heavens, so on earth' and emphasises the importance of analogical reasoning that is so common in many prognostic practices.

The contents and the context of the 'Tabṣira' reveal two further entanglements. It combines topics in one treatise that modern research rather considers to be independent and exemplifies a ruler as author who writes in a scholarly manner on prognostic practices, emphasising his interest in this topic, be it personally or politically motivated.

Finally, translations of treatises on weather forecasting and price prediction into other languages, e.g. into Latin and Hebrew, discloses an intercultural

127 Ahlwardt 1893, no. 5711, p. 181 and no. 5898, pp. 297 f.; Ullmann 1972, pp. 325 f.

128 Schmidl 2022c.

entanglement and highlights the wide interest both prognostic practices attracted. They apparently stroke a chord.[129]

4 Appendix: Chapter XXXV of al-Ašraf ʿUmar's 'Tabṣira'

The following item presents Arabic text and facing English translation of Chapter XXXV in al-Ašraf ʿUmar's 'Kitāb al-Tabṣira fī ʿilm alnuǧūm' (fol. 114b,1–115a,16 in manuscript Oxford, Bodleian Library, Huntington 233, hence: H; omitted in manuscript Paris, Bibliothèque nationale, Arabe 2601.2).

In the Arabic text, *hamza*, *madda*, *šadda* and diacritical points have been silently added. The punctuation marks follow the manuscript by presenting paragraph marks either by dots (in the case of blank spaces), by[ى] ـهـ [انتـ] (in case of a ـهـ), or by three dots arranged as a triangle (∴) when this is found in the manuscript. Orthographical irregularities in numerals are not corrected. Omitted text whose reading can be deduced appears in square brackets [ ]. Folios of H are provided in angular brackets < >; paragraphs numbered in square brackets [ ].

In the English translation, parentheses ( ) have been inserted to assist the flow of the text; angle brackets < > for translations of corrected or omitted text whose reading can be deduced. Emphases in the Arabic text follow the manuscript and are rendered by bold script in the English translation.

---

129 For their input and their sharing of materials, the author would very much like to thank all colleagues, especially Bram van den Berg, Charles Burnett, David Juste, David A. King, Levente László, Berenike Metzler, Taro Mimura, Luís Ribeiro, Razieh S. Mousavi, Julio Samsó, Laura Tribuzio, and Kirsten Waltert. She is also grateful for the helpful input of the unknown reviewer and of the workshop participants in Bern in November 2023.

Arabic Text and English Translation

الباب الخامس والثلاثون في معرفة دلائل عزّ الأمطار وقلّتها .: ودلائل الغلاء والرخص والله أعلم . [1]<H, 114b>

[2] قال ابن نوبخت إذا أردت عزز الماء والمطر فانظر عند تزول الشمس أوّل درجة من برج الثور فإن كانت الزهرة وعطارد شرقيين دلّ على توقّف الأمطار وإن كانا غربيين دلّ على كثرة الأمطار . [3] وانظر أيضاً إذا تزلت الشمس أوّل درجة من برج العقرب إلى الزهرة وعطارد فإن كانا شرقيين دلّ على توقّف المطر وإن كانا غربيين دلّ على كثرة الأمطار .

[4] **ومن قوله في الشعر** إذا تزلت الشمس أوّل دقيقة من الدرجة العشرين من الميزان وهو انفصالها من درجة الهبوط فاعرف أين موضع القمر في ذلك الوقت فإن كان فيما بين الطالع والرابع فإنّه يدلّ على الغلاء الشديد . وإن كان بين الرابع والسابع فإنّه يدلّ على اضطراب الشعر والغلاء والرخص إلّا أنّه إلى الغلاء أقرب . وإن كان بين السابع والعاشر فإنّه يدلّ على الاضطراب إلّا أنّه إلى الرخص أقرب . وإن كان بين العاشر والطالع فإنّه يدلّ على رخص الأشعار .

<H, 114b> [1] **The thirty-fifth chapter on the knowledge of the indications of the abundance or scarcity of rain. And on the indications of high and low (prices)—and God knows best.**
[2] Ibn Nawbaḫt said, if you want (to know if) water and rain will be abundant, look at the Sun leaving the first degree of Taurus. If Venus and Mercury are (at this time) easterly, it indicates an interruption of rain. If they are westerly, it indicates abundance of rain. [3] Look also at Venus and Mercury when the Sun leaves the first degree of the sign of Scorpio. If they are easterly, it indicates an interruption of rain. If they are westerly, it indicates abundance of rain.[130]

[4] **From (Ibn Nawbaḫt's) statement on the prices.** If the Sun leaves the first minute of the twentieth degree of Libra, this is (the Sun's) separation from the degree of the dejection,[131] determine the position of the Moon at this time. If (the Moon) is between the ascendant and the fourth (house), it indicates extra high (prices). If (the Moon) is between the fourth and the seventh (house), it indicates disorder of the prices, high and low (prices), except that high (prices) are more likely. If (the Moon) is between the seventh and the tenth (house), it indicates disorder (of the prices), except that low (prices) are more likely. If (the Moon) is between the tenth (house) and the ascendant, it indicates low (prices).[132]

130 Cf. al-Kindī (Bos/Burnett) 2000, Letter II, p. 253: "The planets which indicate rainfall are, as we said above, Venus, Mercury and the Moon, for Venus is the essence of rain, the Moon is the essence of water, and Mercury is the essence of the Wind and the air". Cf. also al-Baqqār (Guesmi/Samsó) 2018, p. 104: "Los mejores indicatores de lluvias son Venus, Mercurio y la Luna".

131 The Sun's dejection, or fall (*al-hubūṭ*), takes place in 19° Libra (Schmidl 2021b, p. 539).

132 See n. 130.

[5] **ومن قوله في المطر** قال انظر إذا اجتمع الشمس والقمر في درجة وحدة أو ساعة الاستقبال ما الطالع وأين الكواكب وبمن يتّصل القمر منها . فإن اتّصل بالزهرة أو (؟) بعطارد كان في ذلك الشهر مطر . [6] واعلم أنّ القمر إذا بلغ أحد أوتاد الطالع فاتّصل بالزهرة أو بعطارد دلّ على المطر إلّا إن كان القمر عند الاجتماع يتّصل بالمرّيخ فإنّه يكون رعد وبرق من غير مطر [7] وإن وجدت القمر يتّصل بالسعود حين يفارق الشمس في النصف الأوّل من الشهر أمطار كثيرة وذلك طالع الاستقبال [8] إذا حلّ القمر أحد أوتاده واتّصل بالزهرة أو بعطارد دلّ على المطر [انتـ] ـهـ [ى] .

[9] **ومن قول الصيمري في الأشعار** قال انظر في أوّل كلّ شهر إذا اجتمع الشمس والقمر في دقيقة واحدة إلى برج الطالع في ذلك الوقت فإن كان صاحب الطالع زائد في السير فأنّه يزيد ثمن الطعام في ذلك الشهر وإن كان في وسط السماء ارتفع ثمن الطعام وكذلك إن كان سائراً إلى شرقه دلّ على الغلاء وإن كان يتّصل بكوكب في وسط السماء ارتفع الشعر أيضاً وإن كان صاحب الطالع ناقصاً في السير وهو سائر إلى هبوطه اتّضع الشعر ورخص [10] وإن اتّصل صاحب الطالع بكوكب في <H,115a> الثالث أو التاسع اتّضع ثمن الطعام ورخص . وإن كان صاحب الطالع في وتد الأرض أو في السابع قام الشعر من غير زيادة ولا نقصان .

[5] **From (Ibn Nawbaḫt's) statement on the rains.** He says, when the Sun and the Moon conjunct in one degree or (are at) the moment of the opposition (*sāʿat al-istiqbāl*), look, what is the ascendent, where the planets are, and to whom (?) of them the Moon applies.[133] If (the Moon) applies to Venus or to Mercury, there will be rain in this month.[134] [6] Know that when the Moon arrives at one of the cardines, is rising, and applies to Venus or to Mercury, it indicates rain except if the Moon is in conjunction (with the Sun [?] and) applies to Mars, (then) there will be thunder and lightening without rain. [7] If you find the Moon applying to the benefic (planets) while the Sun departs (from them [?]) in the first half of the month, (there will be) abundant rain. That is (applicable for [?]) the ascendant at (?) the (conjunction and [?] the) opposition. [8] If the Moon halts in one of its cardines and applies to Venus or to Mercury, it indicates rain—e(nd).[135]

[9] **From al-Ṣaymarī's statement on the prices.** He says, look at the beginning of each month, when the Sun and the Moon conjunct in one minute,[136] at the zodiacal sign of the ascendant at that time. If the lord of the ascendant is increasing in motion,[137] (then) food costs will increase in this month. If it is in midheaven, (then) food costs will rise. Likewise, if it is moving eastwards, it indicates high (prices). If it is applying to a planet in the midheaven, the prices will also rise. If the lord of the ascendant is decreasing in motion,[138] i.e., it is moving toward its dejection,[139] the prices will sink down and become low. [10] If the lord of the ascendant applies to a planet in <H, 115a> the third or the ninth (house), the food costs will sink and become low. If the lord of the ascendant is in the cardine of the earth (i.e., lower midheaven) or in the seventh (house), the prices will stand without increase or decrease.

---

133 For the term *ittiṣāl* ("application"), cf. e.g. the explanation in al-Bīrūnī: Kitāb al-Tafhīm, §489 (495) and al-Bīrūnī: The Book of Instruction, § 489, p. 303: "The terms application and separation (*ittiṣāl* and *inṣirāf*) refer to the formation of aspects between the planets and withdrawal from such positions. These are dependent on the signs [...]", where "and withdrawal from such positions", which was omitted in the Arabic text, was restored by Wright.

134 Cf. al-Kindī (Bos/Burnett) 2000, Letter II, p. 258: "When its [sc. the Moon's] application is with Venus and Mercury, it indicates rainfall during those weeks".

135 These three paragraphs show close resemblance to a chapter beginning with "This chapter of the rains of the year (taken) from Māšāʾallāh" in Della Levi Vida 1934, p. 271 (Arabic text), 277 f. (Italian translation); for an English translation based on the Latin version, see Dykes 2008, p. 312, updated in Dykes 2013, pp. 144 f.

136 The phrase "at the beginning of each month" is referring here to a lunar month, because the conjunction of Sun and Moon always takes place at New Moon.

137 For the concept of 'increasing in motion', also discussed in Chapter XIII of the 'Tabṣira', see al-Qabīṣī (Alcabitius): The Introduction to Astrology, pp. 90 f.: "when [...] it is descending [sc. the planet] in the orb of the apogee and increasing in light, magnitude and motion".

138 See n. 137.

139 For "toward its dejection", see n. 131.

[11] **وجه آخر في دلائل الشعر والمطر** متقوّل من كتاب مجموع قال انظر إذا تزلت الشمس أوّل دقيقة من برج الحمل إلى طالع ذلك الوقت واعرف صاحبه ويسمّه دليل السنة فإن كان الدليل الزهرة أو المشتري فأنّه يكون في تلك السنة خصب كثير وكثرة أمطار ورخص وسعة في قلوب الناس واعتدال الهوّاء والمهيجة [؟] وإن كان الدليل زحل دلّ على أمطار مفسدة غير مصلحة يغرق بها الناس وبرد شديد ويبس في الهوّاء وغلاء في الشعر وضيق في قلوب الناس وقلّة ريح في المتابعة[140] وإن كان الدليل المرّيخ دلّ على قلّة الأمطار ويبس الهوّاء وكثرة الصواعق والزلازل وغلاء الشعر والأمراض الحادة كالطاعون والحمّيات والبرسام وذلك في المواضع التي من قسمة البرج الذي هو دليل السنة ∴ [12] هذه الدلائل أقرب مأخذاً ليس منها إلّا ما هو موضوع في التقويم غير محتاج إلى عمل كطالع السنة والأوتاد وطوالع الاجتماعات والاستقبالات وخروج الشمس عن درجة الهبوط . وإن عيّن فيه درجة حلولها درجة الهبوط فإن ساعة خروجها مثل صي عند الحاجة إلى ذلك [انتـ] هـ [ى] .

[13] **قال** ابن نوبخت اليمن خاتلك الساعة من اليوم الثاني بعد أربع وعشرين ساعة من حلولها الهبوط وزيادة مسير الكواكب ونقصانه . وأمّا قسمة البلدان للبروج فمذكور في المدخل القبيصية للعقرب وذكر أن طالع المهتجم [؟] الثور والله أعلم بالصواب .

140 H writes rather ا مبايعة (?).

[11] **Another method on the indications of prices and rain** purported from a text collection (*kitāb maǧmūʿ*). It said, look at the ascendant of this time, when the Sun leaves the first minute of the zodiacal sign of Aries, and you will recognise its lord. It is called the indicator of the year. If the indicator is Venus or Jupiter, there will be in that year abundant fertility, abundance of rain, low (prices), ease in the hearts of the people, moderate air, and (the sky becomes) cloudy (*al-muhīǧa* [?]) (?).[141] If the indicator (of the year) is Saturn, it indicates destructive, not constructive rain that people are drowned in, heavy hail, dryness in the air, high prices, unease in the hearts of the people, and subsequent (?) lack of wind (?). If the indicator is Mars, it indicates lack of rain, dryness of the air, abundance of thunderbolts, earthquakes, high prices, and major illnesses such as the plague, fevers, and pleurisy. That is (applicable [?]) at the places that are among the part of the zodiacal sign that is the indicator of the year. [12] These indicators are easiest to use, they do not ask what is put down in the ephemeris, they do not (?) require an operation such as (determining) the ascendant of the year, the cardines, the ascendants of the conjunctions, and the oppositions (of the Sun and the Moon). (Concerning) the departure of the Sun at the degree of dejection.[142] If the degree of (the Sun's) halt assigns to the degree of the dejection, (then) the moment of (the Sun's) departure is similar to that moment at the second day after twenty-four hours of the (Sun's) halt (namely in [?]) the (degree of its) dejection, (although) the movement of the planets are in increase and in decrease.[143] Concerning the divisions of the regions according to the zodiacal signs, so it is mentioned in al-Qabīṣī's 'Mudḫal' among the topic—e(nd).[144] [13] Ibn Nawbaḫt said, the Yemen is attributed to Scorpio. He mentioned that the ascendant of the attacker (?) is Taurus—and God knows best and rightly.

---

141 For the translation of the term *al-muhīǧa* [?] ("and [the sky becomes] cloudy"), Lane 1863–1893, vol. 8, p. 2910c: "The sky became cloudy and windy, and we were rained upon", and p. 2911a: "A day of wind: or, of clouds, or of mist, and rain".

142 For "degree of dejection", see n. 131.

143 These three sentences have their issues; other interpretations are also feasible, e.g. that "the departure of the Sun from the degree of dejection" belongs to the series of items listed in the previous sentence.

144 al-Qabīṣī (Alcabitius): The Introduction to Astrology, pp. 34–37.

Bibliography

Sources

Abū Maʿšar (Burnett/Yamamoto) 2000 = Abū Maʿshar on Historical Astrology. The Book of Religions and Dynasties (On the Great Conjunctions). Ed. by Charles Burnett and Keiji Yamamoto (Islamic Philosophy, Theology and Science 33–34). Leiden 2000.

Abū Maʿšar (Burnett/Yamamoto) 2019 = The Great Introduction to Astrology by Abū Maʿšar. With an Edition of the Greek Version by David Pingree. Ed. by Charles Burnett and Keiji Yamamoto. Leiden 2019.

Abū Maʿšar: Kitāb al-Mudḫal al-kabīr ilā ʿilm aḥkām al-nuǧūm. Liber introductorii maioris ad scientiam judiciorum astrorum. Ed. by Richard Lemay. 9 vols. Napoli 1995.

Abū Maʿšar: Kitāb al-Sirr. Ed. by Taro Mimura based on Madrid, Escorial, árabe 938, fol. 1b-27a, Oxford, Bodleian Library, Marsh 618, fol. 198b–216b, and Oxford, Bodleian Library, Marsh 618, fol. 162b–170b. Unpublished.

The Astrological History of Māshāʾallāh. Ed. by Edward S. Kennedy and David Pingree. Cambridge MA 1971.

al-Baqqār (Guesmi/Samsó) 2018 = Astrometeorología en al-Andalus y el Magrib entre los siglos VIII y XV. El *Kitāb al-Amṭār wa l-asʿār* ("Libro de las lluvias y de los precios") de Abū ʿAbd Allāh al-Baqqār (fl. 1411–1418). Edición de Chedli Guesmi, introducción, comentario y resumen de Chedli Guesmi y Julio Samsó (De diversis artibus 103 [N.S. 66]). Turnhout 2018.

Bauernkalender 2023 mit Bauernregeln und hundertjährigem Kalender. Kiel 2022.

Berlin, Staatsbibliothek zu Berlin, Preußischer Kulturbesitz, Landberg 221. http://resolver.staatsbibliothek-berlin.de/SBB0002E93A00000000.

al-Bīrūnī: The Book of Instruction in the Elements of the Art of Astrology. Ed. and transl. by Robert Ramsey Wright. London 1934.

al-Bīrūnī: Kitāb al-Tafhīm li-awāʾil fī ṣināʿat al-tanǧīm. Ed. and transl. by Keiji Yamamoto. Unpublished.

The Book of the Zodiac (Sfar Malwašia). Ed. by Ethel S. Drower. London 1949.

Budge, Ernest A. Wallis (ed.): Syrian Anatomy, Pathology, and Therapeutics or 'The Book of Medicines'. The Syriac Text, Edited from a Rare Manuscript, with an English Translation etc. 2 vols. London et al. 1913.

Un calendrier babylonien des travaux des signes et des mois (Séries Iqqur Îpuš). Ed. by René Labat (Bibliothèque de L'école des Hautes Études, IVe section 321). Paris 1965.

Dykes, Benjamin N. (transl.): Works of Sahl & Māshāʾallāh. Minneapolis, Minnesota 2008.

Dykes, Benjamin N. (transl.): Astrology of the World I. The Ptolemaic Inheritance. Minneapolis, Minnesota 2013.

Ibn Hibintā: The Complete Book on Astrology (Publications of the Institute for the History of Arabic-Islamic Science, Series C, Facsimile Editions 41). 2 vols. Frankfurt a. M. 1987.

Ibn Qutayba, Abū Muḥammad ʿAbd Allāh: Kitābuʾl-Anwāʾ. On Meteorology of the Arabs. Ed. by Charles Pellat and Muhammad Hamidullah. Hyderabad-Deccan 1375H/1956.

Ibn Waḥšiyya, Abū Bakr Aḥmad: al-Filāḥa al-Nabaṭiyya. Ed. by Toufic Fahd. Dimashq n. d.

Iḫwān al-Ṣafāʾ: On Astronomia. An Arabic Critical Edition and English Translation of Epistle 3. Ed. and transl. by Taro Mimura and F. Jamil Ragep (Epistles of the Brethren of Purity). New York 2015.

al-Kindī (Bos/Burnett) 2000 = Scientific Weather Forecasting in the Middle Ages. The Writings of al-Kindi. Studies, Editions, and Translations of the Arabic, Hebrew and Latin texts. Ed. by Gerrit Bos and Charles Burnett. London et al. 2000.

Kūšyār ibn Labbān (Yano) 1997 = Kūshyār Ibn Labbān's Introduction to Astrology. Ed. by Michio Yano. Tokyo 1997.

Mūsā ibn Nawbaḫt (Nawbajt): al-Kitāb al-Kāmil. Horóscopos históricos. Edicion y traducción por Ana Labarta, prologo de Juan Vernet. Madrid 1982.

Mūsā ibn Nawbaḫt (Nawbajt): Kitāb al-Azmina wa-'d-duhūr. Tratado de astrología mundial. Edición del text árabe, introducción y notas por Ana Labarta. Análisis del contenido astronómico Àngel Mestres. Valencia 2005.

Oxford, Bodleian Library, Huntington 233. https://digital.bodleian.ox.ac.uk/objects/30f0365b-326a-4552-a446-809f0adf5c5c/.

Paris, Bibliothèque nationale de France, Arabe 2588.1. https://gallica.bnf.fr/ark:/12148/btv1b100375628.

Paris, Bibliothèque nationale de France, Arabe 2601.2. https://gallica.bnf.fr/ark:/12148/btv1b100375751.

Pellat, Charles (ed.): Le calendrier de Cordoue publié par Reinhart Dozy. Nouvelle edition accompagnée d'une traduction française annotée. Leiden 1961.

Pellat, Charles (ed.): Cinq calendriers égyptiens (Textes arabes et études islamiques 26). Cairo 1986.

Ptolemy: Tetrabiblos. Transl. by Frank E. Robbins. Cambridge MA, London 1940.

al-Qabīṣī (Alcabitius): The Introduction to Astrology. Edition of the Arabic and Latin Texts and an English Translation by Charles Burnett, Keiji Yamamoto and Michio Yano (Warburg Studies and Texts 2). London, Turin 2004.

Rudolf, Stefanie (ed.): Syrische Astrologie und das Syrische Medizinbuch (Science, Technology, and Medicine in Ancient Cultures 7). Berlin, Boston 2018.

Schoonheim, Pieter L. (ed.): Aristotle's Meteorology in the Arabico-Latin tradition. A Critical Edition of the Texts, with Introduction and Indices (Aristoteles Semitico-Latinus 12). Leiden 2000.

Secondary Literature

Ahlwardt, Wilhelm: Die Handschriften-Verzeichnisse der Königlichen Bibliothek zu Berlin. 17. Band: Verzeichniss der arabischen Handschriften. Band 5. Berlin 1893.

Berg, Bram van den: Early Medieval Brontologies. Thunder Prognostication in Medieval Thought, from the Ninth to the Eleventh Century. Master Thesis Utrecht 2020.

Bhayro, Siam and Stefanie Rudolf: Budge's Syriac Book of Medicines after One Hundred Years. Problems and Prospects. In: Strahil V. Panayotov and Luděk Vacín (eds.): Mesopotamian Medicine and

Magic. Studies in Honor of Markham J. Geller. Boston 2018, pp. 116–130.

Bladel, Kevin Thomas van: The Arabic Hermes. From Pagan Sage to Prophet of Science (Oxford Studies in Late Antiquity). Oxford, New York 2009.

Brentjes, Sonja, Maribel Fierro and Tilman Seidensticker (eds.): Rulers as Authors in the Islamic World. Knowledge, Authority and Legitimacy (Islamic History and Civilization 213). Leiden 2024.

Burnett, Charles: Weather Forecasting in the Arabic World. In: Emilie Savage-Smith (ed.): Magic and Divination in Early Islam (The Formation of the Classical Islamic World 42). Aldershot 2004, pp. 201–210.

Burnett, Charles: Astrology. In: The Encyclopaedia of Islam, THREE. 2007. http://dx.doi.org/10.1163/1573-3912_ei3_COM_0162 (accessed: 04/03/2024).

Burnett, Charles: Weather Forecasting and the Lunar Mansions. In: Anna Akasoy and Wim Raven (eds.): Islamic Thought in the Middle Ages. Studies in Text, Transmission and Translation. In Honour of Hans Daiber (Islamic Philosophy, Theology and Science 75). Leiden, Boston 2008, pp. 219–265.

Burnett, Charles: Astral Sciences. Traditions and Practices in the Medieval Western Christian World. In: Matthias Heiduk, Klaus Herbers and Hans-Christian Lehner (eds.): Prognostication in the Medieval World. A Handbook. Berlin 2021a, pp. 485–501.

Burnett, Charles: Weather Forecasting. Traditions and Practices in the Medieval Islamic World. In: Matthias Heiduk, Klaus Herbers and Hans-Christian Lehner (eds.): Prognostication in the Medieval World. A Handbook. Berlin 2021b, pp. 689–695.

Chiu, Hilbert and David Juste: The *De tonitruis* Attributed to Bede. An Early Medieval Treatise on Divination by Thunder Translated from Irish. In: Traditio 68 (2013), pp. 97–124.

Daiber, Hans: Ein Kompendium der aristotelischen Meteorologie in der Fassung des Ḥunain Ibn Îsḥâq. Amsterdam 1975.

Daiber, Hans: Erkenntnistheoretische Grundlagen der Wetterprognose bei den Arabern. Das Beispiel von Kindī, dem „Philosophen der Araber" (9. Jh. n. Chr.). In: Alexander Fidora (ed.): Die mantischen Künste und die Epistemologie prognostischer Wissenschaften im Mittelalter. Wien, Köln 2013, pp. 151–165.

Della Levi Vida, Giorgio: Appunti e quesiti di storia letteria araba. In: Rivista degli Studi Orientali 14 (1934), pp. 249–283.

DiTommaso, Lorenzo: The Book of Daniel and the Apocryphal Daniel Literature. Leiden, Boston 2005.

Fahd, Toufic: La divination arabe. Leiden 1966.

Fahd, Toufic, Wolfhardt P. Heinrichs and Afif Ben Abdesselem: Sadjʿ. In: The Encyclopaedia of Islam, New Edition, vol. 8. Leiden 1995, pp. 732-738.

Fodor, Alexander: Malhamat Daniyal. In: Gyula Káldy-Nagy (ed.): The Muslim East. Studies in Honour of Julius Germanus. Budapest 1974, pp. 84–133 [+ 26 pages in Arabic].

Forcada, Miquel: Rīḥ. In: The Encyclopaedia of Islam, New Edition, vol. 8. Leiden 1995, pp. 526 f.

Forcada, Miquel: Calendar of Córdoba. In: The Encyclopaedia of Islam, THREE. 2011. http://dx.doi.org/10.1163/1573-3912_ei3_COM_24375 (accessed: 04/03/2024).

Gaida, Margaret: Introductions to Astrology. In: Matthias Heiduk, Klaus Herbers and Hans-Christian Lehner (eds.):

Prognostication in the Medieval World. A Handbook. Berlin 2021a, pp. 814–817.

Gaida, Margaret: Zījes. In: Matthias Heiduk, Klaus Herbers and Hans-Christian Lehner (eds.): Prognostication in the Medieval World. A Handbook. Berlin 2021b, pp. 999–1002.

Grünbart, Michael: The Importance of Thunder. Brontologia in the Medieval Eastern Christian World. In: Matthias Heiduk, Klaus Herbers and Hans-Christian Lehner (eds.): Prognostication in the Medieval World. A Handbook. Berlin 2021, pp. 811–813.

Hämeen-Anttila, Jaakko: The Last Pagans of Iraq. Ibn Waḥshiyya and his Nabatean Agriculture (Islamic History and Civilization 63). Leiden, Boston 2006.

Heiduk, Matthias: Introductory Surveys. Prognostication in the Medieval Western Christian World. In: Matthias Heiduk, Klaus Herbers and Hans-Christian Lehner (eds.): Prognostication in the Medieval World. A Handbook. Berlin 2021, pp. 109–151.

Hertogh, Tim, Carine van Rhijn, Bruno Schalekamp, Petra G. Schmidl: Medieval Divination by Unexpected Incidents. The *Tabula prenostica Salomonis.* In: International Journal of Divination and Prognostication 4 (2023), pp. 81–103.

Hoppe, Brigitte: Sublunar/translunar. In: Historisches Wörterbuch der Philosophie online. Basel 2017. https://doi.org/10.24894/HWPh.4133 (accessed: 04/03/2024).

Hunger, Hermann: Spätbabylonische Texte aus Uruk 1. Berlin 1976.

Hunger, Hermann and David Pingree: Astral Sciences in Mesopotamia (Handbook of Oriental Studies. Section 1: The Near and Middle East 44). Leiden, Boston, Köln 1999.

Jenks, Stuart: Astrometeorology in the Middle Ages. In: Isis 74 (1983), pp. 185–210.

Kennedy, Edward S.: A Survey of Islamic Astronomical Tables (Transactions of the American Philosophical Society. N.S. 46, 2). Philadelphia 1956.

King, David A.: Mathematical Astronomy in Medieval Yemen. A Biobibliographical Survey. Malibu 1983.

King, David A.: In Synchrony with the Heavens. Studies in Astronomical Timekeeping and Instrumentation in Medieval Islamic Civilization. Vol. 2: Instruments of Mass Calculation (Studies X–XVIII) (Islamic Philosophy, Theology and Science 55). Leiden 2005.

King, David A. and Julio Samsó: Astronomical Handbooks and Tables from the Islamic World (750–1900). An Interim Report. With a Contribution by Bernard R. Goldstein. In: Suhayl 2 (2001), pp. 9–105.

Kocánová, Barbora: Weather Forecasting. Traditions and Practices in the Medieval Western Christian World. In: Matthias Heiduk, Klaus Herbers and Hans-Christian Lehner (eds.): Prognostication in the Medieval World. A Handbook. Berlin 2021, pp. 651–664.

Kunitzsch, Paul: Die „Unwettersterne" und die „Geomantie des Zanātī". In: Byzantinische Zeitschrift 60 (1967), pp. 309–317.

Kunitzsch, Paul: Zur Tradition der „Unwettersterne". In: Zeitschrift der Deutschen Morgenländischen Gesellschaft 122 (1972), pp. 108–177.

Lane, Edward William: An Arabic–English Lexicon. 8 vols. London, Edinburgh 1863–1893.

Lawrence-Mathers, Anne: Medieval Meteorology. Forecasting the Weather from Aristotle to the Almanac. Cambridge 2020.

Lehoux, Daryn: Astronomy, Weather, and Calendars in the Ancient World. Parapegmata and Related Texts in Classical and Near-Eastern Societies. Cambridge 2007.

Lettinck, Paul: Aristotle's *Meteorology* and its Reception in the Arab World. With an Edition and Translation of Ibn Suwār's *Treatise on Meteorological Phenomena* and Ibn Bājja's *Commentary on the Meteorology*. Leiden et al. 1999.

Lewin, Bernhard: al-Āthār al-ʿUlwiyya. In: The Encyclopaedia of Islam, New Edition, vol. 1. Leiden 1960, pp. 736 f.

Löhr, Nadine: Ptolemy, *Kitāb Arbaʿ maqālāt* (tr. Ibrāhīm ibn al-Ṣalt/Ḥunayn ibn Isḥāq). Last updated 22/07/2023. Ptolemaeus Arabus et Latinus. Works. https://ptolemaeus.badw.de/work/192 (accessed: 04/03/2024).

Löhr, Nadine: Ptolemy, *Kitāb Arbaʿ maqālāt fī l-aḥkām* (tr. al-Biṭrīq/ʿUmar ibn al-Farrukhān). Last updated 22/07/2023. Ptolemaeus Arabus et Latinus. Works. https://ptolemaeus.badw.de/work/265 (accessed: 04/03/2024).

Mandosio, Jean-Marc: Meteorology and Weather Forecasting in the Middle Ages. In: Alexander Fidora (ed.): Die mantischen Künste und die Epistemologie prognostischer Wissenschaften im Mittelalter. Wien, Köln 2013, pp. 167–181.

Melvin-Koushki, Matthew: Review Essay. Magic in Islam between Religion and Science. In: Magic, Ritual, and Witchcraft 14 (2019), pp. 255–287.

Niederwieser, Christof: Prognostik 02. Zeichendeutung. Trossingen 2016.

Niederwieser, Christof: Prognostik 03. Trends und Zyklen der Zeit. Trossingen 2020.

Pellat, Charles: Anwāʾ. In: The Encyclopaedia of Islam, New Edition, vol. 1. Leiden 1960, pp. 523 f.

Pellat, Charles: Abū al-ʿAnbas al-Ṣaymarī. In: The Encyclopaedia of Islam, New Edition, vol. 12. Leiden 2004, pp. 16 f.

Pingree, David: Abū Maʿshar. In: Dictionary of Scientific Biography, vol. 1. New York 1970, pp. 32–39.

Pingree, David: Mashāʾ Allāh. In: Dictionary of Scientific Biography, vol. 9. New York 1974, pp. 159–162.

Pingree, David: Abu'l-ʿAnbas al-Ṣaymarī. In: The Encyclopaedia Iranica, vol. I/3 (1983), p. 259. Updated version: http://www.iranicaonline.org/articles/abul-anbas-al-saymari-mohammad-b (accessed: 04/03/2024).

Ragep, F. Jamil: Astronomy. In: The Encyclopaedia of Islam, THREE. 2009. http://dx.doi.org/10.1163/1573-3912_ei3_COM_22652 (accessed: 04/03/2024).

Ratcliffe, Susan (ed.): Oxford Essential Quotations. Over 12600 Quotations. Oxford 2018. https://doi.org/10.1093/acref/9780191866692.001.0001 (accessed: 04/03/2024).

Robertson, Edward: Arab Weather Prognostics. In: The Journal of the Royal Asiatic Society of Great Britain and Ireland 2 (1930), pp. 377–389.

Rochberg, Francesca: In the Path of the Moon. Babylonian Celestial Divination and Its Legacy. Leiden 2010.

Schmidl, Petra G.: Two Early Arabic Sources on the Magnetic Compass. In: Journal of Arabic and Islamic Studies 1 (1997), pp. 81–132.

Schmidl, Petra G.: Ashraf. In: Thomas Hockey, Virginia Trimble, Thomas R. Williams et al. (eds.): Biographical Encyclopedia of Astronomers. New York 2007, pp. 66 f.

Schmidl, Petra G.: Des Sultans Sternkunde. Al-Ashraf ʿUmar (st. 1296) und sein *Kitab al-Tabṣira fi ʿIlm al-Nujum*. In: Jemen-Report 47 (2016), pp. 36–40.

Schmidl, Petra G.: al-Ashraf ʿUmar's *Tabṣira*: Chapter XXVII.1. Numbers in the Service of Religion in an Example from 13th Century Yemen. In: Reinhard Gregor Kratz and Laura V. Schimmelpfennig (eds.): Zahlen- und Buchstabensysteme im Dienste religiöser Bildung (Studies in Education and Religion in Ancient and Pre-Modern History in the Mediterranean and Its Environs 5). Tübingen 2019, pp. 75–111.

Schmidl, Petra G.: al-Ashraf ʿUmar's *Tabṣira*: Chapter VII (H, 15b, 22–16b, 8) – Lords of the Triplicities, Decans. Published 06/06/2020a on tabsira.hypotheses.org.

Schmidl, Petra G.: al-Ashraf ʿUmar's *Tabṣira*: Chapter XLVII (H, 153b, 1–154a, 7) – Mathematical Geography, Geographical Table. Published 01/10/2020b on tabsira.hypotheses.org.

Schmidl, Petra G.: al-Ashraf ʿUmar's *Tabṣira*: The Table of Contents. Supporting Sovereign Decision-Making in 13th Century Yemen? In: Michael Grünbart (ed.): Unterstützung bei herrscherlichem Entscheiden. Experten und ihr Wissen in transkultureller und komparativer Perspektive. Göttingen 2020c, pp. 216–232.

Schmidl, Petra G.: Introductory Surveys. Medieval Traditions of Prognostication in the Islamic World. In: Matthias Heiduk, Klaus Herbers and Hans-Christian Lehner (eds.): Prognostication in the Medieval World. A Handbook. Berlin 2021a, pp. 189–242.

Schmidl, Petra G.: Astral Sciences. Traditions and Practices in the Medieval Islamic World. In: Matthias Heiduk, Klaus Herbers and Hans-Christian Lehner (eds.): Prognostication in the Medieval World. A Handbook. Berlin 2021b, pp. 532–550.

Schmidl, Petra G.: al-Ashraf ʿUmar's *Tabṣira*. Chapter XXX (H, 92a, 1–94a, 30) – Timekeeping by Means of the Lunar Mansions. Published 01/04/2021c on tabsira.hypotheses.org.

Schmidl, Petra G.: al-Ashraf ʿUmar's *Tabṣira*: Chapter XLIX (H, 160b, 7–162b, 0 [after the table]) – Symbols of the Planets, Alphanumerical Notation. Published 19/02/2021d on tabsira.hypotheses.org.

Schmidl, Petra G.: al-Ashraf ʿUmar's *Tabṣira*: Chapter L (H, 163a, 1–165b, 12) – Multiplication, Hindu–Arabic Numerals. Published 30/01/2021e on tabsira.hypotheses.org.

Schmidl, Petra G.: al-Ashraf ʿUmar's *Tabṣira*: Chapter XXXIV. Rainbows, Shooting Stars, and Haloes as Signs of the Future. In: Klaus Herbers and Hans-Christian Lehner (eds.): Dreams, Nature, and Practices as Signs of the Future in the European Middle Ages (Prognostication in History 10). Leiden, Boston 2022a, pp. 252–309.

Schmidl, Petra G.: al-Ashraf ʿUmar's *Tabṣira*: Chapter XXXVII.1. Qibla Schemes as Text-Image Arrangements with an Example from 13th Century Yemen. In: Lorenz Korn and Berenike Metzler (eds.): Writing as Intermediary. Text-Image Relations in Early Modern Islamic Cultures (Bamberger Orientstudien 16). Bamberg 2022b, pp. 65–96.

Schmidl, Petra G.: al-Ashraf ʿUmar's *Tabṣira*: Chapter IV (H, 12a, 8–12b, 13) – Male and Female Degrees. Bright, Dark, Dull, and Void Degrees. Published 30/03/2022c on tabsira.hypotheses.org.

Schmidl, Petra G.: Rulers as Authors in 13th Century Yemen. al-Ashraf ʿUmar's Œuvre. In: Sonja Brentjes, Maribel Fierro and Tilman Seidensticker (eds.): Rulers as Authors in the Islamic World. Knowledge, Authority and Legitimacy (Islamic History and Civilization 213). Leiden 2024, pp. 455–488.

Schwartz, Dov: Mantic Arts. Jewish Traditions and Practices in the Medieval World. In: Matthias Heiduk, Klaus Herbers and Hans-Christian Lehner (eds.): Prognostication in the Medieval World. A Handbook. Berlin 2021, pp. 585–587.

Sezgin, Fuat: Geschichte des arabischen Schrifttums. Vol. IV: Alchimie – Chemie – Botanik – Agrikultur bis ca. 430 H. Leiden 1971.

Sezgin, Fuat: Geschichte des arabischen Schrifttums. Vol. VII: Astrologie, Meteorologie und Verwandtes bis ca. 430 H. Leiden 1979.

Slotsky, Alice Louise: The Bourse of Babylon. Market Quotations in the Astronomical Diaries of Babylonia. Bethesda, Maryland 1997.

Telelis, Ioannes G.: Weather Forecasting. Traditions and Practices in the Medieval Eastern Christian World. In: Matthias Heiduk, Klaus Herbers and Hans-Christian Lehner (eds.): Prognostication in the Medieval World. A Handbook. Berlin 2021, pp. 665–685.

Ullmann, Manfred: Die Natur- und Geheimwissenschaften im Islam (Handbuch der Orientalistik. 1. Abt., Ergänzungsbd. VI, 2. Abschnitt). Leiden 1972.

Varisco, Daniel Martin: The Anwāʾ Stars According to Abū Isḥāq al-Zajjāj. In: Zeitschrift für Geschichte der arabisch-islamischen Wissenschaften 5 (1989), pp. 145–166.

Varisco, Daniel Martin: The Origin of the Anwāʾ in Arab Tradition. In: Studia Islamica 74 (1991), pp. 5–28.

Varisco, Daniel Martin: Medieval Agriculture and Islamic Science. The Almanac of a Yemeni Sultan. Seattle, London 1994.

Varisco, Daniel Martin: Calendrical Calculations. Traditions and Practices in the Medieval Islamic World. In: Matthias Heiduk, Klaus Herbers and Hans-Christian Lehner (eds.): Prognostication in the Medieval World. A Handbook. Berlin 2021, pp. 636–649.

Massimiliano Borroni

Meteorology and Environment in Islamic Scientific Tradition (4th/10th–6th/12th Century)

Abstract Meteorology in the Islamic scientific tradition covers ample ground. Under this umbrella may fall astronomical *anwāʾ*, historical meteorology, and scientific understanding of several phenomena. This article will present on overview of meteorological contributions by fundamental authors of the later centuries of the so-called golden age of Islamic scientific tradition—namely, al-Bīrūnī, Ibn Sīnā, Abū l-Barakāt, and Ibn Rušd—focusing on the origin of clouds, precipitations, and rivers and climatic differences across regions. Building on their understanding of meteorological phenomena and atmospheric structures, it is possible to draw broader conclusions about their views of the (created) natural world and what we understand today in terms of the environment. The varied multiplicity of their approaches and conclusions features a shared prominence of experience as a fundamental tool of inquiry.

Keywords Climate; Clouds; Meteorology; Rain; Water

Contact

Massimiliano Borroni,
Ca' Foscari University of Venice,
Campazzo S. Sebastiano, 1686,
IT-30123 Venice,
massimiliano.borroni@unive.it
https://orcid.org/0000-0003-2559-3917

Meteorology within the Islamic scientific tradition encompasses a wide range of topics. This includes the study of astronomical phenomena, historical meteorology, and scientific understanding of various natural occurrences such as rainbows, clouds,

In: Das Mittelalter 2024, 29(1), 69–87. Heidelberg: Heidelberg University Publishing.
DOI: https://doi.org/10.17885/heiup.mial.2024.1.24960

and rainfall. In this article,[1] I aim to provide an overview of meteorological thought in the Arabic-Islamic philosophical and scientific tradition through the analysis of four authors: Ibn Sīnā (Avicenna, d. 428/1037), Ibn Rušd (Averroes, d. 595/1198), al-Bīrūnī (d. c. 440/1048), and Abū l-Barakāt al-Baġdādī (d. c. 560/1165).[2] Given the extensive and diverse nature of the subject matter, even when focusing solely on these authors, this article will concentrate on certain general aspects. Specifically, it will explore the topics of clouds, the origin of water on land, and the climatic aspects of meteorology, particularly in relation to the habitability of tropical and equatorial regions. The four scholars discussed in this article are just a few of many who have written about these subjects in Arabic.[3] As will be seen, two of them, Ibn Sīnā and Ibn Rušd, closely follow Aristotle's ideas, though not slavishly or without introducing novel elements, while the other two scholars, al-Bīrūnī and Abū l-Barakāt, offer more original approaches to these meteorological subjects.

The three topics selected for this article were chosen from the broad range of medieval meteorology. They are phenomena that have a continuous impact on a large scale, fundamentally shaping how we inhabit and perceive our environment, regardless of the historical period. As we will see, this allows for a significant appreciation of the role of experience in our authors' development of their meteorological phenomena and the overall mechanisms of the created world.[4] This experience is coupled with theoretical reflection, enabling them to connect visible phenomena with the realm of the unseen, which is beyond sensory experience.

1 Ibn Sīnā

Ibn Sīnā, also known as Avicenna, is a pivotal figure in the history of Islamic philosophy who left a profound and long-lasting influence in the subsequent philosophical tradition. His philosophical tenets became the benchmark for understanding the highest and most comprehensive knowledge in the Islamic world.[5]

---

1 The research on which this article is based was supported by the PON Research and Innovation 2014–2020 Axis IV 'Education and Research for Recovery—REACT-EU'.

2 On the meteorological thought of the earlier al-Kindī, see Daiber 2020.

3 See also the encompassing lists provided in Sezgin 1979.

4 Regarding the particular place held by meteorology at the crossroads of theoretical speculation and empirical experience, I refer to the article by Hullmeine in the same volume.

5 For an updated and accessible introduction to Ibn Sīnā's thought and work, see Adamson 2023.

1.1 The Origin of Clouds and Precipitations

The meteorological reflections of Ibn Sīnā are based on Aristotle's distinction between two exhalations: the moist one, called vapour, which is the cause of precipitation as well as haloes and mock suns; and the dry one, also known as smoke, which is the cause of winds and lightning.[6] Both exhalations are produced by the sun's action on the Earth's surface, and most of the time, they are coexistent, with one component dominating over the other. In this regard, Ibn Sīnā reports his personal observation, having witnessed the separation of the two exhalations beyond a certain altitude:

> But vapour ends as it rises to a certain point, and if the smoke is strong, it separates from it, ascending higher toward the fire. We have witnessed the separation of smoke from the clouds while being on top of towering mountains. We observed the separated smoke leaving a layer on top of the accumulated clouds below, and it accelerates upwards, emitting a smell of fire.[7]

In Ibn Sīnā's conception, vapour is an ambiguous state of water "taking up airy image",[8] which can arise from the former through condensation as well as from the latter through evaporation. Clouds can form from this substance due to various causes, all of which can be attributed to the influence of cold or pressure, particularly in mountainous regions. Furthermore, wind plays a role in this process and induces the appearance of clouds when it is particularly cold, causing the vapour to condense or compressing it and preventing its ascent to the upper layers of the atmosphere.[9] Another mechanism by which the wind acts upon vapour is by compression against the mountains, explaining why a warm region like Ethiopia may experience abundant rainfall.[10]

It should be emphasised that, according to Ibn Sīnā, the effect of wind on precipitation does not necessarily result in rain. On the contrary, if the wind is warm, it can lead to a rarefaction of the matter that constitutes the clouds and, thus, to their dispersion. Interestingly, Ibn Sīnā identifies a significant regional variability, which leads him to briefly discuss specific types of winds in relation to certain regions.[11] As we will also see in the case of al-Bīrūnī, the discussion

6 On this aspect of Aristotelian thought, see Wilson 2013, pp. 51–72.

7 Ibn Sīnā: Kitāb al-Šifāʾ, p. 39. The translation is mine.

8 al-Bīrūnī and Ibn Sīnā: al-Asʾila wa-l-aǧwiba, p. 147.

9 Ibn Sīnā: Kitāb al-Šifāʾ, p. 35.

10 Ibid., p. 36.

11 Ibid., pp. 59–61.

of regional climates is one of the ways through which experience, even indirect, contributes to making the consideration of climate more complex and concrete.

1.2 The Origin of Water on Land

However, in accordance with Aristotelian doctrine, this cycle of precipitation and evaporation is not considered sufficient in itself. In contrast to the perspectives of thinkers like al-Bīrūnī, Ibn Sīnā assigns a lesser significance to the sea. He posits that its salty water generates a dense vapour which quickly condenses into rain.[12] Completing the cycle of evaporation and precipitation is its underground analogue, where the air permeating the ground becomes vapour under the influence of pressure and the coolness of the earth before being distilled in the mountains, where it further condenses into water through simple accumulation.[13] In this instance, we observe the role of direct experience subtly emerging, this time through an analogy between the distillation processes used in medicine and pharmacology at the time and the phenomenon of water formation deep within the Earth. As is clearly seen here, the analogous explanation allows Ibn Sīnā to bridge the gap between what can be observed and the unseen, explaining both the mechanism in general and the role of different soils in determining the effectiveness of the process:

> It is possible for mountains to be filled with water, similar to a mountain retaining vapour and channelling it towards the emergence of springs, like a solid distillation vessel made of iron, glass, or any other material suitable for distillation. If it is made of weak and porous wood or ceramic, it will not retain much vapour, nor will anything significant condense from it. However, if it is made of a solid substance, it will not allow any vapour to escape and dissipate.[14]

This very mechanism, which is analogous to the one that leads to the formation of metals, explains the greater presence of springs near mountains. The transformation of elements into one another lies at the core of Ibn Sīnā's understanding of the natural world, envisioned as a natural environment that is animated and shaped by a continuous struggle between the elements.[15]

---

12 Ibid., p. 207.

13 Ibid., p. 10.

14 Ibid., p. 11.

15 Di Martino 2008, p. 36.

1.3 Climate

The same transformation of elements also explains the irregularity of the Earth's sphere, which is due to the transformation of land into other elements under the influence of celestial bodies.[16] This phenomenon aligns with the evidence of divine wisdom, as argued by various authors, not necessarily Muslims. The 4th-/10th-century Sabean scholar Ṯābit ibn Qurra, for instance, shares this perspective, as it allows for the survival of terrestrial life.[17] This irregularity plays a significant role in defining the climatic characteristics of different regions. Ibn Sīnā identifies four aspects that influence this phenomenon: the position of the sun, namely, the angle at which its rays strike the surface; altitude; the effect of the orography on the reflection of solar rays; and proximity to the sea.[18]

Ibn Sīnā also takes into consideration the latitude, based on the assumption that the sun's rays heat the Earth's surface more intensely when they are more vertical. However, this does not lead him to argue that subtropical and equatorial regions are uninhabitable. Ibn Sīnā reports that trustworthy travellers have informed him that these regions are indeed inhabited. This can be explained by the fact that, on one hand, the closer one is to the equator, the more quickly the sun reaches and departs from the zenith; and on the other hand, the duration of days and nights remains constant, eliminating the conditions that lead to the alternation of summer heat and winter cold in more northern climates. The result is that the equatorial region must experience the most constant and moderate climate.

Then, in addition to the effect of altitude, which results in lower temperatures in the higher atmospheric layers, mountains also impact the climate of surrounding regions by reflecting solar rays. The influence of seas is more complex, as they can both cool and warm a region. In the former case, it is simply a consequence of the inherent cold nature of water. In the latter case, it is the vapour, or moist exhalation, rising from the sea that intercepts the solar rays, thus experiencing a warming effect.

It is worth noting an interesting medical observation that connects the climatic characteristics of regions to the adaptation of the populations inhabiting them. Ibn Sīnā, as he frequently does,[19] draws upon his own direct experience in this regard,

16 Ibn Sīnā: Kitāb al-Šifāʾ, pp. 24 f. The Earth's spheroidal imperfection is evidently crucial for the appearance of dry land. Ibn Sīnā's naturalistic rationale for this had the advantage of aligning with the Genesis narrative, and it was embraced by Jewish thinkers; see Freudenthal 2018.

17 Rashed 2009. This author is significant and influential, as evidenced by his substantial inclusion in the Ayasofya 4832 collection, which Hullmeine discusses in his contribution to this volume.

18 Ibn Sīnā: Kitāb al-Šifāʾ, pp. 26–29.

19 Janssens 2004.

inviting the reader to consider how Turks tolerate their land's cold and Abyssinians its heat and how he saw Bedouins and people from Ḫōrasān complain about the cold and the heat, respectively, despite experiencing the very same climate.[20]

2 Ibn Rušd

Ibn Rušd presents his meteorological thoughts in the 'Short Commentary' ('Kitāb al-Āṯār al-ʿulwiyya') and the 'Middle Commentary' ('Talḫīṣ al-Āṯār al-ʿulwiyya'). As noted by Paul Lettinck, these two texts do not entirely agree with each other and are based on the Arabic version of the 'Meteorology' by Ibn al-Biṭrīq (d. c. 215/830), with insertions from the Commentaries of Alexander of Aphrodisias (fl. c. 200), Ps.-Olympiodorus, and Ibn Sīnā. Where these sources diverge, Ibn Rušd tends to present a solution that encompasses both perspectives rather than favouring one over the other or, at least, provides both points of view.[21]

2.1 The Origin of Clouds and Precipitation

The most fundamental difference between the 'Short Commentary' and the 'Middle Commentary' lies in the theory of exhalations. In the first text, Ibn Rušd—following Ibn al-Biṭrīq's version of the Aristotelian 'Meteorology'—mentions *three* different exhalations, referring to hot and moist exhalation, cold and moist exhalation, and, finally, hot and dry exhalation.[22] In the 'Middle Commentary', however, the three exhalations are reduced, as it seems, to the opposition between a fiery exhalation (hot and dry) and a cold and moist exhalation, which is then referred to as vapour. Nevertheless, in one point, Ibn Rušd declares again that the earth gives off three exhalations.[23] Nevertheless, it is interesting here to note that, in the 'Middle Commentary', vapour is considered to be of the same substance as water.[24]

In this regard, given the importance of the transformation of elements in Ibn Sīnā's meteorology, it is worth noting, as Lettinck also points out, that although Ibn Rušd follows Ibn al-Biṭrīq, he "omits the statement that moist exhalation becomes air when nothing further occurs to it".[25] Nevertheless, the fate of the

---

20 Ibn Sīnā: Kitāb al-Šifāʾ, pp. 29 f.

21 Lettinck 1999, pp. 12–14.

22 Ibn Rušd: Talḫīs al-Āṯār al-ʿulwiyya, pp. 6–9, 20; see also Lettinck 1999, p. 62.

23 Ibn Rušd: Kitāb al-Āṯār al-ʿulwiyya, pp. 35 f.; see also Lettinck 1999, p. 63.

24 Ibn Rušd: Kitāb al-Āṯār al-ʿulwiyya, p. 25.

25 Lettinck 1999, p. 63.

two exhalations is otherwise similar to that outlined by Ibn Sīnā. After the earth releases the two exhalations under the influence of the sun, the moist exhalation rises but only to a certain point, where it begins to form clouds, while the dry exhalation separates from it and continues to ascend. Precipitation occurs through further cooling and condensation, a process that Ibn Rušd explains is entirely analogous to what is observed in steam-filled bath houses.[26]

2.2 The Origin of Water on Land

When it comes to the contribution of precipitation to the water that flows in rivers, Ibn Rušd's perspective appears to be varied. Water can exist in both flowing and stagnant forms, whether beneath or above the earth's surface. Stagnant water is often the result of rainwater being collected in areas where the soil is impermeable. However, it can also occur due to the underground transformation of air into water, a process analogous to the formation of rain in Ibn Sīnā.[27]

In the case of running water, Ibn Rušd assigns a predominant role to mountains, although it appears to be slightly different from Ibn Sīnā's view. Mountains, in fact, are considered particularly cold and humid because they are closer to the atmospheric zones where rain forms. Additionally, mountains are capable of retaining this moisture in their depths and maintain heat within themselves. This warmth evaporates moisture and then brings up vapour to the higher regions of the mountains, where the cold causes its condensation into water.

Once a sufficient quantity of water is reached, it can erupt and eventually merge with water coming from rainfall, forming rivers. The process described here by Ibn Rušd seems to reconcile the Aristotelian idea of water generation through the transformation of air within the depths of the earth with an almost entirely atmospheric cycle. In fact, Ibn Rušd briefly revisits the issue when discussing the sea and its connection to the water element. There, Ibn Rušd openly states, "the water of all rivers originate from it [i.e. the sea]".[28]

Upon closer examination, the generation of water from air seems to contribute only to the formation of stagnant water bodies rather than rivers. In the 'Short Commentary', he suggests that river water originates from atmospheric rain and follows an underground route, similar to yet distinct from the strictly Aristotelian water cycle model proposed by Ibn Sīnā. However, all of this is then contradicted

26 Ibn Rušd: Talḫīs al-Āṯār al-ʿulwiyya, p. 21.

27 Ibid., pp. 25 f.

28 Ibid., p. 28.

in the 'Middle Commentary', where the dual origin of river waters is presented instead: from rainfall or from the underground transformation of air.[29]

2.3 Climate

Regarding the habitability of the globe, Ibn Rušd substantially disagrees with Ibn Sīnā. Ibn Rušd observes that the summer heat persists on the Iberian Peninsula for three months following the solstice, while in regions located at a similar latitude, this period of heat lasts twice as long. Consequently, equatorial regions experience an extended, scorching summer that is incompatible with human, animal, and plant life, which relies on a cycle of hot and cold throughout the year. Even in the tropics, as seen in the case of Ethiopia, Ibn Rušd explains that life is only possible under very harsh conditions. This fact also serves the need for symmetry, considering the presence of uninhabitable regions due to extreme cold.[30]

3 Al-Bīrūnī

Al-Bīrūnī's meteorological approach displays several unique aspects, apparent both in the content and in the method of its presentation. Significantly, the scholar from Ḫōrazm addresses meteorological topics in a broad variety of works. It should be mentioned that al-Bīrūnī's only text with an assumed meteorological–astronomical character, the 'Book of the *anwā*'', is lost;[31] nonetheless, what can be gleaned from a comprehensive review of al-Bīrūnī's diverse body of work is helpful in forming an accurate understanding of his meteorological ideas on various subjects.[32]

Al-Bīrūnī seems to maintain a loose connection with the Aristotelian tradition;[33] however, this should not lead us to think that al-Bīrūnī's thought is entirely divorced from engagement with the great Greek thinker. A couple of examples that shed light on this matter can be found in the 'Coordinates' ('Kitāb Taḥdīd al-Amākin'),[34] as well as in the correspondence between al-Bīrūnī and Ibn Sīnā, collated by one of the latter's students.[35]

---

29 Ibn Rušd: Kitāb al-Āṯār al-ʿulwiyya, pp. 73 f.

30 Ibn Rušd: Talḫīs al-Āṯār al-ʿulwiyya, pp. 45–49.

31 See Schmidl's contribution to this volume for a useful introduction to *anwā*ʾ literature.

32 For a bibliography of al-Bīrūnī's works, see Pingree 2000a.

33 On al-Bīrūnī's meteorology, see the preliminary articles Wiedemann 1922 and Hasanov 1962.

34 An English translation is available in al-Bīrūnī: The Determination of the Coordinates of Positions.

35 Hullmeine 2019.

In terms of climatology, al-Bīrūnī exposes a few systems of global subdivision into climates.[36] In various works, al-Bīrūnī presents the Indian, Persian, and Greek systems. The Persian system divides the known world into climatic areas organised around a circle, with Iran as its centre. For this reason, al-Bīrūnī considers it more of a political division than a scientific one. Furthermore, the Indian system, in al-Bīrūnī's view, appears less precise and sophisticated in its calculations compared to the analogous Greek system, which envisages a division into seven parallel climatic zones.

3.1 The Origin of Clouds, Precipitation, and Water on Land

The 'Coordinates' is a work on astronomical geography. Its primary objective is to educate the reader on the correct method for determining the direction towards Mecca, thereby ensuring the ritual validity of their prayers, but it contains a few comments related to water in its introduction:

> It is also known from observation that the natural position of dry land is below that of the water, for soil precipitates in water. The penetration of water, when falling vertically into soil or earth, is due to the rarefaction of the air and the natural tendency of the water to settle below the air, which permeates the space between the aggregated particles of the soil.[37]

Here, al-Bīrūnī adheres rather closely to the Aristotelian tradition in describing the process through which water percolates and infiltrates deep into the earth. However, shortly afterwards, he addresses sea salinity, stating his alignment with Ṯābit ibn Qurra, who significantly influenced al-Bīrūnī's meteorological ideas:

> [God] commanded the winds to drive water vapour, in the form of clouds, to desolate and waterless lands, [...] its rain on the mountains will penetrate and accumulate deep inside them, or will remain on their tops in the form of snow. Further, the accumulated water will form rivers which will carry it back to the sea.[38]

---

36 Pingree 2000b.

37 al-Bīrūnī: Kitāb Taḥdīd nihāyat al-amākin, pp. 33 f.; translation from al-Bīrūnī: The Determination of the Coordinates of Positions, p. 23.

38 al-Bīrūnī: Kitāb Taḥdīd nihāyat al-amākin, pp. 34 f.; al-Bīrūnī: The Determination of the Coordinates of Positions, pp. 24 f.

As can be observed, al-Bīrūnī makes no mention of the second exhalation—smoke—central to the meteorological thought derived from Aristotle. Moreover, the vapour that forms clouds and will become rain for the emerged lands originates entirely from the sea and seems to be the sole source of water, thus forming a cycle that is not reliant on subterranean water generation. This is roughly analogous to the cycle we know today and, therefore, lacks the generation of water in the earth's depths that is characteristic of the Aristotelian tradition following the latter's 'Meteorology'. A potential influence, whether direct or indirect, might be traced here to the lost 'Meteorology' of Theophrastus and the Ps.-Aristotelian 'On the Cosmos'.[39]

It is worth noting how this divergence from the Aristotelian and Avicennian dictum is grounded in a differing conception of the nature of vapour. For al-Bīrūnī, vapour is a dispersion of water happening in the realm of the unseen—in this case, the outright invisible—as suggested in one of the questions he poses to Ibn Sīnā in their correspondence:

> Let us take the example of air and water: when water transforms into air, does it become air in reality, or is it because its particles spread out until they become invisible to the sight so that one cannot see these separate particles?[40]

Ibn Sīnā's response, of course, opposes al-Bīrūnī's proposition, on the empirical grounds that a sealed flask filled with water will crack when exposed to heat, which means that the content has expanded. If evaporation is due to dispersion, this would mean that the distance between particles of water has increased, thus leading to a void between them; and void, says Ibn Sīnā, is an impossibility.[41] However, the response must not have deterred him at all, as in one of his later works, al-Bīrūnī repeats the same description of vapour as an established fact: "[Water] becomes mixed with air, and as a result of the intimate contact becomes suspended in the air".[42]

This growing conviction can also be found in relation to the origin of the water we see on land. While in the 'Chronology' ('Kitāb al-Āṯār al-bāqiya') and later in the 'Coordinates', al-Bīrūnī discusses the issue leaning on the authority

39 Baksa 2020, pp. 123–126; Daiber 2021, pp. 300–302, 496–512.

40 al-Bīrūnī and Ibn Sīnā: al-As'ila wa-l-aǧwiba, pp. 146 f.; the exchange has been translated by Berjak and Iqbal 2003–2007; a German translation of this passage is also available in Strohmaier 1988, pp. 58–60.

41 Hullmeine 2019.

42 Arabic and English text in 'al-Bīrūnī: The Book of Instruction on the Elements of the Art of Astrology', p. 124.

of Ṭābit ibn Qurra, in the later 'Precious Stones' ('Kitāb al-ǧamāhir'), al-Bīrūnī opens his eclectic introduction leading to the discussion of gems and stones—the focus of the work—with an unequivocal description of an exogenous cycle. In this cycle, all water ultimately derives from a process of evaporation, precipitation, and potentially percolation, but not subterranean generation:

> All praise is for the Sustainer of the world, [...] has made the Sun and the Moon as the actors that uplift water towards the heaven. So, when the clouds are filled and laden with rain, winds drive them towards dry land and flood it with the blessing of water. [...] This very same water returns to the slopes and the oceans.[43]

Despite the lack of a subterranean generation of water, mountains play an important role. Al-Bīrūnī, drawing once again upon the insights of Ṭābit ibn Qurra, as illustrated in his lost 'On the Benefits of the Mountains' ('Risāla fī Manāfiʿ al-ǧibāl'), postulated that mountainous regions receive the highest amount of rainfall, as reliefs obstruct winds and clouds.[44] This obstruction leads to their compression and cooling, resulting in precipitation as snow or rain. This process enables mountains to conserve a substantial proportion of the precipitation, either as snow or as water infiltrating their cavities. This stored water is then released during dry periods, contingent on the latitude and structural features of the mountain ranges.

Again in the 'Precious Stones', al-Bīrūnī denies the usefulness of rain stones.[45] Sharing a story where a Turk offered him a rain stone, which is said to have the ability to summon rain, al-Bīrūnī—true to his empiricism—insists on testing the stone's supposed abilities, but the stone fails to trigger any rainfall, leaving its owner in a state of embarrassment. Al-Bīrūnī emphasises that the diverse climatic conditions across various regions should not be ascribed to distinct rituals. Instead, they should be linked to "the situation of the mountains, their structure, the blowing of the winds, and the passage of sea clouds".[46] This assertion aligns closely with al-Bīrūnī's understanding of the hydrologic cycle, demonstrating how the unique orographic formations of each area significantly shape their respective climate and meteorological outcomes.

---

43 al-Bīrūnī: 'al-Ǧamāher fī l-ǧavāher', p. 75.

44 A summary is available in 'al-Tawḥīdī: Kitāb al-Hawāmil wa al-šawāmil', pp. 354–356.

45 al-Bīrūnī: 'al-Ǧamāher fī l-ǧavāher', pp. 357–360.

46 Ibid., p. 360.

3.2 Climate

This leads us to discuss, more broadly, al-Bīrūnī's approach to the issue of differences between climates, which will bring us to the topic of habitability.

Despite al-Bīrūnī's adherence to the Greek theory of climes, he emphasises in both the 'Chronology' and the 'Instruction' ('Kitāb al-Tafhīm li-awā'il ṣināʿat al-tanǧīm') that the unique orographic and geographical characteristics of each region play a significant role. Al-Bīrūnī attributes climatic specificities to the proximity of mountains, deserts or seas, altitude and latitude.[47] His understanding of climatology, which shares the regionalism dictated by personal experience of Ibn Sīnā, is also revealed in his treatment of weather forecasting.

Al-Bīrūnī's view of weather forecasting, a knowledge he acquired from the work of Sīnān ibn Ṯābit, son of the previously mentioned Ṯābit ibn Qurra, incorporates two main methodologies for anticipating future weather conditions such as rainfall and wind patterns.[48] Firstly, he considers the well-established lunar *anwāʾ* tradition; this system correlates the lunar stations with the rise and set of certain star pairs. Secondly, he acknowledges the use of the solar calendar, which records historically observed weather patterns for each day.[49]

These calendar-based predictions, as al-Bīrūnī clarifies, should be treated as broad trends for each day. He cites several such trends in the chapter on the Byzantine calendar, also known as the Julian solar calendar, in the 'Chronology'.

Al-Bīrūnī contends that both these methods have their merits. If both methods can be applied, he suggests that they should be, because a matching result from the two methods would provide greater certainty. Conversely, differing results would indicate the inherent uncertainty of the prediction. However, more generally, al-Bīrūnī stresses the importance of considering the origins of these predictions, as each will be most accurate, if not exclusive, for the regions where they were developed. The regionality of weather forecasting is thus closely tied with the empirical nature of meteorology, as al-Bīrūnī understands these notions to be closely tied to the immediate experience of any given region's weather and to originate from it.

4 Abū l-Barakāt al-Baġdādī

Abū l-Barakāt is a key figure in the evolution of Arabic-Islamic philosophical tradition, following the critique of Ibn Sīnā and the Arabic-Islamic philosophers (*falāsifa*)

---

47 al-Bīrūnī: 'Kitāb al-āṯār al-bāqiya', p. 246; al-Bīrūnī: 'The Book of Instruction on the Elements of the Art of Astrology', p. 215.

48 al-Bīrūnī: 'Kitāb al-āṯār al-bāqiya', pp. 242 f.

49 See Schmidl's contribution to this volume for a useful introduction to *anwāʾ* literature.

by al-Ġazālī (d. 505/1111).[50] His most significant work is undoubtedly the 'Personal Reflection' ('Kitāb al-Muʿtabar'), which he likely wrote and revised over a rather extended period. This fact contributes to the uncertainty of whether the composition of 'Personal Reflection' predates or postdates what Arabic sources consider the central event of his biography: his conversion from Judaism, his birth religion, to Islam.

This conversion, which also involved two other significant intellectuals of the time, certainly happened in the latter part of his life. However, as Frank Griffel has shown, it likely did not occur towards the very end of his life, as Ibn Ḫallikān and others would suggest.[51] The 'Personal Reflection' offers both clues pointing to its composition before the conversion and others suggesting it was composed afterward. The issue remains unresolved.

What is undoubtedly established, however, is the highly original nature of the work.[52] From the outset, even with its title, the 'Personal Reflection' aims to present the product of the author's personal reflection and experiences, as we will see. This intent is programmatically reaffirmed by Abū l-Barakāt himself, who declares his intent to exclude concepts that elude his comprehension or lack empirical validation, even if they originate from esteemed scholars.[53]

4.1 The Origin of Clouds, Precipitation, and Water on Land

Contrary to what we have observed with al-Bīrūnī, the meteorological content of the 'Personal Reflection' is closely related to Aristotelian tradition. Like Ibn Sīnā, Abū l-Barakāt follows the theory of double exhalation. According to this, the earth and the sea (which is salty due to the wind bringing earth particles and the heat of the sun) emit a moist exhalation, or vapour, when warmed by the sun's rays. This vapour rises to the colder layers of the atmosphere, where it condenses into clouds.

The prevailing view among philosophers of the time was that the sun's rays could not directly heat the air of the atmosphere but instead warmed the seas and the earth. These, in turn, would spread the heat to the surrounding air, creating a warm lower layer and a point beyond which this heat did not spread. Furthermore, according to Abū l-Barakāt, the lack of rainfall in the summer is due to the increased heat emanating from the Earth's surface. This heat reaches the upper layers during

50 Griffel 2011; see also relevant chapters in Griffel 2021.

51 E.g. Ibn Ḫallikān: 'Wafayāt al-aʿyān wa-anbāʾ abnāʾ al-zamān', vol. 6, p. 74; Griffel 2021, pp. 208 f.

52 Street 2021; Benevich 2020; McGinnis 2018.

53 al-Baġdādī: 'Kitāb al-Muʿtabar fī l-ḥikma', vol. 2, pp. 4–7; For a translation of the passage, see Griffel 2011, p. 66.

these months, thus preventing the formation of clouds. Furthermore, the presence of clouds is not sufficient to bring rain, which requires sufficient coldness:

> As individuals enter the clouds, they can only see what is visible on a rainy or foggy day. [...] And there is nothing that carries water, as the ignorant believes, but rather the clouds are rain itself. The cloud that does not rain is formed from vapour, which has become dense and has not cooled. If it had cooled, it would rain.[54]

What is, once again, evident here is the prominent role played by direct experience in shaping a thinker's meteorological system. In the case of Abū l-Barakāt, his programmatic reliance on personal experience and reasoning leads him to challenge what he sees as a mistaken, but common, conception about the role of wind in the generation of rain.[55] From Abū l-Barakāt's perspective, clouds and wind play crucial roles in the natural precipitation process. Unlike Ibn Sīnā, he views the wind as moving air.[56] The wind not only prevents clouds (and, therefore, rain) from spontaneously moving downwards but also carries the clouds to the point where, when the wind stops, precipitation can finally occur. [57]

This precipitation, according to Abū l-Barakāt, is the only source of fresh water on land. Some streams flow only when it rains, particularly in high areas and mountains, and stop once the rain does. Others flow from melting snow on mountain tops, their flow remaining steady as long as the snow is there and changing with the snowmelt rate. Some rivers start from rain or snow that falls into low spots and depressions, gradually accumulating until it forms a continuous stream. This water can seep into the ground and eventually spring up. The water flow from these sources can change based on rainfall and snow conditions.

Furthermore, Abū l-Barakāt took time to refute the idea that some of the river water comes from the transformation of air deep in the earth, and he does so on empirical grounds:

> People say and many ancient and modern philosophers believe that the air trapped inside the mountains cools down and changes into water that flows. [...] The answer to them is that springs dry up, and wells desiccate, and rivers and valleys cease to flow when snow or rain become too little and why they increase when the latter increases, and

54 al-Baġdādī: 'Kitāb al-Muʿtabar fī l-ḥikma', vol. 2, p. 215.

55 Ibid.

56 Ibid., pp. 217–219.

57 Ibid., p. 215.

> why they decrease when the latter decreases. The intensity of the cold is not helpful against the lack of rain and snow to increase the water in springs and wells and its persistence.[58]

Abū l-Barakāt provides additional evidence against the idea of subterranean water production. He refers to wells that dry up in the summer, despite their bottom being colder in the winter than in the summer.[59] This probably suggests that the temperature difference between the air and the bottom of the well is more noticeable in summer, so the condensation effect should be stronger. As in the case of Ibn Sīnā, it is worth noting that this is not the only time this thinker challenges a widely accepted theory of natural philosophy based on his own experience.[60]

4.2 Climate

Abū l-Barakāt's examination of climate characteristics is considerably more theoretical.[61] While his formulation differs from Ibn Sīnā's treatment of the subject, the general picture that emerges from the 'Personal Reflection' is still close to Ibn Sīnā's teachings. Abū l-Barakāt's main statement, which is expressed later in his discussion, is that while heat is caused by the action of sunlight on dense bodies such as earth and water, cold does not require a cause to be produced in these two elements, as it is their natural state. Therefore, the length of the day is the main determinant of whether a region is hot or cold during a particular period.

This brings up a problem: how to explain why the northern regions, where summer days are longer than in the southern regions, are less hot even in summer? The answer lies in the aforementioned principle. The increased cold accumulated in the earth and snow of the northern regions during winter counteracts the effect of sunlight during the day. Furthermore, since heat lasts only as long as the sun's rays are active, while cold does not require a constant cause, the relationship between the two is not symmetrical, allowing cold to prevail, so to speak.

An additional correlation between a region's latitude and its climate is found in the position of the sun. When the sun is at its zenith, the earth receives the central, warmer portion of the sunray, as opposed to the colder, lateral portion. This is precisely when the shadows are at their minimum, meaning the warming

---

58 Ibid., p. 210.

59 Ibid., p. 212.

60 See, for instance, Abū l-Barakāt's rejection of the idea that mercury is the basis of malleable substances, and his refutation of astrology; al-Baġdādī: 'Kitāb al-Mu'tabar fī l-ḥikma', vol. 2, pp. 232–236.

61 Ibid., pp. 202–207.

effect of the rays is maximised. Also, when the sun is low, it reaches the earth's surface after a longer path through the atmosphere, during which it encounters more terrestrial exhalations. This consideration also explains why sunlight is more intense at noon than at dawn or dusk.

Therefore, given the key role of latitude in determining a region's climate in the ways we have outlined here, Abū l-Barakāt has no issue agreeing with Ibn Sīnā that equatorial regions are perfectly habitable. In fact, given the constant, perfect symmetry of day and night, equatorial regions enjoy a perpetual spring, with monthly rather than annual harvests.

While latitude plays a crucial role in determining a region's climate, Abū l-Barakāt does not completely rule out the influence of topography. In particular, altitude matters because the higher layers of the air are colder, but also because depressions receive reflected solar rays from the surrounding surfaces.

Winds, too, which can take on varying characteristics depending on their origin, play a role.[62] Due to the significance of winds, or what we would currently refer to as prevailing winds, in shaping the climate of a specific region, Abū l-Barakāt seems to limit the role of orography in determining a region's climate to the aforementioned effects of elevation and the function of mountains as barriers in the path of these currents.[63] Surprisingly, Abū l-Barakāt's approach to climatology seems the least based on direct observation among the authors discussed here, and, despite his frequent reliance on practical experience in other instances, his examination of climate is mostly theoretical. This approach may be why he shows only limited awareness of regional climatic variations.

5 Concluding Remarks

The broader perspective found in this last passage reveals a composite contribution of various geographical factors to the overall climate of a specific region. Similarly, the passages we have presented in these pages demonstrate how meteorological reflection between the 4th/10th and 6th/12th centuries emerged from a constant dialogue between theoretical speculation and empirical data, often acquired through personal experience, experiments, or just anyone's daily experience. This embryonic experimental approach is evident not only in renowned empiricist authors like al-Bīrūnī but also in others more inclined towards theoretical speculation, such as Ibn Sīnā, Ibn Rušd, and Abū l-Barakāt. Speculation, on the other hand, serves a fundamental purpose to expand the knowledge provided

---

62 Ibid., p. 207.

63 Ibid.

by observation towards the realm of the unseen that all these authors invariably touch. In the passages discussed here, the unseen is constantly and at times explicitly mentioned, whether we are talking about the invisibility of water particles in vapour, water generation beneath the mountains, or the distant causes of regional climates. It is through this intellectual tradition that the exploration of the natural environment takes place, resulting in a rich diversity of opinions that, hopefully, these pages have conveyed at least to some extent.

Bibliography

Sources

al-Baġdādī, Abū l-Barakāt: Kitāb al-Muʿtabar fī l-ḥikma. Ed. by Şerefettin Yaltakaya. Hyderabad 1939.

al-Bīrūnī, Abū Rayḥān Muḥammad and Abū ʿAlī ibn Sīnā: al-Asʾila wa-l-ağwiba. Including the Further Answers of al-Bīrūnī and al-Maʿsūmī's Defense of Ibn Sīnā. Ed. by Seyyed Hossein Nasr. Paris 1995.

al-Bīrūnī, Abū Rayḥān Muḥammad: The Book of Instruction on the Elements of the Art of Astrology. Ed. and transl. by R. Ramsay Wright. London 1933.

al-Bīrūnī, Abū Rayḥān Muḥammad: The Determination of the Coordinates of Positions for the Correction of Distances between Cities. Transl. by Jamil Ali. Beirut 1967.

al-Bīrūnī, Abū Rayḥān Muḥammad: al-Ǧamāher fī l-ğavāher. Ed. by Yusof Al-Hadi. Tehran 1995.

al-Bīrūnī, Abū Rayḥān Muḥammad: Kitāb al-āṯār al-bāqiya ʿan qurūn al-ḫāliya. Ed. by Eduard Sachau. Leipzig 1923.

al-Bīrūnī, Abū Rayḥān Muḥammad: Kitāb Taḥdīd nihāyat al-amākin li-taṣḥīḥ masāfāt al-masākin. Ed. by Pavel G. Bulgakov and Ibrahim Ahmad. Frankfurt 1962.

Ibn Ḫallikān, Šams al-Dīn: Wafayāt al-aʿyān wa-anbāʾ abnāʾ al-zamān. Ed. by ʾIḥsān ʿAbbās. Beirut 1968.

Ibn Rušd, Abū Walīd Muḥammad: Kitāb al-Āṯār al-ʿulwiyya. In: Rasāʾil Ibn Rušd. Vol. 4. Hyderabad 1366/1947.

Ibn Rušd, Abū Walīd Muḥammad: Talḫīs al-Āṯār al-ʿulwiyya. Ed. by Jamāl A. Al-Alawī. Beirut 1947.

Ibn Sīnā, Abū ʿAlī: Kitāb al-Šifāʾ, al-Ṭabīʿiyyāt 5: al-Maʿādin wa-l-Āṯhār al-ʿulwiyya. Ed. by ʿAbd al-Ḥalīm Muntaṣir, Saʿīd Zāyid and ʿAbd Allāh Ismāʿīl. Cairo 1964.

al-Tawḥīdī, Abū Ḥayyān: Kitāb al-Hawāmil wa al-šawāmil. Ed. by Aḥmad Amīn and Aḥmad Saqr. Cairo 1951.

Secondary Literature

Adamson, Peter: Ibn Sīnā (Avicenna). A Very Short Introduction. Oxford 2023.

Baksa, István: Meteorology (Chapter 4). In: Pavel Gregorić (ed.): Pseudo-Aristotle, De Mundo (On the Cosmos). A Commentary. Cambridge 2020, pp. 121–148.

Benevich, Fedor: Perceiving Things in Themselves. Abū l-Barakāt al-Baġdādī's

Critique of Representationalism. In: Arabic Science and Philosophy 30 (2020), pp. 229–264.

Berjak, Rafik and Muzaffar Iqbal: Ibn Sīnā—al-Bīrūnī Correspondence. In: Islam and Science 1 (2003), pp. 91–98, pp. 253–260; 2 (2004), pp. 57–62, pp. 181–186; 3 (2005), pp. 57–62, pp. 166–171; 4 (2006), pp. 165–173; 5 (2007), pp. 53–60.

Daiber, Hans: Meteorology. In: Kate Fleet, Gudrun Krämer, Denis Matringe et al. (eds.): Encyclopedia of Islam, THREE. 2020. http://dx.doi.org/10.1163/1573-3912_ei3_COM_36400 (accessed: 28/12/2023).

Daiber, Hans: From the Greeks to the Arabs and Beyond. Vol. I: Graeco-Syriaca and Arabica. Leiden 2021.

Di Martino, Carla: I «Meteorologica» di Avicenna. In: Concetto Martello, Chiara Militello and Andrea Vella (eds.): Cosmogonie e cosmologie nel medioevo. Louvain-la-Neuve 2008, pp. 35–46.

Freudenthal, Gad: The Medieval Hebrew Reception of Avicenna's Account of the Formation and Perseverance of Dry Land. Between Bold Naturalism and Fideist Literalism. In: Dag Nikolaus Hasse and Amos Bertolacci (eds.): The Arabic, Hebrew and Latin Reception of Avicenna's Physics and Cosmology. Berlin, Boston 2008, pp. 269–312.

Griffel, Frank: Between al-Ghazālī and Abū l-Barakāt al-Baġdādī. The Dialectical Turn in the Philosophy of Iraq and Iran during the Sixth/Twelfth Century. In: Peter Adamson (ed.): In the Age of Averroes. Arabic Philosophy in the Sixth/Twelfth Century. Turin 2011, pp. 45–75.

Griffel, Frank: The Formation of Post-Classical Philosophy in Islam. New York 2021.

Hasanov, Hamidullah H.: O "Meteorologii i klimatologii" Beruni. In: Nauch. Tr. Tashkentskogo gosudarstvennogo universiteta im. V.I. Lenina 193 (1962), pp. 11–14.

Hullmeine, Paul: Al-Bīrūnī and Avicenna on the Existence of Void and the Plurality of Worlds. In: Oriens 47 (2019), pp. 114–144.

Janssens, Jules L.: "Experience" (*tajriba*) in Classical Arabic Philosophy (al-Fārābī – Avicenna). In: Quaestio 4 (2004), pp. 45–62.

Lettinck, Paul: Aristotle's Meteorology and Its Reception in the Arab World, with an Edition and Translation of Ibn Suwār's Treatise on Meteorological Phenomena and of Ibn Bājja's Commentary on the Meteorology. Leiden 1999.

McGinnis, Jon: Mind the Gap. The Reception of Avicenna's New Argument against Actually Infinite Space. In: Ahmed Alwishah, Ali Gheissari and John Walbridge (eds.): Illuminationist Texts and Textual Studies. Essays in Memory of Hossein Ziai. Leiden 2018, pp. 272–305.

Pingree, David: Bīrūnī, Abū Rayḥān II. Bibliography. In: Encyclopædia Iranica, Online Edition. 2000a. https://iranicaonline.org/articles/biruni-abu-rayhan-ii (accessed: 09/01/2024).

Pingree, David: Bīrūnī, Abū Rayḥān IV. Geography. In: Encyclopædia Iranica, Online Edition. 2000b. https://iranicaonline.org/articles/biruni-abu-rayhan-iv (accessed: 09/01/2024).

Rashed, Marwan: Thābit ibn Qurra, la Physique d'Aristote et le meilleur des mondes. In: Roshdi Rashed (ed.): Thābit ibn Qurra. Science and Philosophy in Ninth-Century Baghdad. New York, Berlin 2009, pp. 675–714.

Sezgin, Fuat: Geschichte des arabischen Schrifttums. Vol. 7: Astrologie, Meteorologie und Verwandtes. Leiden 1979.

Street, Tony: Abū l-Barakāt al-Baġdādī and the Traditions of Arabic Logic. In: Studia Graeco-Arabica 11 (2021), pp. 41–66.

Strohmaier, Gotthard: Al-Bīrūnī: In den Gärten der Wissenschaft. Ausgewählte Texte aus den Werken des muslimischen Universalgelehrten. Leipzig 1988.

Wiedemann, Eilhard: Meteorologisches aus der Chronologie von al Bîrûnî. In: Meteorologische Zeitschrift 39 (1922), pp. 199–203.

Wilson, Malcom: Structure and Method in Aristotle's Meteorologica. A More Disorderly Nature. Cambridge 2013.

Corrado la Martire

The Role of Comets between Historical Events and Natural Disasters

A Philosophical Perspective from Ibn Bāǧǧa's 'Commentary on Aristotle's Meteorology'

Abstract Comets were historically linked with significant events and celestial omens. However, they were not considered noteworthy in ancient times, as they were simply regarded as being irregular phenomena caused by exhalations near the Earth's surface. In his 'Commentary on Aristotle's Meteorology', Ibn Bāǧǧa mentions the destruction of Byzantine cities, likely Helike and Boura, along with a comet in 373 BC. Although ancient authors have reported this event with mystification, Olympiodorus, Avicenna, and Averroes mentioned it in their comments on Aristotle's 'Meteorology' without acknowledging the presence of a comet. This article explores why Ibn Bāǧǧa mentions the comet and how he organised meteorological events like this into a coherent system that presupposes regular movements, from which apparent irregularities follow.

Keywords Aristotle; Comets; Earthquakes; Ibn Bāǧǧa; Meteorology

Contact

Dr. Corrado la Martire,
Universität zu Köln, Thomas-Institut,
Averroes Edition,
Universitätsstr. 22, D-50937 Köln,
corrado.lamartire@uni-koeln.de
https://orcid.org/0009-0003-5335-1795

 Corrado la Martire: The Role of Comets between Historical Events and Natural Disasters. A Philosophical Perspective from Ibn Bāǧǧa's 'Commentary on Aristotle's Meteorology'. In: Das Mittelalter 2024, 29(1), 88–102. Heidelberg: Heidelberg University Publishing. DOI: https://doi.org/10.17885/heiup.mial.2024.1.24961

1 Introduction

In 373 BC, an earthquake occurred in the Gulf of Corinth, Greece.[1] Then, a flood swept through the area, causing further destruction. Finally, a comet appeared in the sky, which was interpreted as a sign of the gods' anger.[2]

Some 1,500 years later, Ibn Bāǧǧa (d. 533/1139), the Arabic philosopher and first commentator of Aristotle in al-Andalus, wrote the 'Commentary on Aristotle's Meteorology' ('Šarḥ al-Āṯār al-ʿulwiyya', lit. "Commentary on the Upper Signs").[3] In this commentary, Ibn Bāǧǧa provides a fascinating account of a natural disaster that struck ancient Byzantine cities.

This paper explores Ibn Bāǧǧa's reception of the story of the earthquake, the flood, and the comet of Helike and Boura from Aristotle's 'Meteorology'. This analysis will shed light on the reception of this story in the Arabic literature and provide insights into Ibn Bāǧǧa's perspective on the necessity, contingency, and predictive aspects of meteorological phenomena through observation and calculation.

2 The Seismic Event in Byzantine Lands and the Role of Comets in Ancient and Medieval Literature

The catastrophe in the Gulf of Corinth has been described by many authors, but most of these accounts were written centuries after the event.[4] According to their testimony, the cities of Helike and Boura angered the god Poseidon by committing a crime against one of his sanctuaries.[5] As punishment, Poseidon caused an earthquake and flood that submerged the cities and their inhabitants under the sea.

Although Xenophon was nearby at the time of the destruction, he did not report any destructive effects on the cities.[6] The sole direct source for the event is Aristotle, who mentioned in his 'Meteorology' a seismic event and a comet in

1 Cf. Morgan and Hall 2004.

2 On the vast literature about comets as tokens of doom, see Schechner-Genuth 1997.

3 Two critical editions of Ibn Bāǧǧa's 'Commentary on Aristotle's Meteorology' have been published, both in 1999: Ibn Bāǧǧa: Šarḥ al-Āṯār al-ʿulwiyya, and Lettinck 1999. Lettinck's monograph also includes a translation and an analysis of the contents compared to Aristotle's text. I am currently working on a new edition with English translation, commentary, and glossaries, which will be published soon.

4 For example, Diodorus Siculus: Library of History XV, 50, pp. 88–91.

5 The sources disagree on the kind of crime committed: impiety against gods; disobedience of Helike to a decision of a council of confederated town states; killing of suppliants. For a complete list of ancient sources, see Rizakis 1995, p. 11.

6 See ibid.

Achaea in 373 BC.[7] However, he did not describe the story of Helike and Boura as a spectacular destructive event. Authentic ancient Greek texts also do not refer to the cities' total loss. The story first appeared in such catastrophic terms only centuries later in local legends and forged texts.[8] It is believed that Ps.-Aristotle's 'De mundo' may have largely influenced later literature by mentioning Helike and Boura and providing additional details about the event's destructive nature.[9]

Aristotle is the only source to mention a comet alongside the earthquake and the flood. Seneca also mentions the comet, possibly due to his interest in the topic.[10] It appears that scholars in meteorology typically only commented on phenomena that interested them personally.[11] For example, the Hebrew redaction by Samuel ibn Tibbon (d. c. 1232) of Aristotle's 'Meteorology' reflected his own philosophical concerns, leading him to focus more on certain topics than others.[12] Al-Kindī (d. c. 256/870) wrote treatises on only a couple of selected subjects, namely, precipitation and wind.[13] Ibn Bāǧǧa also adopted a similar selective approach.

The story of Helike and Boura inspired medieval and ancient literature and underwent several revisions across different cultures and scientific disciplines.[14] It intrigued philosophers and intellectuals, who reflected on the theological or naturalistic interpretations of the event.[15] Proponents of the latter approach could

---

7 He mentions this episode in his 'Meteorology': Meteorologica I, 6, 343a36–343b5, p. 44, which deals with comets and the Milky Way, and also later in his work in two other cases: II, 8, 366a24–366b1, pp. 206 f.; ibid., 368a34–368b13, p. 218. For a general introduction to Aristotelian meteorology, see Wilson 2013. Wilson provides a study of the first three books of the 'Meteorology'. The fourth book, which is concerned with homogeneous bodies and applies different explanatory principles, is outside the scope of his study.

8 For example, in the 'De mundo' or in Seneca, referring to Callisthenes; cf. Rizakis 1995, pp. 285–287.

9 Cosmic Order and Divine Power (De mundo 396a17), p. 37: "Analogous events also occur in the sea: there are chasms in the sea, and often withdrawals and incursions of waves, sometimes with a recoil, sometimes with only a forward motion, as is reported about Helice and Bura".

10 Seneca: Natural Questions VII, 5, p. 236.

11 As Rinotas' article in the present volume shows, Albert the Great, for example, appears to have placed significant emphasis on the concept of *symbola* in the elemental processes underlying the exhalations.

12 Otot ha-Shamayim, p. lxii.

13 For an analysis of al-Kindī's letters on precipitation and wind, see Lettinck 1999, pp. 107–111, 176.

14 On comets, see also Martinelli's contribution in the present volume.

15 Although comets are not mentioned in the Qurʾān, beliefs about their religious importance are quite diverse and can be found in various literary works. For a general overview of this aspect, as well as historical material in Arabic that describes comets and meteors, see Cook 2016, p. 1392.

draw from various philosophical sources besides Aristotle, such as Abū Maʿšar (d. 272/886), Avicenna (d. 428/1037), and Averroes (d. 595/1198),[16] to investigate the origins, mechanisms, and effects of natural disasters. However, the comet was probably viewed as an insignificant detail in the overall destructive event. According to Aristotle, comets are sublunary phenomena consisting of hot, dry, windy vapours; and since comets are not celestial phenomena but occur within the Earth's atmosphere, they were regarded as having played no role in the destruction of cities. Consequently, the physical explanation of comets and the fact that they did not conform to the Ptolemaic patterns of fixed and moving stars was the main cause for them receiving scant attention in Arabic astronomical books, as clearly stated in the works of the mathematicians and astronomers al-Ḫwārizmī (d. ca. 235/850) and Naṣīr al-Dīn al-Ṭūsī (d. 672/1274).[17]

At some point, the story of the comet alongside a natural disaster resurfaced in the account of the comet in Ibn Bāǧǧa's 'Commentary on Aristotle's Meteorology'. Ibn Bāǧǧa refers to it in a section of the commentary dedicated to comets, which was most likely taken from the chapter on comets in Aristotle's 'Meteorology'. He recognised the potential of this historical event to shed light on the relationship between natural philosophy, astronomy, and the prediction of meteorological phenomena. Therefore, he employed a peculiar scientific explanation for natural calamities.

---

16 Research on natural disasters in Arabic philosophical literature is still in its early stages, with Abū Maʿšar (d. 272/886), Avicenna (d. 428/1037), and Averroes (d. 595/1198) being the most prominent sources. Some references can be found in Chalyan-Daffner 2017. One example is the 'De diluviis' ('On Floods'), which contains a commentary on a passage from Plato (Timaios 22c–23b) by Avicenna. Then there is Abū Maʿšar's 'Book of the Thousands' ('Kitāb al-Ulūf'); cf. Burnett 1976. Additionally, Averroes' short and middle commentaries on the 'Meteorology' offer an account of the destruction of the Byzantine cities. The findings presented in this paper should be considered preliminary, as they are based primarily on Ibn Bāǧǧa and Aristotle, and further research into other Arabic philosophical literature is needed to verify and expand upon them.

17 al-Ḫwārizmī: Mafātīḥ al-ʿulūm, p. 195; al-Ṭūsī: Memoir on Astronomy, vol. 2, p. 384. It is worth noting that Ibn Bāǧǧa was interested in astronomy, as he reported having observed a conjunction of Mars and Jupiter around 500/1107 (Lettinck 1999, pp. 434 f.). In a letter to Ibn Ḥasdai, he also made some critical remarks on the astronomers Ibn al-Hayṯam and al-Zarqālī, particularly in relation to the determination of the orbits of the planets Mercury and Venus (Ibn Bāǧǧa: Rasāʾil falsafiyya, p. 78). According to Maimonides, he studied astronomy with a student of Ibn Bāǧǧa; cf. Wirmer 2014, p. 12, n. 44.

3 Sources Used by Ibn Bāǧǧa to Describe the Destruction of Byzantine Towns

In his 'Commentary on Aristotle's Meteorology', Ibn Bāǧǧa mentions the destruction of Byzantine towns three times while rejecting the idea that comets and the Milky Way are celestial phenomena. He writes:

> Many of them [the meteorological phenomena] are invisible (*amḥaqa*) without entering under the rays [of the sun], like the star that appeared in the Byzantine lands when the sea wiped out many cities. It appeared when the sun was in the region of the winter solstice, and [the star] remained for a few days. It moved away and dissolved in the constellation of the Twins without the sun reaching it and then disappeared.[18]

The information provided by Ibn Bāǧǧa about the flooding of the Byzantine cities is rather vague, which makes it difficult to determine his sources. It is clear that a comet was present during the devastating event. Ibn Bāǧǧa describes a star appearing and disappearing (a comet) and the sea wiping out the cities. In another part of his commentary, he only mentions the star appearing and disappearing above some Byzantine cities.[19] Later in the text, he provides information about the star appearing and disappearing, and he states that the towns were submerged.[20] Therefore, two meteorological phenomena are intertwined: a comet and a flood, as in Aristotle's account of Achaea in the chapter on comets.[21]

Ibn Bāǧǧa's account does not specify the names or numbers of the cities affected, using the generic terms *bilād* ("countries, cities"; sg. *balad*) and *mudun* ("cities"; sg. *madīna*). It is worth noting that he uses the plural form, indicating that his source does not match Aristotle's text. In Aristotle's 'Meteorology', only one city, Achaea, is mentioned, whereas in the 'De mundo', two cities are mentioned. Therefore, Ibn Bāǧǧa should have used either the singular or the dual form of *madīna* or *balad* instead of the plural. His account implies a large-scale destructive event involving multiple cities.

Furthermore, there are discrepancies between the Arabic translations of the 'Meteorology' and Ibn Bāǧǧa's version of the story. Yaḥyā ibn al-Biṭrīq's (d. c. 215/830) translation shows signs of contamination, and the section on comets

---

18 Lettinck 1999, p. 442, ll. 10–15, with corrections.

19 Ibid., p. 444, ll. 12–15.

20 Ibid., p. 446, ll. 16–23, with corrections.

21 Aristotle: Meteorologica I, 6, 343a36–343b5, p. 44.

in the Arabic translation seems one of the most heavily shortened.[22] Additionally, the story of Helike and Boura is absent from Ḥunayn ibn Isḥāq's (d. 260/873) "compendium" (*ǧawāmiʿ*) and Samuel ibn Tibbon's translation. However, it is worth noting that the section on comets, to which the story of Achaea belongs, is not entirely absent from the translations. Both Ibn al-Biṭrīq and Samuel ibn Tibbon comment on Aristotle's remark against Hippocrates that comets do not only occur in the northern part of the sky, which is also a critique found in Averroes's 'Middle Commentary on the Meteorology' ('Talḫīṣ al-Āṯār al-ʿulwiyya'):[23] they also occur in the southern zone, like the comet of Achaea, which the translations failed to mention but Ibn Bāǧǧa does mention when he talks about comets.[24] This suggests that Ibn Bāǧǧa used not only Ibn al-Biṭrīq's translation, as argued by Paul LETTINCK in his edition,[25] but also other sources which included the account of the Byzantine cities in the section about comets.

According to Ibn Bāǧǧa, the destruction of the cities occurred during the winter solstice, which is an interesting addition. In Chapter 14 of Book I of the 'Meteorology', Aristotle describes a great winter that happens at long intervals and causes a devastating deluge.[26] Aristotle attributes these phenomena to a great winter, which periodically brings an overabundance of rain to certain regions of the Earth for an extended period. This great winter is characterised by climatic and geological phenomena that alter the boundaries between drylands and the sea, resulting in some regions becoming arid while others become wet. This leads to fluctuations in river and sea levels and floods. However, there is no record of

22 Ibn Bāǧǧa relied on Ibn al-Biṭrīq's translation of Aristotle's 'Meteorology', which differs significantly from Aristotle's text. According to Ibn al-Biṭrīq's version, a flood devastated only one region of Greece during the reign of King Dawkāliyānūs (Deucalion); cf. Aristotle's Meteorology in the Arabico-Latin Tradition, p. 57, l. 4. The only reference to comets in Ibn al-Biṭrīq's translation is to their appearance in both the north and south, with a particular emphasis on sightings in the south during the time of al-Arḫūn (ἄρχοντος; *al-Arḫūn*; Aristotle's Meteorology in the Arabico-Latin Tradition, p. 27, l. 201). Ibn al-Biṭrīq seems to have mistakenly used the term ἄρχοντος as a proper name (al-Arḫūn), like Gerhard of Cremona (*ariun*; Aristotle's Meteorology in the Arabico-Latin Tradition, p. 26, l. 202) and Samuel ibn Tibbon (*argon*; Otot ha-Shamayim, p. 39, l. 317). The chapter on comets in Averroes' 'Middle Commentary' refers to a certain king's time (*ʿahd fulān al-malik*) (Ibn Rušd: Talḫīṣ al-Āṯār al-ʿulwiyya, p. 47, l. 4), like Ibn Tibbon's text in the reading of Ms. N (*ha-meleḫ*) (Otot ha-Shamayim, p. 38, l. 316). A similar account of the flood can be found in Averroes' short and middle commentaries on the 'Meteorology', in which he provides two descriptions of disastrous events, the first of which is quite similar to Ibn Bāǧǧa's story, while the second is more distinct.

23 Ibn Rušd: Talḫīṣ al-Āṯār al-ʿulwiyya, pp. 47 f., comm. 43.

24 For Ibn al-Biṭrīq's translation, see Aristotle's Meteorology in the Arabico-Latin Tradition, p. 27, ll. 196–200. For Ibn Tibbon's translation, see Otot ha-Shamayim, p. 38, ll. 313–316.

25 Lettinck 1999, p. 430, ll. 14–20, n. 6 and n. 7.

26 Aristotle: Meteorologica I, 14, 352a29–33, p. 112 f.

the destruction of Helike and Boura occurring during the winter solstice. Therefore, it is possible that Ibn Bāǧǧa, or the tradition preceding him that he used as his sources, merged the historical account of Helike and Boura with information from 'Meteorology' I. 14 to explain the surge of the sea and the overabundance of rain that caused the flood.

As for other sources, it is difficult to say that Ibn Bāǧǧa had access to them, as there is insufficient evidence to support this claim. Lettinck has spotted some common features between a work translated by Ḥunayn ibn Isḥāq, which contains a paraphrase of the commentary of Olympiodorus (d. after 565), and Ibn Bāǧǧa's explanations of the thin and thick exhalations.[27] Ibn Bāǧǧa also mentions Alexander of Aphrodisias (fl. c. 200) in the section of his commentary on the Milky Way; however, regrettably, there is a lacuna in the text following this mention.[28] There are some similarities between Ibn Bāǧǧa's text and Olympiodorus' commentary on the 'Meteorology'. For example, both mention a thick and a thin version of the two exhalations, and both raise objections to Aristotle's view on the Milky Way. Lettinck has pointed out these similarities but fails to mention that Ibn Bāǧǧa provides a brief account of earthquakes. His explanation of how the exhalation behaves below the Earth's crust resembles Olympiodorus' account of the earthquakes.[29] Interestingly, Olympiodorus relates this process to "the great comet which appeared at the time of the earthquake in Achaea and the tidal wave":

> For [conditions were] suitable for the great comet to appear just before an earthquake and a flood occurred during the time of which there was an abundance of smoky exhalation. This was a time when winds became very intense [56.25] both above and below the Earth's surface. The subterranean [winds] caused earthquakes; due to the [winds] blowing in opposite directions above the Earth's surface, the sea was piled up and rose to a very high level. Then, after the other winds fell and eventually ceased to blow, the water was discharged in its direction, and a flood occurred. Floods do not [56.30] occur due to rain.[30]

Olympiodorus stands out as the sole figure who discusses an earthquake, a flood, and a comet in conjunction. Ibn Bāǧǧa's explanation of the earthquakes, which Lettinck does not acknowledge in his description of Ibn Bāǧǧa's commentary,

27 Lettinck 1999, p. 60.

28 Ibid., p. 434, l. 19.

29 Ibid., pp. 17, 19.

30 The First Book of Olympiodorus' Commentary on Aristotle's Meteorology, p. 161.

closely resembles that of Olympiodorus.[31] Furthermore, like Olympiodorus, there is a link between comets and floods. So why does Ibn Bāǧǧa provide a physical explanation for comets and earthquakes, similar to Olympiodorus, but not for floods? One possible explanation for this omission is that Ibn Bāǧǧa selectively chose which meteorological phenomena to discuss in his commentary. Ibn Bāǧǧa may have considered floods to be a by-product of changes like earthquakes, which he covers in more detail. He may have intentionally left out some aspects, such as floods, to focus on other topics that he deemed more critical to understanding the sublunar phenomena.[32]

4 Ibn Bāǧǧa's View on the Necessity and Predictability of the 'Meteora'

Before talking about the destruction of the Byzantine cities, Ibn Bāǧǧa makes some interesting remarks about his idea of meteorology. He writes:

> The things which are objects of investigation in this kind of natural science [i.e. meteorology] [...] are in the same place, for their place is the moved air, and they are comets, suns, stars appearing with the sun, goats, rods, and torches. First, we say what is common to them. We say that these are (1) not necessary in any of the types of necessity (*laysat iḍṭirāriyya wa-lā bi-naḥw wāḥid min al-iḍṭirār*). That they (2) do not exist permanently (*ġayr dāʾima al-wuǧūd*) [because they are intermittent], we will show that; that they (3) appear permanently (*dāʾima al-ẓuhūrihā*) – that is self-evident. I also say that they (4) do not necessarily have regularity (*al-intiẓām*) because they have been sighted and the times of their appearance do not take place uniformly (*ġayr mutasāwī*), nor do the times of their disappearance.[33]

31 Lettinck 1999, pp. 17, 19.

32 It is important to note that there is a repeated phrase (dittography) found in both manuscripts of Ibn Bāǧǧa's commentary, precisely in the midst of the section on earthquakes, which previous editions failed to recognise. The reason for this repetition remains unclear and could be either a mistake made by the scribe or an indication of a missing portion of text. While it is tempting to speculate that the missing section might have pertained to floods, there is no way to conclusively prove this. We can only assert with confidence that the section on earthquakes is most likely incomplete.

33 Lettinck 1999, p. 442, ll. 2–10, with corrections.

In this text, Ibn Bāǧǧa makes some observations about some meteorological events: comets, suns, stars appearing with the sun, goats, rods, and torches.[34] These are phenomena that Aristotle emphasised as only apparently irregular, since, in the Aristotelian cosmos, nothing is irregular and everything has causes (which, in the case of meteorological phenomena, are very complex).[35] Firstly, Ibn Bāǧǧa notes that such events are (1) "not necessary in any of the types of necessity", since they come to be and pass away. Secondly, he states that these events (2) "exist permanently". Thirdly, he argues that they (3) "appear permanently". Finally, he points out that they (4) "do not necessarily have regularity", in the sense that these events are often invisible, like the comet that appeared at the destruction of the Byzantine towns.

Let us start from the "types of necessity" (1). The concept of "necessity" (*ḍarūra*) is frequently discussed in Ibn Bāǧǧa's commentaries, and a detailed analysis is beyond the possibilities and scopes of this paper.[36] In his 'Commentary on Aristotle's Physics' ('Šarḥ as-Samāʿ aṭ-ṭabīʿī'), in Book II, he discusses the different types of nomological "necessity".[37] Here, Ibn Bāǧǧa refrains from making a clear distinction between unconditional and hypothetical necessity, contrasting with Aristotle's perspective as presented in 'Physics' II. 9. He posits that the existence of entities inherent to nature is not a matter of necessity; rather, it is determined by their ultimate goal.[38] He describes in other terms what Aristotle called conditional necessity, which means that everything in nature is not necessary by itself but through a cause. In the context of the comets, they exist by virtue of their causes (the exhalations and the heavenly motion), and their purpose is to imitate the circular movements of the heavens with their slanting movement. However, the occurrence of a meteorological event is not always guaranteed, even if the conditions are met.

On the other hand, Ibn Bāǧǧa contributes the idea that necessity is characterised by its unchangeable nature and is intrinsic to natural entities due to their

---

34 These are all phenomena arising when hot, dry, fiery exhalations are ignited. These terms are also used in Aristotle: Meteorologica I, 4, 341b1–5, p. 28, as well as in the later tradition as technical terms for specific phenomena. See Wilson 2013, pp. 117–120.

35 "Of all these phenomena, some we find inexplicable, others we can to some extent understand." Aristotle: Meteorologica I, 1, 339a2 f., p. 4; transl.: ibid., p. 5.

36 I partly explore the topic of nomological necessity in la Martire [forthcoming].

37 There are various editions and translations of this text. One is Ibn Bāǧǧa: Šurūḥāt al-Samāʿ al-ṭabīʿī. Lettinck 1994 contains a critical edition of unpublished parts of Ms. Wetzstein I 87 and an English paraphrasis. Then, there is an English translation of an excerpt from Book I in McGinnis and Reisman 2007, pp. 267–269. David Wirmer is currently preparing a new critical edition of the commentary.

38 Ibn Bāǧǧa: Šurūḥāt al-Samāʿ al-ṭabīʿī, p. 27, ll. 8 f.: *fa-kull lāḥiq li-ḥaqq al-ǧism al-ṭabīʿī min qibal ġāyatihi fa-laysa bi-l-ḍarūra.*

material composition, a concept that Aristotle refers to as absolute necessity.[39] Absolutely necessary substances are simple (not composed) and incorruptible, and necessary events have to happen always, like the motion of the celestial bodies. The celestial bodies exist permanently. In the sublunar world, nothing "exists permanently" (2), and therefore, nothing is absolutely necessary.

Ibn Bāǧǧa states that absolute necessity works against nature, which acts by virtue of its purpose.[40] He gives the example of a living being dying due to this type of inevitability. However, this inevitability can yield outcomes similar to those of randomness, implying consequences that nature did not intend. If we extend this reasoning to the 'Meteorology', the absolute necessity of the heavenly realm plays a role in the sublunar world, but there is always a possibility that a heavenly cause might fail to bring about its effect on a sublunar plane.

So, when Ibn Bāǧǧa says that meteorological events are "not necessary in any of the types of necessity", he rejects two kinds of necessity. He rejects the conditional necessity because it would imply that the meteorological events are associated with a temporally ordered final cause; he then rejects absolute or material necessity, which is the idea that matter is a sufficient cause and explanation for all natural phenomena. It would be like saying that rain is the effect of a prior condensation of vapour, while it is just the condensation of vapour. This is in contrast with the views of Avicenna and Aristotle, who maintain that the necessity of matter is responsible for the coming-to-be of things.[41]

Moving back to the quote provided at the beginning of this section, he states that these events do not (3) "appear permanently" and (4) "do not necessarily have regularity." By saying that the comet of the Byzantine towns "moved away and dissolved in the constellation of the Twins without the sun reaching it, and then disappeared", he implies that the comet appears beyond the zodiac and exhibits different behaviour from constellations and celestial bodies in general. In addition, some meteorological phenomena may occasionally be imperceptible due to their nature as earthy exhalations that change into a 'gas' and, subsequently, into fiery matter. This fire eventually vanishes not because of the arrival of cold and moistness but because the smoky substance is exhausted. Under certain circumstances, this process occurs so quickly that the event itself is invisible, which is the fourth point of his text: the events are often invisible. This contrasts with events that may take weeks or even months to occur, highlighting the varied unfolding of meteorological phenomena.

39 Ibid., p. 27, ll. 9 f.: *fa-amma mā yuǧadu min ṭarīq al-mādda fa-ʿalā innahu lā yumkinu siwāhu.*

40 Ibid., p. 27, ll. 10–14. The text is resumed in Lettinck 1994, p. 166.

41 Belo 2007, pp. 43 f.

With regards to the predictability of such events, in his super-commentary on Galen's 'Commentary on the Aphorisms [of Hippocrates]' ('Šarḥ fī l-Fuṣūl'),[42] Ibn Bāǧǧa acknowledges that environmental factors can affect human judgement and that the heavenly body determines the climate through which the physiological temperament of the individual is affected. He writes:

> Hippocrates said: life is short and art is long, the moment is fleeting, experience is a danger, and judgment is hard. And it is better for you not to limit yourself to doing what you should but to take into account the actions of the patient, those around him and his circumstances. [...] This means that what you can be certain of is insufficient without the actions of the patient and those around him being aimed at bringing about the judgment – unless the preceding facts that can hinder the achievement of the experience and the environmental circumstances, such as the air and its conditions, are in a state in which they do not distract you. If they are otherwise, it will be most difficult to reach a judgment.[43]

It is a very subtle but significant parallel between medicine and meteorology, natural philosophy, and practical arts that hints to some interrelations that Ibn Bāǧǧa might have seen and that deserve more exploration than the present paper can achieve. In a similar vein, he writes in his 'Commentary on Aristotle's Meteorology':

> In mathematics it has been explained that all centres are near the centre of the world. Therefore, eccentricity hardly occurs outside the elements ***.[44] However, there is no system (*niẓam*) for what is known, and it has no [annual] cycle in most cases, except for what exists from the sun. It differs in its parts and in the conditions of its parts, so that not every type is similar in its definition to every single type. Let us suppose that the relation of this is among its causes, and by supposing it we do not take away the contingency (*imkān*) of the elements.[45]

Here, Ibn Bāǧǧa talks about the star system and says, in other words, that each star is unique. Then he adds that the relationship between stars produces a particular

42 There are two critical editions of this work: Ibn Bāǧǧa: Šarḥ fī l-fuṣūl, pp. 176–214; Forcada 2011, pp. 373–393.

43 Forcada 2011, p. 369.

44 Lacuna here in both manuscripts.

45 Lettinck 1999, p. 402, ll. 17–23, with corrections.

effect. These statements may resemble astrological premises, leading some to believe that Ibn Bāǧǧa believed in the predictability of phenomena based on the observation of the stars. However, according to Ibn Bāǧǧa, the causes resulting from the relations among stars in the heavens do not "take away" or eliminate the contingent causes, and thus, they must compete with them. This allows for the autonomy of nature and the contingency of sublunary changes without sacrificing the idea of a unified cosmos. It also means that astrometeorological prediction is inherently uncertain and imprecise, leading to potential errors in predictions, like when it uses stars as indicators to predict the weather and track seasons.[46] Since sublunar phenomena are particularly complex, predicting their occurrence and chance of coincidence—such as that of a comet, earthquake, and flood—is much more challenging.

At the same time, this passage seems to suggest either that the elements are inherently contingent or that the meteorological events are contingent with respect to the elements. Unfortunately, there is nothing about the contingency of the elements in his work. He talks about contingency and necessity in his works on logic, like the possibility of a phenomenon similar to an eclipse. He says that there cannot be more than one eclipse (since only one is necessary) but there can be things that look similar to an eclipse, showing that, for him, the definition of universal terms is predicable of all their (multiple) instances.[47]

For the sake of the present paper, I believe that the concept of 'contingency of the elements' suggests that the elements themselves are not inherently contingent but, rather, that the meteorological events that depend on the elements are contingent with respect to them. In other words, the elements themselves are necessary and essential components of the natural world, just as water is a necessary component of the flood, but the meteorological events that arise from the interactions between the elements are contingent and variable, which is why not every drop of water belongs to the flood. This understanding of "contingency" (*imkān*) helps to explain why meteorological events can be unpredictable and why they vary over time and space, even though the underlying elements remain constant in their "system" (*niẓām*).

---

46 A similar argument about meteorological prediction can be found in the section on Abū al-Rayḥān al-Bīrūnī in Borroni's article in the present volume. See also Schmidl's article about forecasting in the present volume.

47 Ibn Bāǧǧa: Taʿālīq Ibn Bāǧǧa ʿalā manṭiq al-Fārābī, p. 46, ll. 5–8. The topic inevitably deserves more investigation, which should start from his works on logic. Ibn Bāǧǧa's logical writings have been passed down to us in a relatively extensive form, but the only surviving manuscript is poorly organised. This confusing structure of the text is likely one of the reasons why this part of Ibn Bāǧǧa's work has received little attention so far.

5 Conclusion

Ibn Bāǧǧa's account of the comet and the flood in the Byzantine towns provides an insightful glimpse into the scientific mindset underlying the reception of Aristotle's 'Meteorology' I. 6. His use of observation and calculation to explain not only rare and catastrophic observable events but also invisible ones challenged the prevailing supernatural and mythical explanations of classical historiography. Although Ibn Bāǧǧa recognised the potential for error in the meteorological predictions, his work laid the foundation for the development of a modern observational approach to meteorology.

By examining Ibn Bāǧǧa's account, we also gain a deeper understanding of the scientific advancements achieved during his era and the enduring legacy in shaping the understanding of the 'Meteora'. The concept of necessity emerges as a pivotal element for understanding the dynamics of sublunar and heavenly motions, but this is only one possible epistemological perspective. Ibn Bāǧǧa explored the applications of necessity in other fields, and this is a fascinating avenue for future research.

Bibliography

Sources

Aristotle: Meteorologica. Ed. and transl. by Henry Desmond Pritchard Lee. Cambridge MA 1952.

Aristotle's Meteorology in the Arabico-Latin Tradition. A Critical Edition of the Texts, with Introduction and Indices (Aristoteles Semitico-Latinus 12). Ed. by Pieter L. Schoonheim. Leiden, Boston, Köln 2000.

Cosmic Order and Divine Power. Pseudo-Aristotle, On the Cosmos. Ed. by Johan C. Thom (Scripta Antiquitatis Posterioris ad Ethicam Religionemque pertinentia 23). Tübingen 2014.

Diodorus Siculus: Library of History. Vol. VII: Books 15.20–16.65. Transl. by Charles L. Sherman (Loeb Classical Library 389). Cambridge MA 1952.

The First Book of Olympiodorus' Commentary on Aristotle's Meteorology. Ed. by István Baksa. Doctoral Diss. Humboldt University Berlin 2013.

Forcada, Miquel: Ética e ideología de la ciencia. El médico-filósofo en al-Andalus (siglos X–XII). Almería 2011.

al-Ḫwārizmī, Abū ʿAbd Allāh Muḥammad ibn Aḥmad ibn Yūsuf: Mafātīḥ al-ʿulūm. Ed. by Ǧawdat Faḫr al-Dīn. Beirut 1991.

Ibn Bāǧǧa, Abū Bakr Muḥammad ibn Yaḥyā ibn al-Ṣāʾiġ: Rasāʾil falsafiyya. Nuṣūṣ falsafiyya ġayr manšūra. Ed. by Ǧamāl al-Dīn al-ʿAlawī. Beirut 1983.

Ibn Bāǧǧa, Abū Bakr Muḥammad ibn Yaḥyā ibn al-Ṣāʾiġ: Šarḥ al-Āṯār al-ʿulwiyya. In: Dafātir maǧmūʿat al-baḥṯ fī l-falsafa al-islāmiyya. Part 2. Ed. by Muḥammad Musāʿid. Fes 1999, pp. 9–81.

Ibn Bāǧǧa, Abū Bakr Muḥammad ibn Yaḥyā ibn al-Ṣāʾiġ: Šarḥ fī l-fuṣūl. In: Sīdī Wuld Manāh: Maqālāt wa-taʿālīq wa-šurūḥ li-Ibn Bāǧǧa fī ṭ-ṭibb (nuṣūṣ ġayr manšūra). Dirāsa wa-taḥqīq. Diss. Ǧāmiʿat Muḥammad al-Ḫāmis. Kullīyat al-ādāb wa-l-ʿulūm al-insāniyya. Rabat 1993, pp. 176–214.

Ibn Bāǧǧa, Abū Bakr Muḥammad ibn Yaḥyā ibn al-Ṣāʾiġ: Šurūḥāt al-Samāʿ al-ṭabīʿī. Ed. by Maʿn Ziyāda. Beirut 1973.

Ibn Bāǧǧa, Abū Bakr Muḥammad ibn Yaḥyā ibn al-Ṣāʾiġ: Taʿālīq Ibn Bāǧǧa ʿalā manṭiq al-Fārābī. Ed. by Māǧid Faḫrī. Beirut 1994.

Ibn Rušd, Abū al-Walīd Muḥammad ibn Aḥmad: Talḫīṣ al-Āṯār al-ʿulwiyya. Ed. by Ǧamāl al-Dīn ʿAlawī. Beirut 1994.

Lettinck, Paul (ed.): Aristotle's Physics and Its Reception in the Arabic World. With an Edition of the Unpublished Parts of Ibn Bājja's Commentary on the Physics (Aristoteles Semitico-Latinus 7). Leiden, New York, Köln 1994.

Lettinck, Paul (ed.): Aristotle's Meteorology and Its Reception in the Arab World with an Edition and Translation of Ibn Suwār's Treatise on Meteorological Phenomena and Ibn Bājja's Commentary on the Meteorology (Aristoteles Semitico-Latinus 10). Leiden 1999.

Otot ha-Shamayim. Samuel ibn Tibbon's Hebrew Version of Aristotle's "Meteorology" (Aristoteles Semitico-Latinus 8). Ed. and transl. by Resianne Fontaine. Leiden 1995.

Seneca: Natural Questions. Vol. II: Books 4–7. Transl. by Thomas H. Corcoran (Loeb Classical Library 457). Cambridge MA 1972.

al-Ṭūsī, Naṣīr al-Dīn: Memoir on Astronomy (al-Tadhkira fī ʿilm al-hayʾa). Ed. by R. Jamil Ragep. 2 vols. Heidelberg 1993.

Secondary Literature

Belo, Catarina: Chance and Determinism in Avicenna and Averroes (Islamic Philosophy, Theology and Science. Texts and Studies 69). Leiden, Boston 2007.

Burnett, Charles: The Legend of the Three Hermes and Abū Maʿshar's Kitāb al-Ulūf in the Latin Middle Ages. In: Journal of the Warburg and Courtauld Institutes 39 (1976), pp. 231–234.

Chalyan-Daffner, Kristine: "Natural" Disasters in the Arabic Astro-Meteorological Malḥama Handbooks. In: Gerrit Jasper Schenk (ed.): Historical Disaster Experiences. Towards a Comparative and Transcultural History of Disasters Across Asia and Europe (Transcultural Research. Heidelberg Studies on Asia and Europe in a Global Context). Cham 2017, pp. 207–223.

Cook, David: Comets and Meteors in the Islamic World, In: Helaine Selin (ed.): Encyclopaedia of the History of Science, Technology, and Medicine in Non-Western Cultures. Vol. 1. 3rd ed. Berlin 2016, pp. 1391–1394.

la Martire, Corrado: Ibn Bājja on the Climates. In: 'Early Science and Medicine' [forthcoming].

McGinnis, Jon, and David C. Reisman: Classical Arabic Philosophy. An Anthology of Sources. Translated with Introduction, Notes and Glossary. Indianapolis 2007.

Morgan, Catherine, and Jonathan Mark Hall: Achaia. In: Mogens Herman Hansen and Thomas Heine Nielsen (eds.): An Inventory of Archaic and Classical Poleis. Oxford 2004, pp. 473–488.

Rizakis, Athanasios D.: Achaie I. Sources textuelles et histoire regionale (Meletimata 20). Paris 1995.

Schechner-Genuth, Sara: Comets, Popular Culture, and the Birth of Modern Cosmology. Princeton 1997.

Wilson, Malcolm: Structure and Method in Aristotle's Meteorologica. A More Disorderly Nature. Cambridge 2013.

Wirmer, David: Vom Denken der Natur zur Natur des Denkens. Ibn Bāǧǧas Theorie der Potenz als Grundlegung der Psychologie (Scientia Graeco-Arabica 13). Berlin, München, Boston 2014.

Athanasios Rinotas

Bridging the 'Visible' and the 'Invisible' in the Work of Albertus Magnus

Aristotelian *symbola* and Their Role in Natural, Theological, and Meteorological Phenomena

Abstract During the 13th century, the relation between macrocosm and microcosm was a topic which attracted the interest of many medieval scholars. In this context, medieval philosophers were scrutinising ways of bridging the 'visible' and the 'invisible' in order to come up with a cogent explanation of the various natural and meteorological phenomena that were noticed in the natural world. The Aristotelian *symbola* ("counterparts") offered a means of bringing the two realms of reality together and provided a sufficient exegetical tool which could account for the influence of invisible procedures in the visible world. One of the most important commentators of the Aristotelian corpus in the 13th century was Albertus Magnus, who commented on Aristotle's 'De generatione et corruptione' and, therefore, became well aware of the Aristotelian doctrine of *symbola*. This paper aims to offer a first account of the use of the Aristotelian *symbola* in the work of Albert and show how the Dominican master employed them so as to explain various natural, theological, and meteorological phenomena.

Keywords Albertus Magnus; Elements; Meteorology; Natural World; *symbola*

Contact

Athanasios Rinotas,
Scuola IMT Alti Studi Lucca - IMT School for Advanced Studies Lucca, Piazza San Francesco 19, 55100 Lucca, Italia,
thrinotas@yahoo.gr
http://orcid.org/0000-0002-5988-9487

Athanasios Rinotas: Bridging the 'Visible' and the 'Invisible' in the Work of Albertus Magnus. Aristotelian *symbola* and Their Role in Natural, Theological, and Meteorological Phenomena. In: Das Mittelalter 2024, 29(1), 103–119. Heidelberg: Heidelberg University Publishing. DOI: https://doi.org/10.17885/heiup.mial.2024.1.24962

1 Introduction

The Latin medieval world became acquainted with Aristotle's works on natural philosophy after the Arabic translations of the 12th century.[1] These translations gave great impetus to the study of Aristotle during the 13th century and led many medieval scholars to comment upon the work of the Stagirite. Among these scholars, one finds the personage of Albertus Magnus (d. 1280), who greatly contributed to the diffusion of Aristotle's thought by commenting on the entirety of his corpus. Albert began commenting on Aristotle's natural works a bit after his Parisian stay around 1251.[2] Albert commented on 'Meteorologica' between 1254–1257;[3] however, a bit earlier (1251–1254), he had already commented on the Aristotelian 'De generatione et corruptione', the book where Aristotle treated *symbola* and their relation to both elements and matter. Albert showed great interest in the function of *symbola* and, thus, has used them extensively in order to explain how the macrocosm relates to the microcosm and how visible reality and phenomena could be explicated through the use of the 'invisible' *symbola.*

This paper aims to describe how *symbola* are used in Albert's 'Meteora' in order to explicate natural phenomena and processes. With this aim, I will firstly introduce the theory of *symbola* as it appears in the second book of Aristotle's 'De generatione et corruptione' and explain how it pertains to elements and their transmutation. Subsequently, I will show how the aforementioned theory was conceived and presented by Albert in his commentary on the 'De generatione et corruptione' and then I will present how Albert's use of *symbola* extends to his theological works like the 'Quaestiones' and the 'De incarnatione'. In this way, it will be argued that the Dominican master conceived of natural philosophy and theology as two fields of knowledge, where the former could offer explanatory solutions to the latter. Lastly, in the final part of my paper, I will concentrate on Albert's 'Meteora' and the instances where *symbola* appear and are used by Albert as exegetical tools of certain meteorological phenomena.

2 The Role of *symbola* in Aristotle's 'De generatione et corruptione'

In addition to Aristotle, the ancient Greek word σύμβολον (*symbolon*, "counterpart") has been used within a philosophical context by other philosophical schools. It was the Pythagoreans who used the term *symbola* or *acusmata* ("things heard")

---

1 Burnett 2005.

2 Albertus Magnus Institut 2011, p. 28.

3 Weisheipl 1980a.

in order to denote a set of oral moral rules which permeated the 'Pythagorean life'. It is quite dubious whether these rules were actually formulated by the founder of the school, Pythagoras, or whether they were just oral precepts which gradually accrued as the school progressed.[4] Regardless, the Pythagorean *symbola* contributed to the establishment of a morally ritualised life whose main aim was to transform and morally improve a person.[5]

Turning to Aristotle, the term *symbola* is used within a totally different philosophical context. Aristotle refers to them in his 'De generatione et corruptione', a work probably written after 'De caelo' and before 'Meteorologica'. In the 'De generatione' Aristotle describes the changes of natural bodies in the sublunar world. According to the Stagirite, all bodies of the sublunar world consist of the four well-known elements, that is, fire, air, earth, and water. These interact and change through their qualities, that is, hot, dry, cold, and wet.[6] In this regard, the 'De generatione' seeks to account for the generation and 'death' of the sublunar cosmos, meaning how elements associate and dissociate with each other, how they mix, how they augment, and how they change in terms of qualities. Within this conceptual framework, Aristotle discusses the function of *symbola* in the fourth chapter of the second book of the 'De generatione'.

In this chapter, Aristotle aims to settle two things: on the one hand, whether an element can be produced by each one of the other three; and, on the other, the way in which this can be accomplished. Thus, Aristotle presents three mechanisms which describe how easily and fast an element can come to be out of the other three. Of these mechanisms, the first one is of interest to us because it entails the use of *symbola* and the role they play in elemental transmutation.[7] Aristotle describes the function of the first mechanism as follows:

> For as many as have counterparts (*symbola*) relative to one another, the change of these will be quick, but as many as do not have them, it will be slow, because it is easier for one to change than for many. For example, out of fire there will be air when one quality changes (for if the former was hot and dry, the latter hot and wet, the result if dry should be overcome by wet will be air); again, out of air there will be water if hot should be overcome by cold (for the former is hot and wet, the latter cold and wet, so that when hot changes there will be

4 Philip 1966, pp. 146 f.

5 Burkert 1972, pp. 166–192; Gemelli Marciano 2014, pp. 133–135.

6 Grant 2007, pp. 37–42.

7 For the sake of brevity, I will only refer to the first mechanism. For a description of the other two and for a critique of all three mechanisms, see Scharle 2022, pp. 79–104, and Kozier 2013, pp. 195–224.

> water). Also, in the same manner, out of water earth and out of earth fire; for both have counterparts relative to both. For water is wet and cold, and earth cold and dry, so that when wet is overcome there will be earth. And again, since fire is dry and hot, and earth cold and dry, if cold is destroyed, fire will be out of earth. Therefore, it is clear both that generation for the simple bodies will be in a circle and that this manner of change is easiest because the counterparts (*symbola*) are present in consecutive simple bodies.[8]

In this excerpt Aristotle discusses a cycle of elemental transmutations which is easy and fast due to the presence of counterparts, that is, *symbola* within the elements. Aristotle seems to place great importance on the role of *symbola* in the process of elemental transmutation, since the absence of them implies another procedure which is slower. Subsequently, Aristotle becomes more explicit, explaining how this mechanism works and providing examples to clarify the procedure. The whole mechanism is based on a 'one-quality change', and this change is concerned with contraries. To explain further, as Aristotle notes, fire (which is hot and dry) may be changed to air (which is hot and wet), if the 'wet' quality will prevail over the 'dry' one. This may happen because the 'hot' quality acts as a *symbolon*, that is, a shared quality or a counterpart which permits the transition from fire to air. In a similar manner, air (hot and wet) may become water (cold and wet), provided that the cold quality prevails again over the hot one, and finally, water (cold and wet) will become earth (cold and dry) on the grounds that the dry quality will dominate over the wet one. From these examples, the role of *symbola* in the whole mechanism has become apparent: it is due to them that the first mechanism is fast and easy, and it is also due to them that an element may be produced by each one of the other three, albeit in a cyclical way.

However, the analysis above raises the question of why Aristotle chose to use the word *symbolon* in order to denote a shared quality. The accounts of Harold H. Joachim and Christopher F. Williams provide us with fruitful answers to this question. According to Joachim, the ancient Greek word σύμβολα (*symbola*) denoted two pieces of a bone or a coin that were broken and shared by two parties which were under a certain contract or settlement.[9] Hence, Aristotle adopted the word in order to show that a quality can act as 'a part of a whole'. Likewise, Williams in his commentary on the Aristotelian work renders the same meaning for *symbola* as Joachim does, and he justifies his translation of the word *symbola* as 'counterparts': for Williams, the two pieces of bone or coin which are broken and shared between

---

8 Aristotle: De generatione et corruptione II, 4, 331a23–b4, transl. Joachim, p. 43. Translation taken from Scharle 2022, p. 82.

9 Aristotle: De generatione et corruptione, transl. Joachim, pp. 220 f.

two parties can be seen as counterparts which prove the relation and association of party A with party B.[10] In this sense, one can find 'counterpart qualities' among elements, and thus the hotness of fire has its counterpart in the hotness of air.

In the rest of the chapter, Aristotle addresses and deals with instances of elemental transmutation where *symbola* are not present and which, therefore, are more difficult and slower. Yet it is worth noting that Aristotle closes the chapter by referring to an impossible transmutation, that is, a transmutation which entails the destruction of one of the two qualities of which an element consists.[11] Aristotle's final account once again highlights—albeit indirectly—the importance of *symbola* in the procedure of elemental transmutation, since he stresses that the destruction of the *symbolon*—the hotness—in both fire and air does not leave a way for the opposites (dry and wet) to interact with each other and transmute. As a result, *symbola* are presented in Aristotelian natural philosophy as key building blocks for accounting for transmutations and changes that occur in the realm of the sublunar world. Their importance, as will shortly be shown, was well received and gauged by a significant medieval scholar: Albertus Magnus.

3 The Reception and Use of *symbola* in the Work of Albertus Magnus

Albert is a key figure of the 13th century and well known for his contributions to theology and philosophy alike.[12] Albert was sent to Padua in 1223 to study the liberal arts; a couple of decades later, he went to Paris and became master of theology in 1245. From a very early point in his career, Albert had an interest in Aristotelian philosophy. In particular, it seems that he had his first exposure to Aristotelianism during his stay in Padua, and this exposure eventually culminated in his academic activity in Paris. This was quite audacious for young Albert, considering that Aristotelian natural philosophy was banned in 1210, 1215, and 1231.[13] As has already been stated, Albert started commenting upon Aristotelian natural philosophy around 1251, and it is in his 'Physics' that he explains his intention behind this activity: the Dominican master wanted to make his brethren of the Dominican order familiar with Aristotle's thought and, therefore, undertook the task of commenting on all the works of Aristotle.[14] However, Albert took a critical

10 Aristotle: De generatione et corruptione, transl. Williams, p. 162.

11 Aristotle: De generatione et corruptione II, 4, 331b26–332a2, transl. Joachim, p. 44.

12 For recent accounts on Albertus Magnus' life and work, see Resnick and Kitchell 2022 and Möhle 2015.

13 Steenberghen 1955.

14 Albertus Magnus: Physica I, tr. 1, cap. 1, p. 1: *Intentio nostra in scientia naturali est satisfacere pro nostra possibilitate fratribus ordinis nostri.*

approach towards Aristotle, since there are many excerpts in his work where he criticises the Greek philosopher by saying that if one is to accept that Aristotle is not a god, then one has to admit that Aristotle is likely to err in certain matters, like all humans.[15] That said, Albert should not be regarded as a slavish adherent of Aristotle, since there are some Aristotelian doctrines which were not taken for granted by the German philosopher. Finally, before delving into the 'De generatione', a few words on Albert and how he conceives of the relation between natural philosophy and theology. As James Weisheipl has already noted, Albert favoured the acquisition of philosophical knowledge because he considered it a preliminary to theology.[16] This remark can be easily justified through the study of natural philosophy in the work of the Dominican master, since there are many instances where natural philosophy is used as an explanatory tool of theological issues.[17] As we will see in another chapter, Albert uses the doctrine of *symbola* in the same way in order to explicate matters connected to theology.

3.1 The Aristotelian *symbola* in Albertus Magnus' 'De generatione et corruptione'

Aristotle's 'De generatione' became known to the Latin medieval scholars through three main translations: on the one hand, we have a Latin translation of the Aristotelian text from Arabic, and on the other, we have two Latin ones from Greek. The Arabic–Latin translation was made by Gerard of Cremona (d. 1187) in the 12th century, who used in turn the Arabic translation of Ḥunayn ibn Isḥāq (d. 260/873). As far as concerns the Greek–Latin translations, the first one (*translatio vetus*) was made by Burgundio of Pisa (d. 1193) and the second one (*translatio nova*) by William of Moerbeke (d. 1286)—both of them in the 13th century.[18] However, in addition to these translations, the 'De generatione' of Aristotle could be found in other sources, like the middle commentary of Averroes (d. 595/1198) and the *florilegia*.[19] From all these texts, Burgundio's translation and Averroes' commentary seem to have mostly proliferated and, thus, became the major source for any scholar who wanted to deal with Aristotle's 'De generatione'.

---

15 Ibid. VIII, tr. 1, cap. 14, p. 578: *Et ad illum nos dicimus, quod qui credit Aristotelem fuisse deum, ille debet credere, quod numquam erravit. Si autem credit ipsum esse hominem, tunc procul dubio errare potuit sicut et nos.*

16 Weisheipl 1980b, p. 40.

17 A recent example can be found in Rinotas 2022a.

18 Leemans 2011, pp. 27–31.

19 Caroti 2011, p. 427.

Albert also relied on Burgundio's translation and Averroes' commentary in order to create his own commentary of the Aristotelian text.[20] That said, Albert's commentary on Aristotle's 'De generatione' should be understood as a paraphrase of the original Aristotelian text that is enriched with the opinions of other philosophers and personal opinions and digressions from Albert, which aim to further clarify the Aristotelian text and discuss it through the lens of other philosophers, like Averroes and Avicenna (d. 428/1037). Albert treats the topic of *symbola* in the second tractate of the second book of his commentary on the 'De generatione' and the discussion extends from Chapter 2 until Chapter 8.[21] It is in the second chapter that Albert provides us with a clear account of *symbola*, in terms of their use and role in elemental transmutation. Albert exposes Aristotle's doctrine on *symbola*, according to which an element is easily and quickly transmuted to another if there is a *symbolum, hoc est convenientiam in altera qualitate* between them. On the contrary, the absence of a *symbolum* makes the transmutation slow.[22] Then, Albert goes on to present Aristotle's example of transmuting fire to air. Namely, fire is warm and dry (*calidum et siccum*) and air is warm and wet (*calidum et umidum*), and therefore, fire will become air if the quality of wet dominates the dry one, while air will become fire if the opposite happens.[23] However, it should be stressed that Aristotle does not explicitly admit that the reverse procedure might take place, that is, the transmutation of air to fire; and this is something that has triggered a scholarly debate. For instance, Mary Louise Gill seems to accept this possibility, whereas Mary Krizan objects to it.[24] Albert accepts the possibility of a reverse transmutation, but this idea is not repeated at the end of the chapter where the Dominican master summarises the doctrine of *symbola*. There, Albert admits that cyclical transmutation of elements is possible and easy due to the appearance of

---

20 Draelants 2011, pp. 139f. See also the editorial note of Hossfeld's edition of Albertus Magnus: De generatione et corruptione, pp. i–xxiv.

21 It should be mentioned that Albert's 'De generatione' has attracted little scholarly attention and that, in the few existing papers, *symbola* have not been discussed or referred to. For instance, Caroti 1998 focuses on such matters as the notion of *fluxus, inchoatio formae,* and *materia,* while Hossfeld 1976 is largely a panorama and synopsis of the content of Albert's commentary. Hossfeld gives a very brief discussion of the chapters dedicated to *symbola* but without making any reference to them.

22 Albertus Magnus: De generatione et corruptione II, tr. 2, cap. 2, p. 186: *Quaecumque enim habent symbolum ad invicem, hoc est convenientiam in altera qualitate, horum velox est ad invicem transmutatio. Quaecumque autem non habent ad invicem symbolum, sed disconveniunt in utraque qualitate, horum transmutatio ad invicem tarda est, et hoc est ideo, quia facilius est transmutare unum quam duo.*

23 Ibid., p. 187: *Verbi gratia ex igne quidem erit aër, altera qualitate transmutata; ignis enim est corpus calidum et siccum, aër autem est corpus calidum et umidum. Quapropter si vincatur siccum ab umido, ignis erit aër, si autem e converso umidum vincatur a sicco, ex aëre erit ignis.*

24 Gill 1989, p. 71, and Krizan 2013, pp. 198–200.

symbola.[25] In the next chapters, Albert discusses several questions pertaining to *symbola*, like the possibility of having an elemental transmutation without an apparent *symbolum* involved or the generation of a third element from the union of two others. Likewise, Albert treats philosophical topics connected to the four known elements, like the proposition that the medium between two elements cannot be an element and that the elements themselves cannot serve as *subjectum* during an elemental transmutation. Due to lack of space, it is not possible to see these topics in detail, but what we should keep in mind is the fact that Albert has indeed placed great importance on the doctrine of *symbola*, something that will become more apparent in the way he used them throughout his work.

3.2 The Use of *symbola* in Other Works of Albertus Magnus

The doctrine of *symbola* does not appear for the first time in the commentary of the 'De generatione'. Actually, there is plenty of evidence that supports the view that Albert was aware of *symbola* a long time before he started commenting upon the Aristotelian corpus. The Latin expression *habentium symbolum facilior est transmutatio ad invicem* appears quite often in the work of the Dominican master, and it signifies the use of *symbola* either as an explanatory or argumentative means of clarifying an aspect of a given matter. In what follows, I will adduce some examples which show how Albert used *symbola* in different works of his corpus.[26]

As I have already mentioned, Albert shows knowledge of the Aristotelian *symbola* from an early stage of his academic career. In particular, he uses them in his early 'De incarnatione' and in his commentary on the 'Sententiae' of Peter Lombard (d. 1160), two works that were written between 1242–1248.[27] In these works, the Dominican master uses the aforementioned Aristotelian doctrine in order to speak about theological subjects. In the 'De incarnatione' Albert poses the question of "whether an angel is unitable (*unibilis*)" and in his dealing with this question he evokes the Aristotelian *symbola* in order to argue that an angel is unitable with God. Albert's argument runs as follows: firstly, he states that the more things seem to be similar to each other, the more they seem to be unitable. Then he backs up this proposition by evoking the Aristotelian *symbola*; thus, the things that share a

---

25 Albertus Magnus: De generatione et corruptione II, tr. 2, cap. 2, p. 187: *Quapropter manifestum est, quod elementorum habentium symbolum ad invicem est in circuitu generatio, quia ex igne aër et ex aëre aqua et ex aqua terra et ex terra ignis, et hic modus transmutationis est facilis, quia illis elementis quae sunt deinceps in loco, est symbolum in altera qualitate.*

26 It should be noted that Ps.-Dionysius also uses the notion of *symbola* in his work, and therefore, Albert refers to the Ps.-Dionysian *symbola* in his commentary. Even though I am aware of this episode, I am unable to pursue this line of inquiry in the present article.

27 Albertus Magnus Institut 2011, p. 28.

symbolum (a similarity, in this case) have an easier transition to each other. Finally, Albert admits that an angel is more similar to God than a human and, therefore, is more likely to be unitable to Him.[28] After that, Albert presents some theses contra before settling the matter by saying that an angel is not unitable. Turning to the commentary on the 'Sententiae' of Peter Lombard, Albert treats one more theological matter by evoking the doctrine of *symbola*. Specifically, in the third book, Albert poses the question of whether the flesh of Christ was created by the most unstained bloods (*an caro Christi fuerit ex purissimis sanguinibus*). As usual, Albert firsts adopts a pro thesis and continues with a rebuttal on the subject. Thus, it is in the contra thesis that Albert evokes *symbola* as an argumentative tool in order to argue that Christ's flesh may have come from flesh instead of blood. The argument runs as follows: flesh seems to be closer to flesh than to blood, and things that have a *symbolum* tend to unite more easily. Thus, it is more agreeable to accept that Christ's flesh came from flesh rather than from blood.[29] Albert settles this question by saying that Christ's flesh came from blood on the grounds that blood is the power of the entire body and not flesh. These two excerpts that have been adduced bear a small difference which is worth mentioning: in the text of the 'De incarnatione' Albert's standard expression of *symbola* is concerned with *transitus*, whereas in the excerpt of the 'Sententiae', the Dominican master speaks of *unio*. This difference in vocabulary could be explained by the fact that Albert's usage of *symbola* aims to create an analogy concerning how two 'similar' things may communicate with each other rather than to strictly apply the theory of *symbola* to a case. In this regard, Albert's use of *symbola* may seem a bit loose, since the Dominican master puts more weight on the meaning he wants to convey and not on applicability of the theory.[30]

However, Albert uses the Aristotelian *symbola* in other cases, too, which seem more pertinent to natural matters.[31] Such a case is found in his 'De mineralibus'

---

28 Albertus Magnus: De incarnatione, tr. 3, q. 2, a. 2, p. 196: *Quod angelus sit unibilis, videtur, quia quanto aliqua sunt similiora, tanto magis unibilia. Unde etiam dicit Philosophus, quod habentium symbolum facilior est transitus. Sed angelus similior est deo quam homo; angelus enim immediate iuxta deum est, sicut dicit Augustinus in libro confessionum. Ergo angelus est unibilior homine.*

29 Albertus Magnus: Super III Sententiarum, dist. 3, art. 19, vol. 28, p. 59b: *Praeterea, Vicinior est caro ad carnem quam caro ad sanguinem, vel e converso: sed habentium symbolum facilior est unio: ergo congruentius fuit assumere ex carne quam ex sanguine. Sed si hoc dicatur, tunc etiam oportuit sumere ex ossibus ossa, ex nervis nervos, et sic de aliis.*

30 This suggestion may seem more plausible in its validity if one takes into account other instances were *symbola* appear. For instance, in Albertus Magnus: Super Ethica II, tr. 1, cap. 7, p. 159b, and Albertus Magnus: De corpore domini, dist. 3, tr. 1, cap. 6, p. 261a, we meet the different version *habentium enim symbolum faciliter est transmutatio* which agrees with the context that it is put within.

31 For instance, see Albertus Magnus: De nutrimento et et nutrito, tr.1, cap.1, p. 3; Quaestiones super de animalibus IX, q. 8–10, p. 207; Metaphysica X, tr. 2, cap. 6, p.449; De somno et vigilia III, tr. 2, cap. 8, p. 205b etc.

where *symbola* are mentioned by the Dominican master as an argument for the possibility of alchemical transmutation. Albert's 'De mineralibus' was written between 1254–1257 and contains many of his thoughts concerning alchemy. In the scholarly bibliography, it has been established that Albert was open to the possibility of alchemical transmutation, but the sources that were used to explore in this direction did not take into account the role of *symbola*.[32] As we will see, the Aristotelian *symbola* are employed by Albert in a way that provides a further argument in favour of the possibility of alchemical transmutation. In the sixth chapter of the second tractate of the third book of the 'De mineralibus', Albert argues that there can be cyclical production of metals from each other. At the beginning of the chapter, the Dominican master admits that the material of metals is closely related, due to the fact that they have a common property in it (*symbolum*) and, thus, their transmutation is cyclical and easy. As Albert affirms, this knowledge is attested in the 'De generatione' and therefore, he establishes an immediate connection between the two texts.[33] At first glance, Albert appears to make only allusions towards the possibility of alchemical transmutation, but his intentions are further clarified at the end of the chapter, where he speaks within an alchemical context and asserts that alchemists may bring about a cyclical production of metals due to *symbola*.[34]

It has become apparent that *symbola* are an important subject in the work of Albert that goes beyond the commentary of the 'De generatione'. Albert uses them to treat both theological and natural-philosophical matters, and thus, it is worth investigating how he employs them in the context of his 'Meteora'.

---

32 Kibre 1980; Halleux 1982. For a more recent account on Albert's alchemy, see Rinotas 2022b.

33 Albertus Magnus: De mineralibus III, tr. 2, cap. 6, p. 81b: *His autem adjiciendum est, commune omnibus metallis esse, quod propinqua est valde materia eorum. Scimus autem ex his quae in scientia Peri geneseos determinata sunt, quod inter habentia symbolum in materia et virtutibus et potentiis naturalibus, facilis est transmutatio ad invicem. Propter quod et multorum Philosophorum, quorum tamen pater est Hermes Trismegistus, qui Propheta Philosophorum vocatur, assertio est, circularem esse metallorum generationem, et ex se invicem, sicut et circularis est generatio elementorum: quod etiam mihi videtur verissimum.*

34 Ibid.: *Artificum autem experimentum est quod faciunt alchimici qui, si unam speciem metalli cum natura operantur, deducunt in aliam, quemadmodum dictum est. Sic igitur non est improbabile circularem ex se invicem esse generationem metallorum, et hoc solum metallum est proprium inter elementa et commixta. Sed non lateat nos quod in omnibus quae circulares ex se invicem habent generationes, facilior est transitus eorum quae in pluribus habent convenientiam: propter hoc etiam ex argento facilius fit aurum quam ex alio metallo: non enim mutari oportet in ipso nisi colorem et pondus, et haec de facili fiunt: compacta enim substantia magis adhaeret pro certo pondus diminuto aqueo et aucto bono citrino sulphure consequenter variabitur color: hic autem modus est et in aliis.*

4 The Use of *symbola* in Albertus Magnus' 'Meteora'

There is an epistemic relation between Aristotle's 'De generatione' and his 'Meteorologica'. At the beginning of the latter work, the Stagirite describes the subjects of natural philosophy that have been covered in the previous works and then posits the 'Meteorologica' within this framework by stating what is about to be discussed.[35] In this regard, one could say that the elemental theory which is analysed in the 'De generatione' serves as a conceptual *subiectum* of the things that will be discussed in the 'Meteorologica', and thus, a strong connection between the two texts is established.[36] The Latin medieval scholars came in contact with Aristotle's 'Meteorologica' through the Arabic translations of the 12th century. Particularly, the first three books of this Aristotelian work were translated from Arabic into Latin by Gerard of Cremona, while the fourth book was translated from Ancient Greek into Latin by Henricus Aristippus (d. 1162) in 1157 and added to the already existing translation of Gerard.[37] Albert's commentary on 'Meteorologica' was created between 1254–1257, and, as Paul Hossfeld informs us, Albert availed himself of both translations in his commentary.[38] Once again, Albert's commentary on 'Meteorologica' is a paraphrase of the original Aristotelian text that contains digressions and personal opinions of the Dominican master as well as the opinions of other philosophers.

In Albert's 'Meteora'—as it is commonly known—one may find some references to *symbola*, which are used in turn as exegetical tools for accounting for certain meteorological and other natural phenomena. In what follows, there will be a short exposé of some cases where *symbola* are evoked. The first instance is found in the third chapter of the fourth tractate of the first book, where Albert examines why terrestrial vapour goes higher than aqueous vapour. At the beginning of his examination, Albert puts the problem into perspective by showing its apparent 'anomaly'. Namely, aqueous vapour should be ascending higher than terrestrial because water is lighter than earth; because aqueous humidity is more rarefied than terrestrial substance; and finally, because aqueous humidity contributes to the maintenance of heat.[39] Albert explains this discrepancy by

35 Aristotle: Meteorologica I, 1, 338a20–339a, pp. 4f.

36 Ducos 2011, p. 176.

37 Newman 2004, pp. 43f.

38 Hossfeld 2001, p. 413.

39 Albertus Magnus: Meteora I, tr. 4, cap. 3, p. 35: *Scias etiam quod licet aqua levior sit quam terra et humidum aqueum magis sit rarefactibile quam substantia terrestris sitque humidum aqueum magis alimentum praestans calori et ideo videatur his tribus de causis altius debere ascendere, tamen oppositum accidit in vapore sicco calido, qui altius ascendit quam vapor calidus et humidus ...*

providing four solutions, of which the third is concerned with *symbola*. For the Dominican master, the key notion for settling this problem is the element of fire, which could offer a plausible and logical solution, since it is the lightest of all four elements. In light of this, Albert argues that terrestrial vapour is more prone to preserve *calor inflammans* than aqueous vapour is, due to the fact that the former has a *symbolum* that allows such a thing.[40] To explain further, *calor inflammans* is associated with the element of fire (which bears, in turn, the qualities of dry and hot), while terrestrial vapour is also associated with the element of earth (which has the qualities of dry and cold). In contrast, aqueous humidity is connected to cold and wet, and thus, there is no apparent *symbolum* with fire, which has—as we just saw—the opposite qualities. As a result, the dry quality acts as a *symbolum* between terrestrial vapour and *calor inflammans*, and the maintenance of the latter explains terrestrial vapour's tendency to go higher.

In another instance, in the second chapter of the third tractate of the second book, Albert instigates a digression which deals with the question of whether water would cover earth at any time. In answering this question, Albert provides three arguments, of which the third involves the theory of *symbola*. In the first argument, the Dominican master adopts the exegetical scheme of convex–concave in order to argue that elements fit in with each other in the manner in which the convex does with the concave.[41] This argument seems to be of Aristotelian inspiration, since, as Athanase Papadopoulos informs us, the Greek philosopher uses the aforementioned couple often in his work, albeit in a metaphorical way most of the time.[42] Thus, it is likely that Albert was inspired by Aristotle as far as concerns the usage of the convex–concave scheme. In his second argument, Albert argues that water tends to cover earth because, otherwise, unnecessary things would be left in nature. Finally, in his third argument the Dominican master puts *symbola* in the game. According to Albert, when two elements do not have a *symbolum* in common, then they are connected by means of a third one, which acts as a medium. That said, earth, which has the qualities of dry and cold, does not have a *symbolum* in common with air, which has the qualities of hot and wet; thus, they need water, whose qualities of

---

40 Ibid.: *Tertia causa est propter symbolum, quod siccum terrestre habet ad inflammationem ignis, quod non habet humidum aqueum, et ideo calor inflammans magis conservatur in terrestri quam in aqueo.*

41 Ibid. II, tr. 3, cap. 2, p. 83: *quia nos videmus ordinem elementorum ita quod semper convexum unius est in concavo alterius per totum circulum rotunditatis suae. Sicut enim convexum ignis est in concavo orbis lunae et convexum aëris est in concavo ignis, sic etiam hoc modo convexum aquae erit in concavo aëris et convexum terrae erit in concavo aquae. Ergo ubique aqua de sua natura operit terram. Quod autem naturale est, aliquando fuit. Ergo terra aliquando fuit cooperta aquis.*

42 Papadopoulos 2019, pp. 147–149.

cold and wet can act as *symbola* for binding earth and air.[43] In this regard, Albert argues that earth is covered by water because the latter may act as a way of connecting the realm of earth with that of air. The Dominican master does not offer any explanation for why such a thing could be a desideratum. However, a plausible answer is easy to figure out if one takes into account the physics of the sublunar world. As we have already said, the sublunar world consists of the four elements, and every change that occurs in it is based on the elements' interactions. *Symbola* have a crucial role to play in this procedure, since their appearance guarantee an *easy* and *fast* transition from one element to another. In light of this, Albert deems the existence of water between air and earth a contributing factor to the facilitation of elemental procedures, given that water provides the necessary *symbola* in order for the mechanics of elemental change to take place.

In the twenty-first chapter of the third tractate of the fourth book of 'Meteora', Albert compares flammable (*flammabilia*) and vaporous (*vaporativa*) substances and provides an explanation for how it is possible for some vaporous substances to be flammable. In his effort to explicate the phenomenon, Albert makes use of the theory of *symbola*. Albert argues that flammable vapours contain the element of earth, and thus, the quality of dryness can be united in turn with fire. In this regard, the quality of dryness acts as a *symbolum* between flammable vapour and fire, and thus, flammable vapour's dryness can be turned to fire if dryness is made hot by ignited heat.[44] In a similar way, Albert uses *symbola* in order to speak about the matter of things. Thus, the things which have water as their matter tend to be colder (*frigidiora*), while the things that are of earth and air tend to be hotter (*calidiora*) due to their *symbolum* with fire.[45] Once again, Albert implies here the dry quality which, if it gets heated, tends towards fire and, therefore, heat.

---

43 Albertus Magnus: Meteora II, tr. 3, cap. 2, p. 83: *Amplius, quaecumque duo elementa non habent symbolum, illa colligantur per unum medium, quod habet symbolum cum utroque. Sed terra et aër nullum habent symbolum. Oportet ergo quod ubique colligentur per mediam aquam, quae habet symbolum cum utroque. Et ita iterum videtur quod secundum naturam terra ubique debeat esse aquis cooperta.*

44 Ibid. IV, tr. 3, cap. 21, p. 288: *Per se autem flammabilia sunt illa vaporativa, quae magis habent terrae et sunt sicca, sicut diximus in praecedentibus. Illa enim propter abundantiam materiae sunt sicca et in sicco conveniunt cum igne. Et ideo cum habentium symbolum facilior sit transmutatio, si siccum calefiat calore ignito, continue erit ignis et sic fit flamma in vapore fumoso terrestri succenso.*

45 Ibid. IV, tr. 4, cap. 7, p. 298: *Est tamen adhuc in istis magna diversitas, quoniam licet omnia, quorum materia est terra vel aqua, per essentiam illius materiae sint frigida, tamen frigidiora sunt per naturam materiae, quorum materia est aqua, quam quorum materia est terra. Et hoc contingit propter hoc quod calido ignis plus contrariatur aqua quam terra. Unde in quibus materia est terrea vel aërea, propter symbolum, quod habent cum igne, sunt calidiora.*

5 Conclusion

This short study has attempted to present a 'story of *symbola*', a term which is apparently rich in philosophical connotations. Aristotle's sublunar cosmos was heavily dependent on elements and their interactions, and thus, the Stagirite initiated the doctrine of *symbola* in order to speak about and justify the changes that occur in the aforesaid realm. In this way, the Aristotelian *symbola* render themselves as strong exegetical tools that could be used for accounting for natural phenomena that were based on elemental procedures. The exegetical power of *symbola* was overly understood and taken advantage of by Albert, one of the most eminent commentators of Aristotle in the Middle Ages. The Dominican master displays an excellent knowledge of the Aristotelian doctrine, and he goes one step further in its use by applying it to the explanation and justification of matters pertaining to theology. As a result, *symbola* become a powerful argumentative weapon in the arsenal of Albert, who shows in turn a clear tendency to use natural philosophy as an explanatory tool for referring to such obscure fields of knowledge as that of alchemy.

Finally, turning to Albert's use of *symbola* in his 'Meteora', there are some conclusions that can be safely inferred. In principle, Albert confirms the epistemic relation that exists between the 'De generatione et corruptione' and the 'Meteora', since the former serves as a conceptual *subiectum* for the latter. In this regard, the elemental theory of *symbola* equipped the Dominican master with the appropriate terminology to argue for the ascendance of the terrestrial vapours, the covering of earth by water, and the flammability of vapours. However, the most important thing is that the theory of *symbola* allowed Albert to argue for phenomena which are both of external and internal character. To explain further, the Aristotelian theory of *symbola* on the one hand gave Albert the opportunity to open the 'black box' of terrestrial and flammable vapours and explain their hidden mechanics concerning their manifested behaviour while, on the other hand, allowing Albert to argue why nature appears the way it does and thus explain the external manifestation of water to cover earth.

As a final note, it should be highlighted that Albert's treatment of *symbola* could be deemed the 'opening of the floodgate' for a more thorough and extended study on the matter, a proposal which is further supported by the great number of medieval commentaries on Aristotle's 'De generatione et corruptione' and the great number of medieval scholars who have dealt with it.[46]

---

46 The present essay is part of the research project 'Itineraries of Philosophy and Science from Baghdad to Florence: Albert the Great, his Sources and his Legacies' (2023-2025), financed by the Italian Ministry of University and Research (PRIN 2022, 20225LFCMZ), in the framework of the PNRR M4C2 financed by the European Union - Next Generation EU.

Bibliography

Sources

Albertus Magnus: De corpore domini. Ed. by Auguste Borgnet (Opera omnia 38). Paris 1899.

Albertus Magnus: De generatione et corruptione. Ed. by Paul Hossfeld (S. Alberti Magni Operum onmium V, 2). Münster 1980.

Albertus Magnus: De incarnatione. Ed. by Ignatius Backes (S. Alberti Magni Operum onmium XXVI). Münster 1958.

Albertus Magnus: De mineralibus. Ed. by Auguste Borgnet (Opera omnia 5). Paris 1890.

Albertus Magnus: De nutrimento et nutrito. Ed. by Sivia Donati (S. Alberti Magni Operum onmium VII, 2a). Münster 2017.

Albertus Magnus: De somno et vigilia. Ed. by Auguste Borgnet (Opera omnia 9). Paris 1890.

Albertus Magnus: Metaphysica. Ed. by Bernhard Geyer (S. Alberti Magni Operum onmium XVI). Münster 1964.

Albertus Magnus: Meteora. Ed. by Paul Hossfeld (S. Alberti Magni Operum onmium VI, 1). Münster 2003.

Albertus Magnus: Physica. Ed. by Paul Hossfeld (S. Alberti Magni Operum onmium IV). Münster 1987.

Albertus Magnus: Quaestiones super de animalibus. Ed. by Ephrem Filthaut (S. Alberti Magni Operum onmium XII). Münster 1955.

Albertus Magnus: Super Ethica. Ed. by Wilhelm Kübel (S. Alberti Magni Operum onmium XIV). Münster 1968.

Albertus Magnus: Super IV libros Sententiarum. Ed. by Auguste Borgnet (Opera omnia 25–30). Paris 1893–1894.

Aristotle: De generatione et corruptione / On Coming-to-Be and Passing-Away. Transl. by Harold H. Joachim. Oxford 1922.

Aristotle: De generatione et corruptione. Transl. by Christopher F. Williams. Oxford 1982.

Aristotle: Meteorologica. Ed. and transl. by Henry Desmond Pritchard Lee. Cambridge MA 1952.

Secondary Literature

Albertus Magnus Institut (ed.): Albertus Magnus und sein System der Wissenschaften. Schlüsseltexte in Übersetzung. Lateinisch–Deutsch. Münster 2011.

Burkert, Walter: Lore and Science in Ancient Pythagoreanism. Transl. by Edwin Minor Jr. Cambridge 1972.

Burnett, Charles: Arabic into Latin. The Reception of Arabic Philosophy into Western Europe. In: Peter Adamson and Richard Taylor (eds.): The Cambridge Companion to Arabic Philosophy. Cambridge 2005, pp. 370–404.

Caroti, Stefano: Note sulla parafrasi del De generatione et corruptione di Alberto Magno. In: Freiburger Zeitschrift für Philosophie und Theologie 45 (1998), pp. 6–30.

Caroti, Stefano: Commentaries on Aristotle's *De generatione et corruptione.* In: Henrik Lagerlund (ed.): Encyclopedia of Medieval Philosophy. Philosophy between 500 and 1500. Dordrecht 2011, pp. 426–432.

Draelants, Isabelle: Le *De generatione et corruptione* et son environnement au «siècle d'or» des encyclopédies médiévales (1200–1250). In: Joëlle Ducos and Violaine Giacommoto-Charra (eds.): Lire Aristote au Moyen Âge et à la Renaissance. Réception du traité *Sur la génération et la corruption.* Paris 2011, pp. 135–174.

Ducos, Joëlle: Le *De generatione et corruptione* et les commentaires sur les *Météorologiques.* In: Ead. and Violaine Giacommoto-Charra (eds.): Lire Aristote au Moyen Âge et à la Renaissance. Réception du traité *Sur la génération et la corruption.* Paris 2011, pp. 175–198.

Gemelli Marciano, Laura: The Pythagorean Way of Life and Pythagorean Ethics. In: Carl Huffman (ed.): A History of Pythagoreanism. Cambridge 2014, pp. 131–148.

Gill, Mary Louise: Aristotle's Substance. The Paradox of Unity. Princeton 1989.

Grant, Edward: A History of Natural Philosophy. From the Ancient World to the Nineteenth Century. Cambridge 2007.

Halleux, Robert: Albert le grand et l'alchimie. In: Revue des sciences philosophiques et theologiques 66 (1982), pp. 57–80.

Hossfeld, Paul: Grundgedanken in Alberts des Grossen Schrift „Über Entstehung und Vergehen". In: Philosophia naturalis 16 (1976), pp. 191–204.

Hossfeld, Paul: Das zweite Buch der Meteora des Albertus Magnus. In: Walter Senner (ed.): Albertus Magnus. Zum Gedenken nach 800 Jahren. Neue Zugänge, Aspekte und Perspektiven. Berlin 2001, pp. 413–426.

Kibre, Pearl: Albertus Magnus on Alchemy. In: James Weisheipl (ed.): Albertus Magnus and the Sciences. Commemorative Essays, 1980. Toronto 1980, pp. 187–202.

Krizan, Mary: Elemental Structure and the Transformation of the Elements in On Generation and Corruption II 4. In: Oxford Studies in Ancient Philosophy 45 (2013), pp. 195–224.

Leemans, Pieter de: *Alia translatio planior.* Les traductions latines du *De generatione et corruptione* et les commentateurs médiévaux. In: Joëlle Ducos and Violaine Giacommoto-Charra (eds.): Lire Aristote au Moyen Âge et à la Renaissance. Réception du traité *Sur la génération et la corruption.* Paris 2011, pp. 27–53.

Möhle, Hannes: Albertus Magnus (Zugänge zum Denken des Mittelalters 7). Münster 2015.

Newman, William: Promethean Ambitions. Alchemy and the Quest to Perfect Nature. Chicago 2004.

Papadopoulos, Athanase: Convexity in Greek Antiquity. In: Id. and Shrikrishna G. Dani (eds.): Geometry in History. Cham 2019, pp. 139–152.

Philip, James A.: Pythagoras and Early Pythagoreanism. Toronto 1966.

Resnick, Irven and Kenneth Kitchell Jr.: Albertus Magnus and the World of Nature. London 2022.

Rinotas, Athanasios: The Sciant Artifices in the Work of Albert the Great. Towards Two Kinds of Transmutation? In: Early Science and Medicine 27 (2022a), pp. 57–82.

Rinotas, Athanasios: Elixir as Means of Contrasting with Nature in Albert the Great's Alchemy. In: Nicola Polloni and Mattia Cipriani (eds.): Fragmented Nature. Medieval Latinate Reasoning on the Natural World and Its Order. London 2022b, pp. 173–193.

Scharle, Margaret: On Generation and Corruption II 4. In: Panos Dimas, Andrea Falcon and Sean Kelsey (eds.): Aristotle, On Generation and Corruption Book II. Introduction, Translation, and Interpretative Essays. Cambridge 2022, pp. 79–104.

Steenberghen, Fernard van: Aristotle in the West. The Origins of Latin Aristotelianism. Transl. by Leonard Johnston. Louvain 1955.

Weisheipl, James: Albert's Works on Natural Sciences (*libri naturales*) in Probable Chronological Order. In: Id. (ed.): Albertus Magnus and the Sciences. Commemorative Essays. Toronto 1980a, pp. 565–575.

Weisheipl, James: The Life and Works of St. Albert the Great. In: Id. (ed.): Albertus Magnus and the Sciences. Commemorative Essays. Toronto 1980b, pp. 13–52.

Stefan Abel

Natur(a) im Streik!
Dystopische Verschränkungen von Ethik und Ökologie im Reich des Grals

Abstract Dreadful atrocities committed by the nobility—brutal rape and malicious murder—make the Arthurian land of Logres, the Grail's realm, lie completely fallow and depopulate; and ever since, the formerly magnificent Fisher King's castle, the Holy Grail's hoard, has been untraceable. Since then, the inhabitants of the unfertile land once chosen by God as the Grail's home have been longing for a noble saviour, the world's best knight (Gauvain and Perceval), to save them from their ecological crisis. This remarkable interweaving of ethics and ecology in Logres' dystopian conditions within the French and German Arthurian epics (12th and 13th centuries) can be linked to two medieval concepts: first, the School of Chartres' notion of Nature as a *procreatrix* put into office by God for the world's perpetual renewal (*creatio continua*); second, the transfer (*translatio*) of rule (*imperium*), learning (*studium*), knighthood (*militia*), and even Nature (*natura*) on their travels from region to region. Searching for a suitable home among the peoples, these concepts apparently choose a certain region as their temporary habitat in accordance with its 'ethical fingerprint'. They will rest while the ruling classes *in situ* still behave in an exemplary manner. As soon as the local morals decay, however, these concepts (and Nature) will start migrating to an 'ethosphere' that is more favourable to ethical living. Therefore, by remaining or withdrawing, they ethographically indicate that a certain region is thriving in the right way or not. The local nobility's immorality renders the living space 'ethically uninhabitable' and, thus, deeply dismays Nature, prompting it to escape from it.

Keywords Ecology; Ethics; Grail; Meteorology; Nature

Kontakt

PD Dr. Stefan Abel,
Universität Bern,
Institut für Germanistik,
Länggassstrasse 49,
CH-3012 Bern,
stefan.abel@unibe.ch
https://orcid.org/0000-0003-1520-3815

Stefan Abel: Natur(a) im Streik! Dystopische Verschränkungen von Ethik und Ökologie im Reich des Grals.
In: Das Mittelalter 2024, 29(1), 120–145. Heidelberg: Heidelberg University Publishing.
DOI: https://doi.org/10.17885/heiup.mial.2024.1.24963

1 Was ist los im Reich des Grals?

Ein bedeutender Schauplatz von Erzählungen der französischen und deutschen Artusepik des 12. und 13. Jahrhunderts ist das Land Logres, das Reich des Grals. Anfangs stellt es sich als ein völlig entvölkertes und unfruchtbar gewordenes Land dar, aus dem sich (die) Natur(a), und so ließe sich sein desolater Zustand deuten, zurückgezogen hat bzw. in ‚Streik' getreten ist. Und auch die prächtige Burg des Fischerkönigs, in welcher der Heilige Gral aufbewahrt wird, ist spurlos verschwunden. Sicht- und Unsichtbares sind hier miteinander verschränkt, insofern als Unfruchtbarkeit und Unauffindbarkeit (nur) sicht- und spürbare Symptome für eine unsichtbare Krankheit sind, die das Land befallen hat. Alle Hoffnung liegt nun darauf, dass Logres einst von dem besten Artusritter aller Zeiten ‚geheilt' werden möge. In der fiktiven, bisweilen dystopischen Artuswelt,[1] in der innere Tugend und äußere Welt bzw. Ethik und Ökologie aufs Engste miteinander verbunden sind, sind die brachliegende Natur im Land und auch das Verschwinden der Gralburg zeichenhafte Gradmesser für den moralischen Zustand im Reich des Grals.

Zwei literarische Handlungsmuster, moral- und geschichtsphilosophische sowie theologische Konzepte, die im 12. und 13. Jahrhundert wirksam sind und in der volkssprachigen Literatur (popularisierend) rezipiert werden, greifen in der Artusepik ebenfalls verschränkt ineinander: zum einen eine ganz bestimmte Vorstellung von Natur (Abschnitt 2), zum anderen die Vorstellung von der Übertragung (*translatio*) und auch der Wanderschaft abstrakter Konzepte wie Herrschaft (*imperium*), Gelehrsamkeit (*studium*), Ritterschaft (*militia*) und, in Fortführung, ebenso der Natur (*natura*), allesamt auf der Suche nach einer geeigneten Heimstatt

---

1 Die Übertragung des Begriffs ‚Dystopie' auf mittelalterliche Literatur ist insofern problematisch, als er keinesfalls mittelalterlich ist. *Utopia*, Name einer fiktiven Insel, und ‚Utopie' gehen auf die lateinische Erzählung des Thomas Morus (1478–1535) aus dem Jahr 1516 zurück, die zum Prototyp der literarischen Gattung wird. *U*topie, ein ‚*Nicht*ort', ist bei Morus zugleich eine *Eu*topie, ein ‚*Glücks*ort', fernab dieser Welt, der den idealen Staat beherbergt. *Dustopia*, ebenfalls eine Insel (zunächst in älterer Graphie, die das griechische *υ* im Präfix *δυς*- mit dem lateinischen Buchstaben *u* wiedergibt), und somit der Gegenbegriff ‚Dystopie' erscheinen erstmalig in der Versdichtung ‚Utopia, or Apollo's Golden Days' (1747) des Lewis Henry Younge (1694–1762). Es handelt sich dabei um eine Allegorie auf die von Younge gepriesene Verwaltung des Königreichs Irland unter Philip Stanhope (1694–1773), dem vierten Earl of Chesterfield, in den Jahren 1745 und 1746: Apollo (i. e. Stanhope als Lord Lieutenant of Ireland, d. h. Repräsentant des englischen Königs) wird auf Jupiters Befehl nach Dustopia entsandt, um die Insel (i. e. Irland) aus der Misswirtschaft zu befreien. Auszüge der Versdichtung erschienen im September des Folgejahres in The Gentleman's Magazine, S. 399–402; Digitalisat: Wien, Österreichische Nationalbibliothek, ANNO. https://anno.onb.ac.at/cgi-content/anno-plus?aid=gen&datum=1748&page=462 (Zugriff: 15.03.2024). Darin wird der Begriff *dystopia* in einer Fußnote (auf S. 400) erstmals definiert, und zwar als „unhappy country". In ebendieser Bedeutung kommt der Begriff auch in diesem Beitrag zur Anwendung; zur Begriffsgeschichte vgl. Budakov 2010.

unter den Menschen (Abschnitt 3). In entsprechenden Erzählungen über Logres rückt der Mensch zugunsten der im Rückzug befindlichen Natur zeitweise machtlos aus dem Zentrum der Handlung. Dies lässt zwangsläufig an die ökologische Krise im 21. Jahrhundert denken, in welcher der menschliche Spielraum für die Abmilderung des Klimawandels kontinuierlich schwindet. Das in diesem Beitrag untersuchte Textkorpus zeigt auf, wie mittelalterliche Literaturen, lateinisch und volkssprachig, die Beziehung und Interaktionen zwischen Mensch und Natur in historischer Formation inszenieren, und zwar innerhalb intradiegetischer Welten, in denen wie auch in der extradiegetischen Wirklichkeit zu allen Zeiten gilt: „Everything is connected to everything else“ und „everything must go somewhere“ (1. und 2. ‚Gesetz der Ökologie‘).[2] Mittelalterliche Literaturen haben somit viel Potential für die ‚grüne‘ *ecocriticism*-Perspektive auf textliche Artefakte, „the study of the relationship between literature and the physical environment“.[3] Fragen nach Kontinuitäten und Divergenzen zwischen Vergangenheit und Gegenwart hinsichtlich des ethischen bzw. ökologischen Umgangs des Menschen mit der Umwelt drängen sich hierbei auf (Abschnitt 4).

Dass etwas im ‚unglücklichen‘ Land Logres ganz gewaltig nicht stimmt, erfahren wir etwa im ‚Parzival‘ Wolframs von Eschenbach aus der Zeit um 1200. Aus missverstandener Höflichkeit versäumt es Parzival am Abend seines Aufenthalts in der Gralburg Munsalvæsche, den kranken Fischerkönig, seinen eigenen Onkel Anfortas, nach der Bedeutung der Dinge zu befragen, die ihm dort gezeigt werden: ein ihm überreichtes Schwert, der Gral und die blutende Lanze. Mit einer einzigen Frage, der sogenannten Mitleidsfrage, hätte Parzival Anfortas von dessen körperlichen Leiden auf einen Schlag erlösen können. Am folgenden Morgen der Burg verwiesen, irrt Parzival durch den Wald, bis er auf seine Cousine Sigune trifft. Diese wundert sich sehr, von wo Parzival in dieser öden und für Ortsunkundige höchst gefährlichen Gegend denn angeritten komme, gebe es doch in einem Bannkreis von dreißig Meilen keinerlei Behausungen, außer einer einzelnen, jedoch unauffindbaren Burg.[4]

Den Grund für die Unwirtlichkeit des Gebiets um die Gralburg herum und auch dafür, warum die Burg nicht einfach so aufgesucht werden kann wie von Parzival am Tag zuvor, erfahren wir vom Erzähler zunächst nicht. Allerdings, so berichtet er uns später, ist jenes nun verwüstete Land einst von Gott als Heimstatt für den Gral auserwählt worden, ein bei Wolfram zunächst wundertätiges Ding, dessen Anblick lebenserhaltend wirkt und das die Gralgesellschaft auf der

2 Vgl. Commoner 1971, S. 33–41; zum 3. („Nature knows best“) und 4. Gesetz der Ökologie („There is no such thing as a free lunch“) siehe ebd., S. 41–48.

3 Glotfelty 1996, S. XVIII.

4 Vgl. Wolfram von Eschenbach, Parzival, V. 250, 3–12 und 22–27. https://parzival.unibe.ch/parzdb/parzival.php?page=fassungen&dreissiger=250 (Zugriff: 15.03.2024).

Burg mit Speis und Trank reich versorgt. Einst, nach dem Höllensturz, hätten es Engel auf die Erde gebracht, die sich im Kampf zwischen Gott und Luzifer irrigerweise nicht für Gott, vielmehr für keine der beiden Parteien entschieden hätten. Diese daher ‚neutralen' Engel, für ihre Unentschlossenheit in göttliche Ungnade gefallen, hätten dann den Gral in die Obhut getaufter und sittlich reiner Menschen übergegeben.[5] Doch was ist der Auslöser für die Verwüstung des einst auserwählten Landes?

Nicht die deutsche, sondern die französische Tradition des Gralstoffs liefert an zwei Stellen Antworten auf diese Frage, zunächst in der altfranzösischen ‚Élucidation', einer anonym verfassten Vorgeschichte über das Reich des Grals aus dem ersten Viertel des 13. Jahrhunderts. Vor der Verwüstung, so der Text, hätten im fruchtbaren Königreich Logres wunderschöne, feenhafte Brunnenmädchen gelebt, deren Brauch es gewesen sei, in Not geratene Reisende mit Nahrung zu versorgen. Doch einst sei diese Gastfreundlichkeit auf grausame Weise missbraucht worden: Auf seiner Reise durch Logres vergewaltigt und entführt König Amangon eines der Brunnenmädchen, und alle seine Männer tun es ihm gleich und vergehen sich an den übrigen Mädchen. Mit diesen Grausamkeiten habe der gute Brauch der Brunnenmädchen abrupt ein Ende gefunden; der Text spricht davon, dass das Königreich, so wörtlich, die „Stimmen der Brunnen" (*des puis les vois*) verloren habe und natürlich die Mädchen, die dort gelebt hätten. Dieses brutale Verbrechen lasse zudem das gesamte Land urplötzlich verdorren; die fortwährende Erneuerung der Welt (*creatio continua*) sei angehalten worden, und der prächtige Hof des Fischerkönigs, reiner Hort des Grals, sei spurlos verschwunden:

> *Li roiaumes si agasti / k'ains puis n'i ot arbre fuelli; / li pré et les flores secierent / et les aiges apeticierent, / ne on ne peut puis trover jor / le cort au rice Pescheour / qui resplendissoit le païs / d'or et d'argent, de vair, de gris, / de rices pales, de cendas / et de vïandes et de dras, / de girfaus et d'esmerellons, / d'ostours, d'espreviers, de faucons. / Lors quant la cors estoit trovee, / avoit par toute la contree / de rikece si grant plenté / de quan que j'ai ici nommé, / que tuit estoient mervellor / et povre et rice, par l'ounor; / mais or a il trestot perdu.*[6]

5 Vgl. ebd., V. 454, 21–30. https://parzival.unibe.ch/parzdb/parzival.php?page=fassungen&dreissiger=454 (Zugriff: 15.03.2024).

6 Les prologues au Conte du Graal: Élucidation, V. 95–113, S. 102 f.; Übersetzung (St. A.): „Das Königreich war so verwüstet, dass kein Baum dort jemals wieder erblühte; Gräser und Blumen verdorrten und die Flüsse trockneten aus. Daraufhin konnte niemand mehr den Hof des herrlichen Fischerkönigs ausfindig machen, der das Land in Pracht versetzte: Gold und Silber, Bunt- und Graupelze, kostbare und feine Seidenstoffe, erlesene Speisen und Kleidung, Gerfalken und Merline, Habichte, Sperber und Falken. Damals, als der Hof noch aufgesucht werden konnte, gab es das gesamte Land hindurch solch einen Überfluss an Reichtümern,

Einen Weg zur Erlösung des Landes aus seinem dystopischen Zustand zeigt die ‚Élucidation' nicht auf. Die Nachkommen der vergewaltigten Brunnenmädchen bekämpfen seither feindselig jegliche Ritter, ohne zwischen Freund und Feind zu unterscheiden, und durchstreifen das Land so lange, bis es ihnen Gott gestatte, die Gralburg zu finden. Von dieser, so der Text, gehe dann wieder Freude aus und durch sie werde das Land erneut in Glanz erstrahlen. Und so begeben sich auch die Artusritter auf die Suche nach dieser Burg, allen voran Gauvain (Gawan) und Perceval (Parzival). Was diese beiden Ritter dort erleben, erzählt sodann ein anderer Text.

Wolframs ‚Parzival' basiert auf dem altfranzösischen ‚Conte du Graal' des Chrétien de Troyes aus der Zeit vor 1190. Diesen Gralroman hinterließ der Dichter aus der Champagne allerdings unvollendet, wohl aufgrund seines vorzeitigen Ablebens. Bis zur Mitte des 13. Jahrhunderts entstanden daher in Frankreich und Flandern insgesamt vier umfangreiche Fortsetzungen, teils in unterschiedlichen Redaktionen.[7] Sie erzählen davon, wie Gauvain und Perceval mehrfach zur Burg des Fischerkönigs gelangen.[8] Der Grund, warum das Land Logres brachliege und warum die Gralburg für Normalsterbliche unauffindbar geworden sei, ist in dieser Tradition des Gralstoffs ein anderer als in der ‚Élucidation'. Die ‚Troisième Continuation' des flandrischen Dichters Manessier aus der ersten Hälfte des 13. Jahrhunderts[9] berichtet davon, dass einst König Goondesert, Bruder des Fischerkönigs, in der Burg Quingragan von seinem Feind Epinogres belagert worden sei, jedoch ohne Erfolg; Goondesert kann sich gegen das feindliche Heer siegreich durchsetzen. Partinal, Epinogres' Neffe, habe sich daraufhin auf den Weg zu Goondesert gemacht, um sich für die Niederlage zu rächen: Er legt listig Rüstung und Waffen eines von Goondeserts gefallenen Rittern an und kann sich

von all denen, die ich hier genannt habe, dass jeder, reich oder arm, über diesen Wohlstand bass erstaunt war. Aber jetzt hat das Land alles verloren".

7 Ausgaben: The First Continuation 1949 (i. e. Mischredaktion); The First Continuation 1950 (i. e. Langredaktion mit 66 Episoden in sechs Branchen); The First Continuation 1952 (i. e. Kurzredaktion); The Second Continuation (mit insgesamt 35 Episoden); The Third Continuation (mit insgesamt 30 Episoden); Gerbert de Montreuil: La Continuation de Perceval (mit insgesamt 17 090 Versen). Die beiden zuletzt genannten Fortsetzungen stellen zwei separate Anschlüsse an die ‚Deuxième Continuation' dar.

8 Siehe für Gauvain The First Continuation 1949, Ep. I, 7 (ohne Kurzredaktion), S. 32–41, und Ep. V, 4–6, S. 357–370 (Ep. V, 5 ist nicht in der Mischredaktion enthalten); The First Continuation 1950, Ep. I, 7, S. 106–116, und Ep. V, 4–6, S. 515–532; sowie The First Continuation 1952, Ep. V, 4–6, S. 460–499; für Perceval The Second Continuation, Ep. 35, S. 500–512, und direkt anschließend The Third Continuation, Ep. 1, S. 1–22, und Ep. 28, S. 319–326; nebst Gerbert de Montreuil: La Continuation de Perceval, V. 1–102, S. 242–245. Inhaltsangaben der Fortsetzungen finden sich größtenteils in The First Continuation 1949, S. XLVIII, LVIII f.; The Second Continuation, S. XVIII; The Third Continuation, S. XII–XXIV, XLIX–LI.

9 Vgl. The Third Continuation, Ep. I, 1, S. 1–22.

so dem in jenem Moment gänzlich ungeschützten König unbemerkt nähern. Partinal schlägt Goondesert mit dem Schwert heimtückisch auf den Kopf und spaltet ihn bis auf den Sattelbogen des Pferdes. Das Schwert, die Mordwaffe, zerbricht in zwei Stücke; Partinal lässt sie zurück und flieht. Seither werde Goondesert zusammen mit den Schwertstücken auf der Burg des Fischerkönigs aufgebahrt. Aus Trauer habe sich dieser mit den scharfen Schwertstücken alle Sehnen seiner Beine zerschnitten und sich so reit- und kampfuntauglich gemacht. Daher sei nur derjenige Ritter imstande – und dies kann nur der beste Ritter der Welt sein –, den Fischerkönig zu heilen und an Partinal Rache zu üben, dem es in der Gralburg gelinge, die beiden Schwertstücke nahtlos zusammenzufügen. Der Fischerkönig werde den vorbeiziehenden Rittern (Gauvain und Perceval) nur bei bestandener Schwertprobe vollumfänglich Auskunft über die blutende Lanze, den Gral und seine Geheimnisse geben. Falls die Schwertprobe misslinge, erhalte der Ritter allenfalls teilweise Auskünfte, denn er verfalle über den Erläuterungen des Fischerkönigs wie von Zauberhand in einen tiefen Schlaf und erwache am folgenden Tag, fernab der Burg, am Meeresstrand; so etwa Gauvain in der ‚Première Continuation', der sich laut Fischerkönig noch nicht als der beste Ritter der Welt erwiesen habe.[10] Gauvain kann sich jedoch als erster Ritter überhaupt vor dem Einschlafen gerade noch nach der Lanze (des Longinus) und nach der Herkunft des Grals (Kelch des letzten Abendmahls) erkundigen. Jener heimtückische und tödliche Schlag gegen Goondesert, und auch dies erfährt Gauvain, kurz bevor er einschläft, habe zur Vernichtung des Landes Logres geführt. Diesen fatalen Schwerthieb bezeichnet die Langredaktion der ‚Première Continuation' als ‚den anderen' Schlag, in Abgrenzung vom ‚ersten', heilsgeschichtlich bedeutsamen Stich in den Leib Jesu Christi mit der bereits erwähnten Lanze.

> *Li autres nos a tolu, sire, / Tant que nus hom ne savroit dire, / Cil qui fu fez a cele espee / Qui onc ne pot estre soudee. / Onc si mal jeu ne nul si lez / Ne fu de nule espee fez, / Qu'il a mis a destrucion / Maint roi, maint prince, maint baron, / Mainte dame, mainte pucele / Et mainte gentil damoisele. / Oï avez molt longuement / Parler du grant destruiement / Par quoi nos somes ci venu; / Li roiaumes de Lougres fu / Destruiz, et toute le contree, / Par un seul cop de ceste espee.*[11]

---

10 Vgl. The First Continuation 1949, Ep. I, 7, S. 32–41; The First Continuation 1950, Ep. I, 7, S. 106–116.

11 The First Continuation 1950, Ep. V, 4, V. 17533–17548, S. 523; Übersetzung (St. A. auf der Grundlage von: Gauwain sucht den Gral, S. 199): „Der andere Schlag, Herr, hat uns so viel geraubt, dass es niemand zu benennen wüsste, dieser Schlag geschah mit diesem Schwert, von dessen Art kein weiteres mehr geschmiedet werden konnte. Niemals wurde ein so starker und schlimmer Schlag mit einem anderen Schwert getan, denn er hat manchen König, manchen Fürsten, manchen Edelmann, manche Edelfrau und manche Jungfrau und

Somit ist jeweils ein grausames Verbrechen, eine ‚große Sünde' unter Königen und Königsneffen, für Logres' desolat-dystopischen Zustand verantwortlich: Massenvergewaltigung (‚Élucidation') und heimtückischer Mord (Fortsetzungen).[12]

2 Natur(a) – *procreatrix* und *vicaria Dei*

Für die naturphilosophische Begriffsbestimmung der Natur als kosmologisches Prinzip gingen für das 12. und 13. Jahrhundert, somit zeitgleich zur Entstehung der Artusepik, entscheidende Impulse von der Domschule von Chartres aus.[13] In Auseinandersetzung mit antiker Philosophie, vorrangig mit Platons ‚Timaios' in der kommentierenden Übersetzung des Neuplatonikers Calcidius (4. Jh. n. Chr.), geht es dieser lose verbundenen ‚Schule' um verstandesmäßige Durchdringung und Harmonisierung von platonischen Vorstellungen und biblischer Überlieferung, so vor allem der Schöpfungslehre auf Grundlage der mosaischen ‚Genesis'.[14] Ein wichtiger Vertreter dieser Schule ist Alanus ab Insulis (gest. 1202), der, in Lille geboren, in Chartres studierte, später dann die Artes und Theologie in Paris und Montpellier lehrte. Bei Alanus kommt die ethische Dimension der Natur als eines von Gott geschaffenen kosmologischen Prinzips markant zur Geltung: Einst habe Gott die Welt erschaffen, so Alanus in seiner prosimetrischen Schrift ‚De planctu

---

edles Ritterfräulein ganz und gar vernichtet. Ihr habt wohl häufig und ausführlich von der großen Vernichtung sprechen hören, durch die wir hierher gekommen sind. Das Königreich Logrien wurde vernichtet, und das ganze Land durch den einen Schlag, den dieses Schwert tat, zugrunde gerichtet".

12 Eine in Chrétiens fragmentarischem ‚Conte du Graal', V. 6168–6171, nicht weiter ausgeführte Bedrohung für das Königreich Logres, einst die Heimat von Riesen, gehe von der blutenden Lanze aus, die ebenfalls in der Gralburg aufbewahrt wird; laut einiger Textzeugen des ‚Conte du Graal' sei diese düstere Vorhersage auf der Schneide der Lanze eingraviert; vgl. Chrétien de Troyes: Le Roman de Perceval, S. 261, und den Kommentar zu V. 6169 f. in Der Percevalroman, S. 733–735.

13 Zur Bedeutung von Natur im Mittelalter vgl. Speer 1991; Huber 1992; Grubmüller 1999; Friedrich 2014; Kann 2014; Modersohn 2014; Kellner 2017; zur ‚Schule von Chartres' vgl. Wetherbee 1972, Schipperges 1983; Jeauneau 2009.

14 „Nach wissenschaftlich-platonischem Verständnis wird der Kosmos als lebendige, organische Ganzheit begriffen, deren Kohärenz sich der platonischen Weltseele als Ordnungsinstanz verdankt. Die Orientierung am ‚Timaios' zwingt nicht zur Distanzierung der mosaischen Genesis, sondern kann mit dieser leicht in eine grundsätzliche Übereinstimmung gebracht werden, indem nämlich der Demiurg durch einen christlichen Schöpfergott ersetzt wird, der nicht mehr auf externe Ideen angewiesen ist, nach denen er den Kosmos gestaltet, sondern die Welt nach eigenen Gedanken erschafft. […] Ein Unterschied bleibt freilich insofern bestehen, als der platonische Demiurg vermöge seiner Kunst und mit Blick auf die Ideen aus ungeordneter Materie, dem Chaos, eine Welt fertigt, während der christliche Schöpfergott eine *creatio ex nihilo* vollbringt". Kann 2014, S. 38 f.

Naturae' (um 1160), und habe sich aus der Schöpfung zurückgezogen. Gott wollte aber, so in der Rede der personifizierten Natur,

> *ut nascendi, occidendique mutuae relationis circuitu per instabilitatem stabilitas, per finem infinitas, per temporalitatem aeternitas rebus occiduis donaretur, rerumque series seriata reciprocatione nascendi iugiter texeretur, statuit, ut expressae conformationis monetata sigillo, sub derivatae propagationis calle legitimo, ex similibus similia ducerentur. Me igitur tanquam pro-deam, tanquam sui vicariam, rerum generibus sigillandis monetariam destinavit, ut ego in propriis incudibus rerum effigies commonetans, ab incudis forma formatum deviare non sinerem, sed mei operante solertia, ab exemplaris vultu, nullarum naturarum dotibus defraudata exemplati facies dirivaret.*[15]

Die so verstandene Natur, eine (obere) schöpferische Natur (*natura naturans*), muss folglich unterschieden werden von der den Menschen umgebenden Natur, der (unteren) geschaffenen Natur (*natura naturata*). Entsprechend ist Natura (lat.: ‚diejenige, die gebären soll') von Gott eingesetzt und wirkt nach seinem Willen, indem sie nach seiner Maßgabe den Schöpfungsprozess von Entstehen, Werden und Vergehen, somit die fortwährende Erneuerung der Welt, als Mitschöpferin (*procreatrix*) in Gang hält. Sie ist jedoch nur in der Lage, Gleiches aus Gleichem (*similia ex similibus*), somit aus bereits von Gott Erschaffenem entstehen zu lassen. Die *creatio ex nihilo* ist allein Gott vorbehalten, auch ein Handeln gegen die Natur (*contra naturam*), so etwa in übernatürlichen Wundern, die Gott willentlich zulässt.

Der altfranzösische ‚Rosenroman' des Guillaume de Lorris aus der ersten Hälfte des 13. Jahrhunderts und, in Fortsetzung, des Jean de Meun aus der Zeit zwischen 1275 und 1280 greift dieses naturphilosophische Konzept auf. In einer auf 1330 datierbaren Handschrift, die den Roman überliefert, ist die ‚Stabübergabe' von Gott zu Natura ins Bild gesetzt (Abb. 1): Ganz links ist Gott als Urheber der

---

15 Alanus ab Insulis: De planctu Naturae VIII (Prosa 4) (840), S. 118; Übersetzung: ebd., S. 119: „dass den hinfälligen Dingen beim Kreislauf der gegenseitigen Beziehung von Geborenwerden und Sterbenmüssen gegen die Unbeständigkeit eine Beständigkeit, gegen das Ende eine Unendlichkeit, gegen die Zeitlichkeit eine Ewigkeit gegeben und der Faden der Dinge, der durch die ständige Erneuerung des Geborenwerdens gesponnen wird, beständig geknüpft werde. Darum bestimmte er, dass Gleiches aus Gleichem entstehe. Gleiches, das mit dem Sigel ausdrücklicher Übereinstimmung geprägt ist und das auf dem rechtmäßigen Weg der Abstammung durch Zeugung entsteht. Mich nun als Progöttin, als die Stellvertreterin seiner selbst bestimmte er zur Prägerin, die den Gattungen der Dinge das Sigel aufdrücken soll, dass ich, die Abbilder der Dinge auf eigenen Ambossen prägend, nicht zulasse, dass das Gebildete von der Form durch den Amboss abweiche, sondern dass durch mein sorgfältiges Wirken die äußere Erscheinung, der Abdruck, vom Aussehen des Vorbildes abgeleitet werde, wobei es nicht um die natürlichen Gaben betrogen werde".

Abb. 1 | Vgl. Guillaume de Lorris u. Jean de Meun: Der Rosenroman, Bd. 3, V. 16729–16800, S. 904. Tournai, Bibliothèque de la Ville, Ms 101 (datiert auf 1330), Bl. 137r [Ausschnitt]. © Bibliothèque de la Ville de Tournai.

creatio ex nihilo einer nach Maß und Zahl wohlgeformten Welt und aller Dinge und Lebewesen dargestellt. Er wendet sich nach rechts der vor ihm knienden Natura zu und überreicht ihr das Orbis-Symbol, d. h. er beauftragt sie, als „Befehlshaberin“ (*conestable*) und „Verweserin“ (*vicaire*) seiner Schöpfung, mit der *creatio continua* der Welt.

Im rechten Bildabschnitt hat sich die bekrönte Natura erhoben und lehrt eine Gruppe von Menschen anhand der Schöpfung, somit im ‚Buch der Natur‘ (*liber naturae*), das nach Hiob 12,7–9 ubiquitär auf den Schöpfergott zurückverweist.[16] Wenn vor diesem naturphilosophischen Hintergrund das Reich des Grals brachliegt, so scheint darin die von Natura aufrechtzuerhaltende *creatio continua* unterbrochen zu sein, und dies mit gutem Grund.

Alanus' ‚De planctu Naturae‘ ist eine Klageschrift, und zur Klage habe Natura allen Anlass: Von allen Geschöpfen, die sie immer wieder von Neuem entstehen lässt, verstoße nur eines, und zwar der Mensch, gegen die natürliche Schöpfungsordnung,[17] vor allem, so bei Alanus, gegen die Geschlechterordnung und die natürliche Fortpflanzung. Die moralische Verdorbenheit der menschlichen Natur zeige sich folglich an den sexuellen ‚Verirrungen‘ der Menschen:

16 Zum ‚Buch der Schrift‘ und ‚Buch der Natur‘ vgl. Herkommer 1986 und Heyden 2019.

17 Vgl. Guillaume de Lorris u. Jean de Meun: Der Rosenroman, Bd. 3, V. 19021–19054, S. 1016–1019. In Walters von Châtillon Hexameterepos ‚Alexandreis‘ (um 1180), Buch X, V. 6–167, S. 502–517, beklagt sich die Göttin Natura entsprechend bei Leviathan über die Zerstörungen, welche die Kriege Alexanders des Großen angerichtet haben, und gibt den Anstoß für dessen Ermordung mittels Gifts.

Homosexualität, Ehebruch und Prostitution.[18] Den Grund für den Verfall der menschlichen Natur erklärt Alanus sodann im Mantel (*integumentum*) einer mythologischen Erzählung: Natura habe einst Venus (die Liebe) als *subvicaria* eingesetzt und sie zusammen mit ihrem Ehemann Hymenaeus und dem Sohn Cupido (der Begierde) mit der Aufgabe der irdischen Fortpflanzung betraut. Venus allerdings, der Eintönigkeit ihrer von Natura auferlegten Aufgabe überdrüssig, vernachlässigt ihr Amt und begeht Ehebruch mit Antigenius (oder Antigamus) – Gegenpol zu Genius, der als Alter Ego von Natura mit der Ausformung der Individuen betraut ist – und zeugt mit ihm Iocus.[19] Mit ebendieser ‚Sünde' von oberhalb der Welt seien die sexuellen ‚Verirrungen' der Menschen in die Welt gekommen.

Die Spaltung in positive und pervertierte Schöpfungsinstanzen bringt Alanus' ‚Planctus' mit dem Sündenfallgedanken ins Spiel. Der in freiem Willen ausgelöste Sündenfall Adams und Evas (Gn 2,15–3,24) ist der Beginn einer alternden Welt, wie wir sie kennen, mit sozialen Hierarchien, Eigentum, Arbeit, Gewalt, Krankheit, Pandemien, Kriegen und Tod; und er ist Auslöser für den moralischen Verfall der menschlichen Natur.[20] Er bringt die Entfremdung des Menschen von der natürlichen Ordnung mit sich und führt zu Kollateralschäden an der zuvor in völliger Harmonie befindlichen Schöpfung: Aus der *natura naturata* wird eine *natura turbata*. Die Welt habe zwar ihre Beständigkeit weitgehend bewahrt, so der aus dem Friaul stammende Thomasin von Zerklære (gest. um 1238), Kleriker am Hof Wolfgers von Erla (Patriarch von Aquileja, 1204–1218) und Verfasser des ‚Welschen Gasts' (um 1215), einer umfangreichen Verhaltenslehre (14752 Reimpaarverse in zehn ‚Büchern') für die adelige Oberschicht. Diese natürliche Beständigkeit (*stæte*, lat. *constantia*) zeige sich an den wiederkehrenden Abläufen in der sublunaren Welt: am Wechsel von Tag zu Nacht und von Sommer zu Winter oder an den regelmäßigen Mondphasen und Planetenbewegungen.[21] Primäres Symptom des einstigen Sündenfalls sei Thomasin zufolge *unstæte* (lat. *inconstantia*), die Unbeständigkeit. Sie äußere sich darin, dass der Mensch (Bauer, Ritter, Geistlicher und Kaufmann) nicht gewillt sei, seinen Stand in der ständisch

18 Vgl. Alanus ab Insulis: De planctu Naturae I (Metr. I) (806f.), V. 1–30, S. 52, 54. „[I]n der älteren Forschung [hat man den *Planctus*] als Werk gegen die Homosexualität betrachtet, was zu kurz gegriffen ist, denn es geht Alan hier weniger um das Lasterhafte einer aus seiner Sicht moralisch zu verurteilenden gleichgeschlechtlichen Liebe, als vielmehr um die Depravation der menschlichen Natur, die geradezu exemplarisch als Verwirrung der ‚constructio generum' und Störung der natürlichen Fortpflanzung dargestellt wird. [...] Wenn [...] davon die Rede ist, dass Männer entmannt werden [...], so lässt sich dies nicht nur in Richtung einer gleichgeschlechtlichen Liebe lesen, sondern allgemeiner als Effeminierung der Männer deuten". Kellner 2017, S. 123.

19 Vgl. Alanus ab Insulis: De planctu Naturae VIII (Prosa 4) (841) und X (Prosa 5) (845f., 849), S. 120f., 128–131, 136.

20 Vgl. Schreiner 1992; Wandhoff 2014, S. 162–165.

21 Vgl. Thomasin von Zirclaria: Der Wälsche Gast, Kap. II, 4, V. 2193–2206, S. 60.

geordneten Gesellschaft auszufüllen.[22] Die dem Menschen inhärente Neigung zum Verlassen der göttlichen Ordnung, angefangen beim Sündenfall, hat verheerende Auswirkungen auf die Natur.

> Alluded to already in the Bible and elaborated on by the church fathers, Latin as well as vernacular texts of the high and late Middle Ages point out time and again that the fall of man and the subsequent expulsion from paradise did not only affect *human* nature but *nature as such*, in other words: man's natural environment. Man's original sin not only turned humankind into faint mortal beings but also caused substantial "collateral damage" to nature. [...] While the nature created by God and in its prelapsarian state had been in perfect harmony with itself *and* with mankind (seen as a part of nature, too), as the Book of Genesis tells us, almost everything in the natural environment changed with the fall (at least in the *sublunar* world).[23]

In der vom Sündenfall gestörten Schöpfung spiegele sich bisweilen, so Thomasin weiter, diese menschliche *unstæte* oder, anders gesagt, die von Gott als ‚stetig' erschaffene Welt sei *durch unser missetæte*[24] unstetig geworden: *diu werlt hât unstæte site, | unser unstæte si volgt mite.*[25] Während die supralunare Welt nur eine Natur besitze, nämlich das fünfte Element (*vümft natûre*),[26] lägen in der sublunaren Welt die vier Elemente, von denen keines von seiner Natur ablassen wolle, und auch die vier Primärqualitäten in permanentem Streit miteinander: Feuer gegen Wasser, Luft gegen Erde, Hitze gegen Kälte, Feuchtigkeit gegen Trockenheit.[27] Sogar das Klima auf der Erde sei aufgrund des Sündenfalls in Unordnung geraten und habe einen wahren ‚Klimawandel' vollzogen:

> *der werlde unstæte ist harte vil: | sumers ist uns vor schûwer wê; | winters vor îse und vor snê; | hiute ist regen und morgen wint, | die uns oft beidiu*

22 Vgl. ebd., Kap. III, 2, S. 71–73.

23 Wandhoff 2014, S. 156.

24 Vgl. Thomasin von Zirclaria: Der Wälsche Gast, Kap. II, 4, V. 2150, S. 59.

25 Ebd., V. 2167 f., S. 59.

26 Ebd., V. 2391, S. 65.

27 Ebd., Kap. II, 5, V. 2401–2422, S. 66. Vgl. Kann 2014, S. 39: „Der supralunare Bereich ist geprägt durch die gleichförmigen Kreisbewegungen der unvergänglichen Planetensphären. Für den sublunaren Bereich ist die beständige Verbindung und Trennung der Elemente charakteristisch, welche die Naturdinge konstituieren. Auf dem Streben der Naturdinge zu ihren natürlichen Örtern beruhen die Prozesse des Entstehens und Vergehens sowie der Bewegung und Veränderung". Siehe dazu Wilhelm von Conches: Dragmaticon III, cap. 5 (‚De quinta essentia'), S. 69–72.

> *schade sint; / der donerslac nâch liehtem blicke / der bringet vinster tôde dicke; / ich sihe daz ez vil ofte snît / hin gegen des sumers zît, / vil ofte ouch vil heiz ist, / und kumt der vrost in kurzer vrist. / uns koment wolken dick ze lône, / swenn uns daz weter dunket schône. / diu werlt hât unstæte site, / unser unstæte si volgt mite. / Ich getar sîn wol gejehen, / jâne möht nimmer geschehen, / wære unser unstæte niht, / unstæt diu an der werlde geschiht. / nu zwiu wære regen od wint? / wær Âdâm und sîniu kint / gewesen stæt, zwiu solt der snê? / uns würde nimer von kelte wê. / [...] / [...] unsr unstæte kraft[,] / diu gît ir vil unstætekeit / diu si verkêrt an unser leit: / wan ir unstæt diu schat ir niht, / der schade uns vil gar geschiht.*[28]

Die bei Thomasin geschilderte ‚Restbeständigkeit' der Welt (konstante Planetenbewegungen, wiederkehrende Abfolgen von Tag und Nacht sowie der Jahreszeiten) soll den Menschen daran erinnern, dass Gott die Welt als grundsätzlich beständig erschaffen hat.

> Nature's remaining *staete*, in other words, can provide a model for man's behavior in the postlapsarian world: how the planets in their circles steadily revolve around the earth's globe; how the sun reliably rises and sets every day – these relics of the ideal prelapsarian world, according to Thomasin, can serve as shining examples of constancy for us, as uplifting models that we are to adopt.[29]

Zudem kennt der durch menschliche *unstæte* hervorgerufene Niedergang der Welt, anders als die ökologische Krise des 21. Jahrhunderts, keinen *point of no return*. Sofern sich der einzelne Mensch wieder *stæte* verhält und seinen ihm zugewiesen Platz innerhalb der göttlichen Ordnung stetig ausfüllt, ist jener Niedergang

---

28 Thomasin von Zirclaria: Der Wälsche Gast, Kap. II, 4, V. 2154–2177, 2186–2190, S. 59f.; Übersetzung (St. A.): „Es gibt viel Unbeständigkeit in der Welt. Im Sommer leiden wir unter Gewittern, im Winter unter Eis und Schnee; heute gibt es Regen und morgen Sturm, die uns beide oft Schaden zufügen. Der Donnerschlag nach dem Blitz, der bringt uns oft finsteren Tod. Ich sehe, dass es sehr oft schneit zur Sommerszeit, es auch sehr oft drückend heiß ist und kurz darauf Frost einfällt. Oft beschert es uns Wolken, wenn wir glauben, es gäbe schönes Wetter. Die Welt ist unbeständig, sie ahmt unsere Unbeständigkeit nach. Ich wage zu behaupten: Wäre unsere Unbeständigkeit nicht, gäbe es keine Unbeständigkeit, wie sie in der Welt geschieht. Wozu soll Unwetter oder Sturm gut sein? Wären Adam und seine Nachkommen beständig gewesen, wozu dann Schnee? Wir brauchten niemals unter Frost zu leiden. [...] Die Kraft unserer Unbeständigkeit bringt der Welt viel Unbeständigkeit, die sie jedoch zu unserem eigenen Schaden verkehrt, denn ihre eigene Unbeständigkeit schadet ihr selbst ja nicht, – der Schaden ist vielmehr ganz der unsere". Vgl. Huber 1988, S. 23–78, Schulz-Grobert 2014; Wandhoff 2014, S. 157–162.

29 Wandhoff 2014, S. 160.

theoretisch reversibel. Das Zeitalter des Anthropozäns, das Paul Crutzen und Eugene F. Stoermer im späten 18. Jahrhundert beginnen lassen, markiert den historischen Moment, ab dem der Mensch zu einem zentralen Einflussfaktor für den Wandel des Klimas auf der Erde zu werden beginnt.[30] Vor dem Hintergrund mittelalterlicher Theologie müsste dieses Zeitalter auf die ‚Anfänge' der Menschheit, d. h. auf den Sündenfall vordatiert werden. Tatsächlich manifestiert sich die von Anfang an gegebene Verschränkung von menschlichem Tun und seinen Auswirkungen auf die Natur auch in der Etymologie des Substantivs *Welt* (germanisch **weraldiz*). Zusammengesetzt aus althochdeutsch *wër-* („Mann") und *-alt* („Zeitalter"), stellt dieser räumliche Begriff ursprünglich eine zeitliche Bestimmung dar: ‚Menschenzeitalter'.[31] Und in dieser *wëralt* ist der Mensch, vom Zeitpunkt des Sündenfalls an, im Begriff, inmitten der ‚ersten' von Gott geschaffenen Natur mit seiner Hände Arbeit eine nach Cicero ‚zweite Natur' (*altera natura*) zu erschaffen.[32]

3 *Translatio naturae*

Für Gott ist, Wolframs ‚Parzival' zufolge (vgl. Abschnitt 1), das Land Logres offenbar die rechte Heimstatt (gewesen), um seine Engel ebendort den Gral in die Obhut tugendhafter Menschen geben zu lassen. Nicht nur heilige Dinge wie der Gral, sondern auch abstrakte Konzepte wie Herrschaft und Gelehrsamkeit bewohnen nach mittelalterlicher Vorstellung, bisweilen nur zeitweise, eine bestimmte Region der Welt als ihr ‚Habitat'. Und sie begeben sich, falls nötig, auf Wanderschaft hin zu einem anderen, d. h. lebensfreundlicheren Ort. Diese Vorstellung lässt sich mit dem biblisch begründeten *translatio*-Konzept verknüpfen:[33] Der babylonische König Nebukadnezzar träumt im zweiten Kapitel des Buchs ‚Daniel' von einem umstürzenden Standbild mit einem güldenem Kopf, Brust und Armen aus Silber, Bauch und Oberschenkeln aus Bronze, ehernen Schienbeinen sowie Füßen teils aus Eisen, teils aus Ton. Daniel deutet dem König den Traum als eschatologisches

30 Vgl. Crutzen u. Stoermer 2000; Crutzen 2002.

31 Vgl. Art. Welt; Wandhoff 2014, S. 165. Eine volksetymologische Deutung von mittelhochdeutsch *werlt* legt Hugo von Trimberg (gest. nach 1313) in seinem ‚Renner' vor, einer im Jahr 1300 vollendeten, äußerst umfangreichen Lehrdichtung (24 611 Reimpaarverse): *Und daz diu werlt in werren lebet, | Dâ von ist si werlt genant*; Hugo von Trimberg: Der Renner, Bd. 1, V. 2250 f., S. 94.

32 Vgl. Marcus Tullius Cicero: Vom Wesen der Götter/De natura deorum II, 152, S. 214.

33 Zur *translatio imperii* siehe Goez 1958, v. a. S. 4–17; Thomas 1997; zur *translatio studii* siehe Verger 1997. Vgl. auch den Rückzug von Astraea, Personifikation der Gerechtigkeit, aus der sündhaften Welt des letzten von vier Weltaltern in Ovids ‚Metamorphosen', ausgehend von einem goldenen Zeitalter ewigen Frühlings unter der Herrschaft des Saturn und einem silbernen Zeitalter einer Welt im Jahreszeitenwechsel unter der Herrschaft des Jupiters. Vgl. Publius Ovidius Naso: Metamorphosen I, 89–150, S. 12–17.

Sinnbild für die lineare Abfolge von vier teils geteilten Reichen bis zum Ende der Welt (in Opposition zum ewigen Reich Gottes), angefangen beim goldenen Babylon, mit dem Sonnenverlauf von Osten nach Westen (Dn 2, v. a. 2,31–45); in der Daniel-Exegese des Kirchenlehrers Hieronymus (gest. 420) sind es zudem Persien, Griechenland sowie West- und Ostrom.[34] Gott, so Daniel zu Nebukadnezzar, *mutat tempora et aetates, transfert regna atque constituit* (Dn 2,21) – „ändert die Zeiten und die Zeitalter. Er gibt die Herrschaft weiter und festigt sie."[35] Ebenfalls biblisch fundiert ist die Vorstellung davon, dass die von Daniel traumgedeutete *translatio imperii*, die zeitlich lineare Weitergabe der Weltherrschaft von einem Reich an das andere, jeweils durch Sünde initiiert werde: *Regnum a gente in gentem transfertur propter iniustitias et iniurias et contumelias et diversos dolos* (Sir 10,8) – „Die Herrschaft wird von Volk zu Volk übergeben wegen Ungerechtigkeiten und Unrechtstaten und Kränkungen und mannigfachen Listen."[36]

Eine literarische Ausformung dieser Verschränkung von *translatio* und moralischem Zustand in einer bestimmten Region bzw. einem bestimmten (Welt-) Reich gibt die mittelhochdeutsche, auf (unbekannter) altfranzösischer Vorlage basierende, unikal im ‚Ambraser Heldenbuch' überlieferte Verserzählung ‚Mauritius von Craûn' (1784 Reimpaarverse) eines ebenfalls unbekannten, wohl rheinfränkischen Dichters aus der Zeit zwischen 1180 bis 1230.[37] Im Prologteil der Erzählung wandert die Ritterschaft auf der Suche nach einer würdigen Heimstatt von Griechenland über Rom nach Frankreich.[38] Militärische Blütezeiten in den

34 Vgl. Hieronymus: Commentariorum In Danielem Prophetam II, Sp. 503C–504B. Vgl. auch Daniels Traum von den vier dem Meer entstiegenen Tieren (i. e. vier Reiche) in Dn 7.

35 Text nach Hieronymus: Biblia sacra vulgata, Bd. 4, S. 776 f.

36 Text nach ebd., Bd. 3, S. 1064 f. Johannes von Salisbury (gest. 1180) bezieht in seinem ‚Policraticus' (1156–1159) Sir 10,8 auf die den vier Kardinaltugenden entgegengesetzten Verhaltensweisen, welche die Herrschaft der Fürsten ein Ende setzen würden: Ungerechtigkeit (*iniustitia*) ↔ Gerechtigkeit (*iustitia*), Unrechtstat (*iniuria*) ↔ Mäßigung (*temperantia*), Kränkung (*contumelia*) ↔ Klugheit (*prudentia*), List (*dolus*) ↔ Tapferkeit (*fortitudo*); vgl. Johannes von Salisbury: Policraticus IV, cap. 12, S. 157–161.

37 Der in der Forschung übliche Werktitel ‚Mauritius von Craûn' bezieht sich wohl auf den nordfranzösischen Dichter Maurice II. von Craon (gest. 1196) aus dem angevinischen Hochadel, einem der wenigen Festlandvasallen des englischen Königs Heinrich II. Plantagenêt (gest. 1189), von dem uns ein einziges Lied, eine Minnekanzone (‚A l'entrant del douz termine', RS 1378 [Liedzählung nach Raynaud 1884 bzw. Spanke 1955]) überliefert ist; vgl. Les chansons attribuées aux seigneurs de Craon, S. 57–63. Offenbar wurden Komponenten aus Maurices Leben in eine fiktive Verserzählung, zunächst das altfranzösische Fabliau ‚Le chevalier qui recovra l'amour de sa dame' (13. Jh.), integriert, das denselben literarischen Stoff vom ‚schlafenden Ritter' bearbeitet wie der ‚Mauritius von Craûn' und daher inhaltlich in wesentlichen Zügen mit diesem übereinstimmt: Um 1170, nach seiner Rückkehr aus dem Heiligen Land, heiratete der französische Trouvère Isabelle von Beaumont (gest. 1220), die wohl als *grâvinne von Beamunt* im deutschen Text auftaucht. Vgl. Abel 2019, S. 211–230.

38 Mauritius von Craûn, V. 1–262, S. 1–14. Die *translatio militiae et studii* von Griechenland über Rom nach Frankreich schildert auch Chrétien de Troyes, Verfasser des bereits erwähnten

einzelnen Regionen lassen die Ritterschaft zeitweise einkehren, die Sittlichkeit der jeweiligen Herrscherschicht, je nachdem, ob auf hohem oder tiefem Niveau, entscheidet darüber, ob die Ritterschaft bleibt oder weiterzieht. Diese zyklische Entwicklungsgeschichte von Aufstieg und Fall der Ritterschaft ist zugleich eine Geschichte von Aufstieg und Fall der Sitten sowie ganzer Weltreiche. Im Trojanischen Krieg um Helena habe demnach die Ritterschaft unter den Griechen ihren Anfang genommen. Sie hätten sich über Jahre hinweg ohne militärische Wende zugunsten der einen oder anderen Partei an den wehrhaften Trojanern abgearbeitet und so ‚ritterlichen' Ruhm erworben. Der Niedergang ‚griechischer Ritterschaft', der mit dem Fall Trojas einhergeht, sei mit der Tötung des trojanischen Prinzen Hektor durch Achilles eingeleitet worden. Und wohl auch die letztendliche Bezwingung des von da an stark geschwächten Trojas nicht durch ritterliche Tat, sondern durch Odysseus' bösartige List (Trojanisches Pferd) sind Teil dieses Niedergangs.

> *Ritterschaft enmac ze merken sîn / daz wart zuo den Kriechen schîn, / wan da man si minnet. / der si vêhen beginnet, / den fliuhet ouch siu zehant. / also tet der Kriechen lant. / do sie des schaden verdrôz, / dô wart ir daz lant blôz. / ritterschaft und êre / diu muoz kosten sêre. / daz ist ein site unmâzen alt, / der doch nie alters engalt. / er niuwet aller tegelich / und breitet sich / wîte im lande. / êre und schande / fliehent einander. / swaz der biderbe Alexander / der Kriechen lant betwanc, / des verlurn si âne danc. / daz was ir bôsheite schulde*[.][39]

Im Römischen Weltreich, auf der Höhe seiner Macht unter Gaius Julius Caesar, habe *militia* sodann eine neue Heimstatt gefunden. Mit den Untaten des homosexuellen Kaisers Nero und seinem extrem pathologischen Verhältnis zum weiblichen Geschlecht[40] nehme das auf dessen Geheiß hin in Flammen aufgehende

‚Conte du Graal', im Prolog seines ‚Cligés' von 1176; vgl. Chrétien de Troyes: Cligés, V. 31–44, S. 26–29.

39 Mauritius von Craûn, V. 77–97, S. 5 f.; Übersetzung: Mauricius von Craûn, S. 51: „Ritterliche Lebensart kann man nur dort wahrnehmen – das zeigte sich bei den Griechen –, wo man sie schätzt. Den, der sie ablehnt, verlässt auch sie auf der Stelle. So trug es sich im Land der Griechen zu. Als sie dort der üblen Behandlung überdrüssig wurde, da ging sie dem Land verloren. Ritterliche Lebensart und Ansehen fordern einen hohen Preis: Das ist eine uralte Erfahrung, die durch ihr Alter nie an Geltung verlor. Sie wird Tag für Tag neu gemacht, sie nimmt zu und verbreitet sich überall in der Welt. Ansehen und Schande stoßen einander ab. Was der tüchtige Alexander an Ländern der Griechen eroberte – sie verloren sie unfreiwillig –, Schuld daran trug ihr übles Denken und Handeln".

40 Nero lässt sich, um eine Schwangerschaft zu simulieren, mittels eines Pulvers eine Kröte im Magen heranwachsen, lässt sie unter leibärztlicher Aufsicht allerdings bald ‚abtreiben', aus Furcht vor den bevorstehenden ‚Wehen'. Vgl. Mauritius von Craûn, V. 145–179, S. 8–10.

Rom, somit das ‚zweite Troja', jedoch ein Ende, und darin auch die ‚römische Ritterschaft'. Von Rom aus gelange die Ritterschaft schließlich nach Frankreich (*Karlingen*) und erlebe als *militia christiana* unter Karl dem Großen, Oliver und Roland im Kampf gegen die muslimischen ‚Heiden' eine weitere Blütezeit. Zudem, und das sei neu und Vorbild für viele andere Länder, verbindet sich in Frankreich erstmalig Ritterschaft mit dem treuen Minnedienst des Ritters für seine Dame, und zwar mit Aussicht auf Liebeslohn. Man wird in der logischen Folge von Aufstieg und Fall nicht fehlgehen, die Erzählung über den ‚französischen' Ritter Mauritius als eine Episode erneuten Niedergangs zu begreifen: Für seine Werbung um die verheiratete Gräfin von Beamunt verausgabt sich Mauritius sowohl finanziell als auch physisch bis zur Erschöpfung. Als der erhoffte Liebeslohn ausbleibt, verlangt der Ritter nach einer ‚Aufwandsentschädigung' und bedient sich der wehrlosen Dame, in Anwesenheit des verschreckten Ehemanns, hemmungslos.[41] Rittertum und Minnedienst sind, so lässt sich diese Erzählung deuten, in der Gegenwart (12./13. Jahrhundert) des höfischen Publikums des ‚Mauritius von Craûn' an einem (historischen) Tiefpunkt angelangt.

4 Wer rettet das Reich des Grals?

Vor dem Hintergrund der im zweiten und dritten Abschnitt ausgeführten *natura*- und *translatio*-Konzepte ist Logres' dystopischer Zustand die Folge brutaler Verbrechen (Massenvergewaltigung und Königsmord), begangen von Vertretern der höchsten Stufe der sozialen Hierarchie. Das Brachliegen des Landes, in dem der Schöpfungsprozess zum Erliegen kommt, ist Abbild dieses moralischen Verfalls; der Gral mitsamt der Gralburg hält sich im Verborgenen. Für Logres' Erlösung braucht es einen Ritter wie Gauvain und letztendlich Perceval. Sie fügen die Schwertstücke (vgl. Abschnitt 2) noch nicht ganz (Gauvain), später jedoch bis auf eine winzig kleine Scharte fast perfekt zusammen (Perceval). Damit verdienen sie sich das Recht, dem Fischerkönig Fragen zu stellen, und erhalten Antworten auf ihre Fragen über die Geheimnisse des Gral(reich)s, teilweise oder in vollem Umfang. Diese Fragen (und Antworten) haben magisch heilende Wirkung, denn mit jeder ihrer Fragen, die allein dadurch, dass sie dem Fischerkönig gestellt werden, heilsam auf das Land wirken, lassen es Gauvain und Perceval ein Stück weit wieder erblühen. So reitet der im Freien erwachte Gauvain nach seiner zwar

Aus Verwunderung darüber, dass eine so zierliche Frau wie seine eigene Mutter ihn, einen stattlichen Mann, überhaupt habe gebären können, lässt Nero ferner seine Mutter aufschneiden, um in das Innere ihres Frauenkörpers zu blicken. Vgl. ebd., V. 180–194, S. 10f. Zu den Quellen dieser kaiserlichen ‚Anekdoten' siehe Ruh 1970, S. 78f. und Thomas 1984, S. 327f.

41 Mauritius von Craûn, V. 1525–1641, S. 79–85.

erfolglosen Schwertprobe dennoch durch ein von Gott wieder gestärktes Land, schlichtweg weil er sich am Abend zuvor nach der blutenden Lanze erkundigt hat. Dafür rühmen und tadeln die Menschen des Landes Gauvain zugleich, denn es bleibt vorerst noch entvölkert, weil er keine weiteren Fragen stellen konnte. Die vollständige Wiederherstellung des Landes führt erst Perceval herbei.[42] Die in seiner Schwertprobe verbleibende Scharte steht für eine noch unerledigte Aufgabe bzw. noch ungesühnte Sünde: Er muss zum einen dem heimtückischen Mörder Partinal den Kopf abschlagen und, um den Fischerkönig zu heilen, ihn das abgetrennte Haupt schauen lassen (Ende der ‚Troisième Continuation'). In der ‚Quatrième Continuation' des nordfranzösischen Dichters Gerbert de Montreuil steht die Scharte zum anderen für den Trauertod der eigenen Mutter, ausgelöst durch Percevals Auszug aus dem Wald in die gefahrvolle Welt der Ritterschaft. Durch eine Vielzahl weiterer Aventüren kann sich Perceval von dieser ‚Sünde' reinwaschen und ist schließlich ritterlich und sittlich so weit, um vom Fischerkönig umfänglich in die Geheimnisse des Grals eingeweiht zu werden. Percevals Fragen lassen das Land zur Gänze wiedererblühen. Die Menschen vor und in einer Burg in Logres, zu der Perceval vorstößt, bedanken sich bei ihm für ihre Rettung:

> *Terre plaine et gaaignerie / vit trop bele et bel gaaignage: / d'une part sont li laborage / et li vignoble et les rivieres / et viles de pluisors manieres / qui de gent estaient pueplees / et de grans richeces mueblees. / Perchevax molt s'en esmerveille: / „Par foi, fait il, je voi merveille / dont je doi bien estre esbahis: / hersoir quant ving en cest païs / vi cest païs gaste et desert. / Or le voi de tout bien covert." / Tout ensi Perchevax devise. / Devant lui esgarde, si vise / le chief d'une tor quernelee[.] / [...] / Perchevax voit un païsant / qui blé semme en une couture. / Envers lui en vient a droiture, / si li demande molt isnel / qui sires est de cel chastel. / Li païsans li respont: „Sire, / alez i, chascuns vous desire. / Molt feront tout de vous grant feste." / Atant s'en va, plus ne s'areste. / Perchevax le preudome laisse, / et chascuns del chas tel s'eslaisse / a faire joie quant le virent / et tout a l'encontre li vinrent / a crois et a porcessïons, / et disaient en lor raisons: / „Sire, qui nous avez rendus / les biens que avïens perdus, / mais tant avez fait et ovré / que par vous avons recovré / les oevres et les praeries, / les biens et les gaaigneries / et trestoz les biens temporax." / A grant joie fu Perchevax / menez el chastel hebergier.*[43]

42 Vgl. The First Continuation 1950, Ep. V, 6, V. 17820–17845, S. 531 f.

43 Gerbert de Montreuil: La Continuation de Perceval, V. 312–327, 348–371, S. 252–254; Übersetzung (St. A.): „Er sah weites Land und Felder, schön und gut bebautes Ackerland, an auf einer Seite gepflügte Felder und Weinberge und Flüsse und Ortschaften jeglicher Art, die mit Menschen bevölkert und mit großen beweglichen Reichtümern versehen waren. Perceval

Eine Dame, die Perceval später in der Burg anspricht, erklärt ihm, dass seine Fragen sowohl nach dem Gral als auch nach der blutenden Lanze bewirkt hätten, dass ganz Logres wieder gesund geworden sei: *Or nous avez secorus toz* – „Ihr habt uns alle gerettet".[44] Perceval, fortan als bester Ritter der Welt anerkannt und neuer Gralkönig, entstammt ohnehin den höchsten Kreisen, nämlich der Graldynastie selbst, was er lange Zeit nicht weiß. Ihm obliegt es, das Reich des Grals aus seiner dystopischen Starre zu erlösen und damit die Schäden wiedergutzumachen, die hochadelige Standesgenossen mit ihren Verbrechen und Sünden vormalig verursacht haben. Das gesamte Land und seine Bevölkerung werden folglich von und an der Spitze der Ständegesellschaft zerstört und nur von ebendort aus wieder geheilt, und zwar durch die Einzeltat(en) eines *noble saviour*, eines edlen, d.h. adeligen Retters. Unter der Zerstörung des Landes „am edlen Haupt" (*in capite*) leiden alle (einfachen) Glieder (*membra*) des Reichskorpus, vor allem die Bauern, die in den Texten nur am Rande zu Wort kommen, und zwar indem sie ihrem Retter Dank aussprechen dürfen und ihn, sofern die Schwertprobe noch nicht gänzlich bestanden ist, zugleich tadeln. In Logres' Erlösung durch Perceval spielen anthropomorphe Vorstellungen vom *corpus mysticum Christi* hinein (zunächst bezogen auf die reale Präsenz Christi in der geweihten Hostie),[45] mit Christus als dessen (unsichtbarem) Haupt bzw. mit dem römischen Papst als dessen sichtbarem Haupt und allen Getauften als dessen Gliedern. Alle diese Glieder, von Kopf bis Fuß, sind, so I Cor 12,12 f., unverzichtbar und erfüllen im sozialen Ständekorpus ganz spezifische Funktionen wie Herrschaft, Gebet und Arbeit.[46] Nach 1150 wird

---

wunderte sich sehr: ‚Fürwahr, ich sehe hier ein Wunder, über das ich sehr erstaunt bin: Noch am Vorabend, als ich durch dieses Land kam, traf ich es wüst und verlassen an. Nun sehe ich, wie es von allem hat.' So dachte Perceval nach. Er blickt vor sich und machte die Spitze eines Turms mit Zinnen aus. [...] Perceval sieht einen Bauern, der auf einem Teil des Ackers Weizen sät. Er kommt direkt auf ihn zu und fragt ihn unversehens, wer der Herr über jene Burg sei. Der Bauer antwortet ihm: ‚Herr, geht nur dort hin, jedermann verlangt dort nach Euch. Sie werden alle Euch zu Ehren ein großes Fest abhalten.' Sofort geht er weiter, ohne stehenzubleiben. Perceval lässt den guten Mann zurück, und jedermann in der Burg ist voller Freude, als sie ihn sahen, und alle kamen, Kreuze vor sich hertragend, ihm in Prozessionen entgegen und riefen: ‚Herr, Ihr habt uns die Güter zurückgebracht, die wir verloren haben, und Ihr habt so viel getan und Euch so sehr bemüht, dass durch Euch die Feldarbeit und die Wiesen, die Erträge und das Ackerland wiederhergestellt sind sowie alle zeitlichen Güter'. Unter großer Freude wurde Perceval in die Burg geführt, um ihm Herberge zu bereiten".

44 Ebd., V. 487–502, S. 258.

45 Vgl. Kantorowicz 1990, S. 206–217, 218–241; Dohrn-van Rossum 1977, Bd. 1, S. 82–88, 100–159.

46 Einen weiteren Aspekt der Verschränkung zwischen Mensch und (Um-)Welt steuert der Chartrenser Bernardus Silvestris (gest. um 1160) bei, indem er, mit Rückgriff auf Platons ‚Timaios', auf die Widerspiegelung des Makrokosmos (Schöpfung) im Mikrokosmos (Mensch) hinweist, auf das Abbild der höheren Welten in der Sinneswelt; vgl. Bernardus Silvestris: Cosmographia II, X, V. 9–18, S. 140 f.

der Begriff *corpus mysticum* allmählich auf die Kirche als Organisation der Christenheit übertragen, in der Mitte des 13. Jahrhunderts bei Vinzenz von Beauvais (gest. 1264) auch auf das Staatsgebilde als *corpus rei publicae mysticum*,[47] an dessen Spitze der König als Vikar Christi stehe, so beim Franziskaner Gilbert von Tournai (um 1200–1284), selbstredend als Vikar unter kirchlicher Lenkung.[48]

5 Artusepik in ökokritischer Lektüre: Regionale Krisen in der Ethosphäre

Die Dystopie in Logres, dem unfruchtbaren und entvölkerten Reich des Grals, welche die artusepischen Texte schildern, ist eine letztlich regional beschränkte Krise, denn sie fällt zusammen mit dem Herrschafts- und Einflussbereich von Gral, König Goondesert und den Brunnenmädchen; und ganz analog dazu wandern *imperium, militia, studium* und, in Übertragung, auch *natura* gemäß *translatio*-Konzept von Region zu Region bzw. von Weltreich zu Weltreich.[49] Die jeweiligen regionalen Krisen, welche Herrschaft, Ritterschaft, Gelehrsamkeit und schließlich Natur zum Verlassen ihres bisherigen Habitats und folglich zur Wanderschaft zwingen, werden ausgelöst durch abnormes und deviantes Fehlverhalten der sozialen Eliten vor Ort. Die Ritterschaft in ‚Mauritius von Craûn' wählt sich somit ihre Heimstatt nicht entsprechend des ökologischen, sondern des ethischen (!) Fußabdrucks, den die Oberschicht in den einzelnen Regionen zu unterschiedlichen Zeiten hinterlässt. Herrschaft, Ritterschaft, Gelehrsamkeit und Natur suchen somit nicht nach einer für sie geeigneten *Öko*sphäre, sondern nach einer ‚lebensfreundlichen' *Etho*sphäre, in der sie zeitweise verbleiben können. Verbleib von *imperium, studium, militia, natura* und selbst des Grals in einer Region und Rückzug aus derselben, je nach lokaler Ethobilanz, sind somit ethographische Indizien für das rechte Gedeihen eines Landes. Die sündigen Menschen an der Spitze der Ständegesellschaft vermögen ihren Lebensraum mit unsittlichem Handeln folglich ethisch ‚unbewohnbar'

---

47 Siehe Vincentius Bellovacensis: Speculum doctrinale VII, 8, Bd. 4, Sp. 561B–C; dies greift Johannes von Salisbury im Policraticus V, 2, S. 164–167, auf.

48 Vgl. Guibert de Tournai: Le traité ‚Eruditio regum et principum', Ep. 2, cap. 2, S. 45.

49 In seinem ‚Welschen Gast' schildert Thomasin von Zerklære auch die Vertreibung und Wanderschaft von *triuwe und wârheit*, die in zahlreichen Regionen und Reichen keine geeignete Heimstatt mehr zu finden scheinen: England, Frankreich, Provence, Spanien, Apulien, Rom, Toskana, Lombardei, Mailand, Ungarn. *Ich möht der lande nennen mêr: | ichn vinde weder dort noch her | weder triu noch wârheit; | daz hât gemacht unstætekeit. | ir seht wol der unstæte maht: | vil grôziu zeichn gît uns ir kraft | daz diu werlt welle schier | nemen end* [...]. Thomasin von Zirclaria: Der Wälsche Gast, Kap. II, 5, V. 2497–2504, S. 68; siehe insgesamt V. 2455–2526, S. 67–69.

zu machen und räumlich begrenzte Dystopien zu erschaffen, sehr zum Leidwesen für sich und alle ihre Untertanen.

Die gegenwärtige Klimabewegung vermittelt das moderne Lebensgefühl, am Beginn des 21. Jahrhunderts in einer ökologischen Endzeit zu leben; dies deckt sich in gewisser Weise mit der mittelalterlichen Erwartung des Weltenendes am Jüngsten Tag, mit dem Endkampf zwischen Gut und Böse und dem Jüngsten Gericht, das nach mittelalterlichem Verständnis jederzeit eintreten konnte. So, wie die Klimabewegung eine möglichst rasche Bewusstseins- und Verhaltensänderung in der Gesellschaft hinsichtlich der Rettung unseres Planeten einfordert, bevor es (gänzlich) zu spät ist, halten die mittelalterlichen Seelsorger die Gläubigen dazu an, schon zu Lebzeiten für ihr Seelenheil vorzusorgen, bevor es zu spät ist, d. h. der Mensch unvorbereitet im Stand der Todsünde verstirbt. Alle Christen sollten im Einklang mit der göttlichen Ordnung tugendhaft und gottgefällig leben. Im Gegensatz zu den Krisen regionaler Ethosphären in der höfischen Epik des Mittelalters sehen wir uns in der außerliterarischen Wirklichkeit des 21. Jahrhunderts hingegen mit einer globalen Krise des gesamten Ökosystems konfrontiert und laufen Gefahr, unseren Planeten weltweit für Menschen ökologisch unbewohnbar zu machen. Natur als kosmologisches Prinzip spielt heute freilich keine Rolle mehr, obgleich einige Überschneidungen zwischen dem *natura*-Konzept der Schule von Chartres und der ‚Gaia-Hypothese' der 1970er Jahre nicht von der Hand zu weisen sind, die von Lynn Margulis (gest. 2011), einer US-amerikanischen Mikrobiologin, und James E. Lovelock (gest. 2022), einem US-amerikanischen Biophysiker, entwickelt wurde. Sie besagt,

> that the total ensemble of living organisms which constitute the biosphere can act as a single entity to regulate chemical composition, surface pH and possibly also climate. The notion of the biosphere as an active adaptive control system able to maintain the Earth in homeostasis we are calling the 'Gaia' hypothesis, Lovelock (1972). Hence forward the word Gaia will be used to describe the biosphere and all of those parts of the Earth with which it actively interacts to form the hypothetical new entity with properties that could not be predicted from the sum of its parts.[50]

Dieser Hypothese zufolge verhält sich Mutter Erde mitsamt der Biosphäre wie ein sich selbstorganisierendes und -stabilisierendes, lebendiges System. Es schafft die Bedingungen für Leben und Evolution und erhält sie vor allem, womit es, mittelalterlich gesprochen, die *creatio continua* stetig fortführt. An die Stelle von Natura tritt heutzutage jedoch das Individuum, dem es mit seinem Bewusstsein

50 Lovelock u. Margulis 1974, S. 3, unter Bezug auf Lovelock 1972.

für die ökologische Verantwortung der Menschheit und der bewussten Steuerung seines Konsumverhaltens obliegt, für die Bewahrung der Schöpfung Sorge zu tragen. Größte ‚Sünde' ist die individuelle und kollektive Passivität hinsichtlich der Bewältigung der ökologischen Krise. Zwar bleibt auch in der gegenwärtigen Klimaschutzbewegung (v. a. bei ‚Fridays for Future') die Verantwortung jedes einzelnen Menschen als Glied im ökologischen Kreislauf zentral, und auch die längst bekannten umwelttechnologischen und politischen Lösungen zur Abmilderung des Klimawandels liegen auf dem Tisch und sind weitgehend anerkannt. Den Schwerpunkt ihrer politischen Arbeit legt diese Bewegung dennoch ausdrücklich auf den Appell an die ‚Oberhäupter', d. h. an die Regierungen und die Regierungschefs auf der ganzen Welt. Ganz so, wie die Natur im Reich des Grals durch Gräueltaten von den Häuptern des politischen *corpus* zerstört und ebendort, nur an der Spitze der sozialen Leiter, wieder restituiert werden kann, erhofft sich die Klimabewegung Rettung ‚von ganz oben'. Dort, wo die Menschen ihrer individuellen Verantwortung nicht nachkommen können oder wollen, soll die nationale und internationale Politik das Verhalten der Menschen zur Rettung der Welt gesetzgeberisch regulieren: ‚*Ihr* da oben, handelt endlich, damit *wir* eine Zukunft haben!' Dieser Appell an die *capita* der Welt gipfelte 2019 in der Rede der damals 16-jährigen Greta Thunberg, Initiatorin des ‚Skolstrejk för klimatet' (Schulstreik für das Klima), auf dem UN-Klimagipfel von New York, so etwa auszugsweise:

> You have stolen my dreams and my childhood with your empty words, yet I'm one of the lucky ones. People are suffering. People are dying. Entire ecosystems are collapsing. We are in the beginning of a mass extinction and all you can talk about is money and fairytales of eternal economic growth. How dare you?[51]

Einen Sachverhalt, der für uns heute zentral ist, führte schon Thomasin von Zerklære in seinem ‚Welschen Gast' aus, nämlich

> that nature damaged by man in the end turns against humankind. The harm we did to nature in the beginning by our own malpractice came back at us later as a painful experience of travail and suffering. The human inconstancy, which initially infected the natural world, plants and animals, as it were re-infected us, finally making us weak, ill and mortal.[52]

---

51 Transkript der Rede vom 23. September 2019: https://www.rev.com/blog/transcripts/greta-thunberg-un-climate-action-summit-speech-transcript-2019-how-dare-you (Zugriff: 15.03.2024).

52 Wandhoff 2014, S. 159.

[W]an ir unstæt, diu schat ir niht, der schade uns vil gar geschiht – „denn die Unbeständigkeit der Welt bringt ihr selbst keinen Schaden, vielmehr schadet sie uns in hohem Maße.“ Und noch eines lehrt uns der ökokritische Blick auf die mittelalterliche Literatur, sei es die höfische Epik oder die Didaxe: Ökologie und Ethik sind stets zusammenzudenken. Um die Welt zu retten, bedarf es nicht allein der rechten Technologie, sondern auch der rechten Haltung.[53]

Literaturverzeichnis

Quellen

Alanus ab Insulis: De planctu Naturae – Die Klage der Natur. Lateinischer Text, Übersetzung und philologisch-philosophischer Kommentar von Johannes B. Köhler. Münster 2013.

Bernardus Silvestris: Cosmographia. Edited with Introduction and Notes by Peter Dronke (Textus Minores 53). Leiden 1978.

Les chansons attribuées aux seigneurs de Craon. Hrsg. v. Arthur Långfors. In: Mémoires de la Société Néo-Philologique de Helsingfors 6 (1917), S. 41–87.

Le chevalier qui recovra l'amor de sa dame. In: Jean-Luc Leclanche (Hg.): Le chevalier paillard. Quinze fabliaux libertins de chevalerie traduits de l'ancien français. Arles 2008, S. 213–229.

Chrétien de Troyes: Cligés. Auf der Grundlage des Textes v. Wendelin Foerster übers. u. komm. v. Ingrid Kasten. Berlin, New York 2006.

Chrétien de Troyes: Le Roman de Perceval ou Le Conte du Graal. Édition critique d'après tous les manuscrits. Hrsg. v. Keith Busby. Tübingen 1993.

Cicero, Marcus Tullius: Vom Wesen der Götter/De natura deorum. Lateinisch–deutsch. Hrsg. v. Olof Gigon u. Laila Straume-Zimmermann. Zürich, Düsseldorf 1996.

The First Continuation. Redaction of Mss TVD. Hrsg. v. William Roach (The Continuations of the Old French Perceval of Chretien de Troyes 1). Philadelphia 1949.

The First Continuation. Redaction of Mss EMQU. Hrsg. v. William Roach u. Robert H. Ivy (The Continuations of the Old French Perceval of Chretien de Troyes 2). Philadelphia 1950.

The First Continuation. Redaction of Mss ALPRS. Hrsg. v. William Roach (The Continuations of the Old French Perceval of Chretien de Troyes 3, 1). Philadelphia 1952.

Gauwain sucht den Gral. Erste Fortsetzung des ‚Perceval‘ von Chrestien de Troyes. Übers. u. hrsg. v. Konrad Sandkühler. Stuttgart 1975.

The Gentleman's Magazine. Bd. XVIII. Hrsg. v. Edward Cave. London 1748.

Gerbert de Montreuil: La Continuation de Perceval. Quatrième continuation. Hrsg. v. Frédérique Le Nan (Textes littéraires français 627). Genf 2014.

Guibert de Tournai: Le traité «Eruditio regum et principum». Hrsg. v. Alphonse

53 Zum Zusammenhang von Sündenfall und wissenschaftlich-technologischer Entwicklung der Menschheit bei Augustinus, Hugo von St. Viktor und Vinzenz von Beauvais siehe Schreiner 1992, S. 71, Nr. 10, und Wandhoff 2014, S. 166.

de Poorter (Les philosophes belges 9). Löwen 1914.

Guillaume de Lorris u. Jean de Meun: Der Rosenroman. Übers. u. eingel. v. Karl A. Ott (Klassische Texte des Romanischen Mittelalters in zweisprachigen Ausgaben 15). 3 Bde. München 1979.

Hieronymus: Biblia sacra vulgata. Lateinisch/Deutsch. Hrsg. v. Andreas Beriger, Widu-Wolfgang Ehlers u. Michael Fieger (Sammlung Tusculum 5). 5 Bde. Berlin, Boston 2018.

Hieronymus: Commentariorum In Danielem Prophetam Liber Unus. Hrsg. v. Jacques-Paul Migne (Patrologia latina 25). Paris 1845, Sp. 491–584.

Hugo von Trimberg: Der Renner. Hrsg. v. Gustav Ehrismann. 4 Bde. (Bibliothek des Litterarischen Vereins in Stuttgart 247, 248, 252, 256). Tübingen 1908–1911.

Johannes von Salisbury: Policraticus. Eine Textauswahl. Lateinisch/Deutsch. Ausgew., übers. u. eingel. v. Stefan Seit (Herders Bibliothek der Philosophie des Mittelalters 14). Freiburg, Basel, Wien 2008.

Mauricius von Craûn. Mittelhochdeutsch–neuhochdeutsch. Nach dem Text von Edward Schröder hrsg., übers. u. komm. v. Dorothea Klein. Stuttgart 1999.

Mauritius von Craûn. Hrsg. v. Heimo Reinitzer (Altdeutsche Textbibliothek 113). Tübingen 2000.

Der Percevalroman (Li Contes del Graal) von Christian von Troyes. Unter Benutzung des von Gottfried Baist nachgelassenen handschriftlichen Materials hrsg. v. Alfons Hilka (Christan von Troyes. Sämtlich erhaltene Werke 5). Halle a. S. 1932.

Les prologues au Conte du Graal. Élucidation, Bliocadran, L'Élucidation de l'hystoire du Graal (1530). Hrsg. v. Hélène Bouget (Textes littéraires du Moyen Âge 46). Paris 2018.

Publius Ovidius Naso: Metamorphosen. Lateinisch–deutsch. Übers. u. hrsg. v. Michael von Albrecht. Stuttgart 2019.

The Second Continuation. Hrsg. v. William Roach (The Continuations of the Old French Perceval of Chretien de Troyes 4). Philadelphia 1971.

The Third Continuation. Hrsg. v. William Roach (The Continuations of the Old French Perceval of Chretien de Troyes 5). Philadelphia 1983.

Thomasin von Zirclaria: Der Wälsche Gast. Hrsg. v. Heinrich Rückert (Bibliothek der gesammten deutschen National-Literatur 30). Quedlinburg, Leipzig 1852.

Vincentius Bellovacensis: Speculum quadruplex sive speculum maius. Naturale / doctrinale / morale / historiale. 4 Bde. Graz 1964.

Walter von Châtillon: Alexandreis. Lateinisch–deutsch. Hrsg. u. übers. v. Martin Lehmann (Sammlung Tusculum). Berlin, Boston 2023.

Wilhelm von Conches: Dragmaticon philosophie. Hrsg. v. Italo Ronca (Corpus Christianorum Continuatio Mediaevalis CLII / Guillelmi de Conchis opera omnia I). Turnhout 1997.

Wolfram von Eschenbach: Parzival. Text nach dem Berner ‚Parzival'-Projekt. https://parzival.unibe.ch und https://parzival.unibe.ch/parzdb (Zugriff: 15.03.2024).

Forschungsliteratur

Abel, Stefan: Prozesse narrativer Verdichtung in Alexanders von Roes ‚Pavo' und in den Ausformungen des literarischen Stoffes vom ‚schlafenden Ritter'. ‚Le chevalier qui recovra l'amor de sa dame' und ‚Mauritius von Craûn'. In: Friedrich M. Dimpel u. Silvan Wagner (Hgg.): Prägnantes Erzählen (Brevitas 1). Oldenburg 2019, S. 191–254.

Art. Welt. In: Jacob u. Wilhelm Grimm: Deutsches Wörterbuch, Bd. 28 (1954), Sp. 1456–1509. www.woerterbuchnetz.de/DWB/welt (Zugriff: 15.03.2024).

Budakov, Vesselin M.: *Dystopia.* An Earlier Eighteenth-Century Use. In: Notes and Queries 57 (2010), Sp. 86–88.

Commoner, Barry: The Closing Circle. Nature, Man, and Technology. New York 1971.

Crutzen, Paul J.: Geology of Mankind. In: Nature 415 (2002), S. 23.

Crutzen, Paul J. u. Eugene F. Stoermer: The 'Anthropocene'. In: Global Change Newsletter 41 (2000), S. 17 f.

Dohrn-van Rossum, Gerhard: Politischer Körper, Organismus, Organisation. Zur Geschichte naturaler Metaphorik und Begrifflichkeit in der politischen Sprache. Diss. (masch.) Bielefeld 1977.

Friedrich, Udo: Die Ordnung der Natur. Funktionsrahmen der Natur in der volkssprachlichen Literatur des Mittelalters. In: Peter Dilg (Hg.): Natur im Mittelalter. Konzeption – Erfahrungen – Wirkungen. Akten des 9. Symposiums des Mediävistenverbandes, Marburg, 14.–17. März 2001. Berlin, Boston 2014, S. 70–83.

Glotfelty, Cheryll: Introduction. Literary Studies in an Age of Environmental Crisis. In: Dies. u. Harold Fromm (Hgg.): The Ecocriticism Reader. Landmarks in Literary Ecology. Athens GA 1996, S. XV–XXXVII.

Goez, Werner: *Translatio Imperii.* Ein Beitrag zur Geschichte des Geschichtsdenkens und der politischen Theorien im Mittelalter und in der frühen Neuzeit. Tübingen 1958.

Grubmüller, Klaus: *Natûre ist der ander got.* Zur Bedeutung von *natûre* im Mittelalter. In: Alain Robertshaw u. Gerhard Wolf (Hgg.): Natur und Kultur in der deutschen Literatur des Mittelalters. Colloquium Exeter 1997. Tübingen 1999, S. 3–17.

Herkommer, Hubert: Buch der Schrift und Buch der Natur. Zur Spiritualität der Welterfahrung im Mittelalter, mit einem Ausblick auf ihren Wandel in der Neuzeit. In: Zeitschrift für schweizerische Archäologie und Kunstgeschichte 43 (1986), S. 167–178.

Heyden, Katharina: *Liber creaturae* und *sacra scriptura.* Zur Bedeutung der Naturkunde für die Bibelexegese der lateinischen Kirchenväter. In: Zbyněk Kindschi Garský u. Rainer Hirsch-Luipold (Hgg.): Christus in natura. Quellen, Hermeneutik und Rezeption des ‚Physiologus' (Studies of the Bible and Its Reception 11). Berlin, Boston 2019, S. 159–173.

Huber, Christoph: Die Aufnahme und Verarbeitung des Alanus ab Insulis in mittelhochdeutschen Dichtungen. Untersuchungen zu Thomasin von Zerklaere, Gottfried von Straßburg, Frauenlob, Heinrich von Neustadt, Heinrich von St. Gallen, Heinrich von Mügeln und Johannes von Tepl (Münchener Texte und Untersuchungen zur deutschen Literatur des Mittelalters 89). München, Zürich 1988.

Huber, Christoph: Die personifizierte Natur. Gestalt und Bedeutung im Umkreis des Alanus ab Insulis und seiner Rezeption. In: Wolfgang Harms u. Klaus Speckenbach (Hgg.): Bildhafte Rede in Mittelalter und früher Neuzeit. Probleme ihrer Legitimation und ihrer Funktion. Tübingen 1992, S. 151–172.

Jeauneau, Edouard: Rethinking the School of Chartres (Rethinking the Middle Ages 3). Toronto 2009.

Kann, Christoph: Zeichen – Ordnung – Gesetz. Zum Naturverständnis in der mittelalterlichen Philosophie. In: Peter Dilg (Hg.): Natur im Mittelalter. Konzeption – Erfahrungen – Wirkungen. Akten des 9. Symposiums des Mediävistenverbandes, Marburg, 14.–17. März 2001. Berlin, Boston 2014, S. 33–49.

Kantorowicz, Ernst H.: Die zwei Körper des Königs. Eine Studie zur politischen Theologie des Mittelalters. Übers. v. Walter Theimer. München 1990.

Kellner, Beate: Allegorien der Natur bei Alanus ab Insulis – mit einem Ausblick auf die volkssprachliche Rezeption. In: Bernhard Huss u. David Nelting (Hgg.): Schriftsinn und Epochalität. Zur historischen Prägnanz allegorischer und symbolischer Sinnstiftung (Germanisch-romanische Monatsschrift. Beiheft 81). Heidelberg 2017, S. 113–143.

Lovelock, James E.: Gaia as Seen through the Atmosphere. In: Atmospheric Environment 6 (1972), S. 579 f.

Lovelock, James E. u. Lynn Margulis: Atmospheric Homeostasis by and for the Biosphere. the Gaia hypothesis. In: Tellus 26 (1974), S. 2–10.

Modersohn, Mechthild: *Natura* als Göttin – eine Personifikation zwischen Mythos und Aufklärung. In: Peter Dilg (Hg.): Natur im Mittelalter. Konzeption – Erfahrungen – Wirkungen. Akten des 9. Symposiums des Mediävistenverbandes, Marburg, 14.–17. März 2001. Berlin, Boston 2014, S. 84–110.

Raynaud, Gaston: Bibliographie des chansonniers français des XIIIe et XIVe siècles comprenant la description de tous les manuscrits, la table des chansons classées par ordre alphabétique de rimes et la liste des trouvères. 2 Bde. Paris 1884.

Ruh, Kurt: ‚Moriz von Craûn'. Eine höfische Thesenerzählung aus Frankreich. In: Werner Otmar u. Bernd Naumann (Hgg.): Formen mittelalterlicher Literatur. FS Siegfried Beyschlag (Göppinger Arbeiten zur Germanistik 25). Göppingen 1970, S. 77–90.

Schipperges, Heinrich: Chartres, Schule von. In: Lexikon des Mittelalters, Bd. 2 (1983), Sp. 1753–1759.

Schreiner, Klaus: *Si homo non pecasset.* Der Sündenfall Adams und Evas in seiner Bedeutung für die soziale, seelische und körperliche Verfaßtheit des Menschen. In: Klaus Schreiner u. Norbert Schnitzler (Hgg.): Gepeinigt, begehrt vergessen. Symbolik und Sozialbetrug des Körpers im späten Mittelalter und in der frühen Neuzeit. München 1992, S. 41–84.

Schulz-Grobert, Jürgen: Narrative ‚Wetterfühligkeit'. Naturbilder in witterungsbedingten Ereignisfolgen der mittelhochdeutschen Epik. In: Peter Dilg (Hg.): Natur im Mittelalter. Konzeption – Erfahrungen – Wirkungen. Akten des 9. Symposiums des Mediävistenverbandes, Marburg, 14.–17. März 2001. Berlin, Boston 2014, S. 243–254.

Spanke, Hans: G. Raynauds Bibliographie des altfranzösischen Liedes (Musicologia 1). Leiden 1955.

Speer, Andreas: Kosmisches Prinzip und Maß menschlichen Handelns. *Natura* bei Alanus ab Insulis. In: Ders. u. Albert Zimmermann (Hgg.): Mensch und Natur im Mittelalter. 1. Halbbd. (Miscellanea Mediaevalia 21, 1). Berlin, New York 1991, S. 107–128.

Thomas, Heinz: Zur Datierung, zum Verfasser und zur Interpretation des ‚Moriz von Craûn'. In: Zeitschrift für deutsche Philologie 103 (1984), S. 321–365.

Thomas, Heinz: Translatio Imperii. In: Lexikon des Mittelalters, Bd. 8 (1997), Sp. 944–946.

Verger, Jacques: Translatio Studii. In: Lexikon des Mittelalters, Bd. 8 (1997), Sp. 946 f.

Wandhoff, Haiko: The Fall of Man and the Corruption of Nature. In: Roman Bartosch u. Sieglinde Grimm (Hgg.): Teaching Environments. Ecocritical Encounters. Frankfurt a. M. 2014, S. 155–170.

Wetherbee, Winthrop: Platonism and Poetry in the Twelfth Century. The Literary Influence of the School of Chartres. Princeton 1972.

Martin Bauch

Die blaue Sonne und der Einzug der Braut

Verschränkte Interpretationen eines atmosphärischen Phänomens während des Einritts der Ippolita Maria Sforza in Neapel im September 1465

Abstract The entry of the Milanese prince's daughter Ippolita Maria Sforza into Naples on September 14, 1465, on the occasion of her marriage to King Ferdinand's son, is remarkable above all for an atmospheric-optical anomaly: the sun turned blue during those days and changed to other colours as well. This phenomenon is carefully observed and commented on by contemporaries, but hardly interpreted. The blue sun could be seen not only in Naples but in large parts of Europe, as numerous sources from the Aegean to northern Germany show. Three possibilities suggest themselves as factual explanations: a large volcanic eruption that released sulphur aerosols into the atmosphere, large forest fires, or Saharan dust storms; the volcanic scenario is the most likely, although so far no consensus can be established between data from ice core research, dendroclimatology, and historical research. It is interesting that the interpretative possibilities of 15th-century contemporaries are overwhelmed by a phenomenon for which there are no biblical, historiographical, or natural-philosophical explanations available. Two epigrams of humanist poets at the court of the Neapolitan king and a courtly panegyrist, who want to reconcile the blue sun with the arrival of the educated princess, find in the reception of antiquity of the 15th century and in

Kontakt

Dr. Martin Bauch,
Leibniz-Institut für die Geschichte und Kultur des östlichen Europa (GWZO),
Reichsstraße 4–6,
D–04109 Leipzig,
martin.bauch@leibniz-gwzo.de
https://orcid.org/0000-0002-3911-9338

146 Martin Bauch: Die blaue Sonne und der Einzug der Braut. Verschränkte Interpretationen eines atmosphärischen Phänomens während des Einritts der Ippolita Maria Sforza in Neapel im September 1465. In: Das Mittelalter 2024, 29(1), 146–164. Heidelberg: Heidelberg University Publishing. DOI: https://doi.org/10.17885/heiup.mial.2024.1.24964

a creative interpretation of conventional wisdom on celestial signs the appropriate framework to give meaning to what they could observe and to interpret the event in favour of Ippolita Maria Sforza.

Keywords Blue Sun; Ippolita Maria Sforza; Meteorology; Naples; Volcanic Eruption

Die zwanzigjährige Mailänder Fürstentochter Ippolita Maria Sforza (1445–1488),[1] die Zweitgeborene des Herzogs Francesco Maria Sforza, brach im Sommer 1465 mit großem Pomp zu ihrer Hochzeit mit Alfons von Aragon, Herzog von Kalabrien und Sohn des neapolitanischen Königs Ferdinand, auf. Die Eheschließung, die zuvor in Mailand im Mai 1465 nur in Stellvertretung des Bräutigams durch dessen Bruder Francesco stattgefunden hatte, besaß einen tief politischen Charakter, diente sie doch der Vorbereitung der erst 1467 finalisierten Allianz zwischen Mailand und Neapel unter Einschluss von Florenz.[2] Ippolitas Reise durch Italien mit einem Tross von 1000 Leuten – von Mailand bis Piacenza per Barke, dann über Reggio Emilia und Modena nach Bologna – war vielleicht als Triumphzug geplant, aber letztlich von beträchtlichen Schwierigkeiten gekennzeichnet. Nach Überquerung des Apennins standen Florenz, Siena, Perugia und Rom auf der Reiseroute, bis die junge Braut im September 1465 Neapel erreichte; der Bräutigam hatte sich vorab trotz Insistierens seines künftigen Schwiegervaters nicht zu einem Verlassen seines Territoriums überreden lassen. Noch während die Braut sich in Florenz aufhielt, war der Söldnerführer und Schwiegersohn des Mailänder Herzogs, Iacopo Piccinino, am neapolitanischen Hof erst eingekerkert und dann ermordet worden. Die Nachricht erreichte die bis dahin sorglose Reisegesellschaft erst hinter Siena und stürzte sie in große Verwirrung darüber, ob die Hochzeit stattfinden würde. Wochenlang saß die Mailänder Gruppe in der Südtoskana fest, erst massiver politischer Druck der Medici und des französischen Königs führte dazu, dass der Mailänder Herzog nicht weiter auf einer Untersuchung bestand, obwohl er seinen Schwiegersohn verloren hatte. Der Empfang in Rom durch den Papst musste schließlich aufgrund eines akuten Pestausbruchs in der Ewigen Stadt ausfallen.[3]

Von Capua und Aversa her näherte sich die Braut also, nach dreimonatiger Reise voller unerwarteter Schwierigkeiten, am 14. September 1465 Neapel

1 Zu ihrer Biographie vgl. Ippolita Maria Sforza: Duchess and Hostage, S. 11–14; Wood 2020.

2 Vgl. Mele 2012, S. 28–34.

3 Vgl. Wood 2020, S. 78–85. Bis zu 100 Mitglieder dieser Reisegesellschaft blieben dauerhaft am neapolitanischen Hof im Dienst Ippolitas; vgl. Mele 2015, S. 127 f.

Abb. 1 | Einzug der Ippolita Maria Sforza in Neapel, bereits als gekrönte Herzogin von Kalabrien, begleitet von vier Reitern und vier Männern zu Fuß, zwei davon Trompeter. New York, Pierpont Morgan Library, Ms. M. 801, fol. 89v [Ausschnitt]. © Pierpont Morgan Library, New York.

und wurde eine Meile vor der Stadt bereits von Musikern, hochrangigen Gästen und ihrem Schwiegervater, König Ferdinand I. selbst, begrüßt und unter einem prächtigen goldenen Baldachin eingeholt.[4] Diese rituelle Einholung in Form eines Adventus war insofern ungewöhnlich, als sie erst einer gekrönten Königin zugestanden hätte – eine besondere Ehre für Ippolita. Dies war auch eine Gelegenheit, Ippolitas Ankunft in der neapolitanischen Gesellschaft zu visualisieren und sie, vielleicht als Geste der Wiedergutmachung gegenüber den verunsicherten Sforza, bereits wie eine Königin zu feiern. Die Illustration aus der ‚Cronaca Napoletana' des Melchiorre Ferraiolo (Abb. 1) – mit großem zeitlichem Abstand entstanden – gibt diesen Einzug nur unvollkommen und sehr schematisch wieder, betont aber die königliche Anmutung Ippolitas. Am nächsten Tag folgte die Wiederholung

4 Vgl. Mele 2012, S. 35–37; in narrativen Quellen wird der Einzug am ausführlichsten von Angelo de Tummulillis: Notabilia temporum, S. 133, beschrieben.

der Hochzeitszeremonie im Dom von Neapel, wo Ippolita tatsächlich wie eine Königin gewandet und gekrönt auftrat.[5]

1 Die blaue Sonne in zeitgenössischen Belegen

Alles war wie geplant vonstatten gegangen, die Unstimmigkeiten im Vorfeld und Verlauf der Reise hatten keinen dauerhaften Schatten werfen können – nur von einer im Wortsinn atmosphärisch-optischen Anomalie berichtete lapidar ein aufmerksamer Beobachter des Einzugs, der Notar Angelo de Tummulillis (1397–1477):[6] „Am Samstag, dem 14. September, zur 20. Stunde, erreichte die genannte Braut Neapel von Aversa her, als die Sonne sich ins Blaue umgestaltete."[7] Nach der ausführlichen Beschreibung des ehrenvollen Einritts der Braut schließt der Autor, ein präziser Beobachter aller Vorkommnisse im Regno bis zum Ende der 1470er Jahre, ein weiteres Kapitel an, das sich allein den ungewöhnlichen optischen, atmosphärischen und meteorologischen Phänomenen im zeitlichen Umfeld der Ankunft Ippolitas widmet: Schon den ganzen September über, so berichtet Tummulillis, war die Luft seltsam dunstig und wolkenreich gewesen, so dass die Sonne beim Auf- und Untergang eher dem bleichen Mond glich. Selbst zur Mittagszeit strahlte die Sonne schwach und warf kaum Schatten. Bereits seit Freitag, dem 13. September war sie besonders bleich gewesen, nach dem Aufgang wie in Nebel gepackt und erst grün und gelblich scheinend, dann um die Mittagszeit blau und gegen Abend verschwand sie ganz im Dunst. Diese seltsamen Phänomene hielten zehn Tage an, bei ungewöhnlicher Abwesenheit von Luftbewegungen, und Wolken gab es weder über dem Land noch über den Bergen.[8]

Der Autor war Zeitgenosse, und er interessierte sich besonders für natürliche Phänomene wie Finsternisse von Mond und Sonne, Erdbeben, aber auch die Qualität der Ernten und das Wachstum der Pflanzen. Er notierte, vermutlich von der Kleinstadt Sant'Elia nahe dem Kloster Montecassino im südlichen Latium aus, unablässig solche Ereignisse, aber auch Politisches und Militärisches in Neapel und im restlichen Königreich; als Gesandter seiner Heimatgemeinde war er zudem diplomatisch tätig. Und er ist bei weitem nicht der einzige zeitgenössische Autor, der von diesen Phänomenen berichtete. Der Veroneser Händler und Patrizier Cristoforo Schioppa hält seine Erzählung über den Einzug Ippolitas in Neapel knapp und bemerkt süffisant zu den Verfärbungen der Sonne, dass diese „in

5 Vgl. Mele 2012, S. 39f.

6 Vgl. Russo 2020; Senatore 2014, S. 284f.

7 Angelo de Tummulillis: Notabilia temporum, S. 133; Übersetzung des Autors.

8 Vgl. ebd., S. 135.

einer Art erfolgte[n], dass mehr Bewunderung dem Zustand der Sonne zukam, als dem so ehrenhaften Einzug der neuen Herrin".[9] Ob dies die Reaktionen des Publikums wiedergibt oder doch nur die Meinung des Veroneser Händlers, muss offenbleiben. Schioppa schrieb seine ausführliche Chronik wohl in Rimini nieder, war aber erstaunlich gut über Vorgänge an wichtigen Höfen Italiens informiert.[10]

Dass die Sonnenverfärbung große Aufmerksamkeit erregte, sehen wir an weiteren Chroniken, die über das Ereignis berichten, so etwa die der aus Handwerkerkreisen stammenden neapolitanischen Chronisten des späten 15. und frühen 16. Jahrhunderts, die vermutlich auf institutionelle Aufzeichnungen zurückgreifen konnten:[11] Der Sattler und Chronist Giuliano Passaro, dessen Werk erst Anfang des 16. Jahrhunderts in Druck ging, der aber bereits 1470 nachweisbar ist,[12] beschreibt eine zwei Tage anhaltende blau-goldene Verfärbung der Sonne.[13] Ähnlich lautet der Bericht des Notars Giacomo della Morte,[14] der bis 1520 schreibt und daher mit größerem zeitlichen Abstand die blaue Verfärbung der Sonne notiert.[15] Wir haben aber zusätzlich noch eindeutige Augenzeugen des Geschehens: Die anlässlich der Hochzeit im September 1465 nach Neapel gereisten Gesandten der Republik Siena, Giovanni Bichi und Andrea Capacci, berichteten ausführlich an ihre Stadtregierung über den Verlauf des Einzugs der Mailänder Fürstentochter und darüber, wie gut die Geschenke der toskanischen Stadt beim Vater des Bräutigams angekommen seien. Ganz am Ende ihres Briefs vom 19. September erwähnen sie die blaue Verfärbung der Sonne am 14. September und vermuten, dass dieses Phänomen so auch in Siena zu beobachten gewesen sei.[16]

Ob der Vorfall der Ehre der Braut abträglich war, wie es Cristoforo Schioppa behauptet, lässt sich aus dieser Nachricht nicht eindeutig erschließen. Dass die atmosphärischen Phänomene als ehrmindernd gedeutet werden konnten, erahnen wir aufgrund eines beredten Schweigens des ansonsten sehr ausführlich nach Mailand Rapport erstattenden Strippenziehers der Heiratsverbindung, des Mailänder Gesandten Antonio da Trezzo.[17] Dieser sah sich am 16. September sogar genötigt, die Sorgen seines Auftraggebers in einem Brief zu zerstreuen, wolle er doch „Euch anzeigen, was vorgefallen ist, um das zu widerlegen, was andere an

9 Soranzo: Cronaca di Anonimo Veronese 1446–1488, S. 226; Übersetzung des Autors.

10 Vgl. Varanini 2014, S. XLI f., zur Identifizierung des Autors ebd., S. XV f.

11 Vgl. Senatore 2014, S. 318.

12 Vgl. ebd., S. 284, Anm. 8.

13 Vgl. Giulano Passero: Giornali del regno di Napoli, S. 27.

14 Vgl. Senatore 2014, S. 283 und passim.

15 Vgl. Notar Giacomo della Morte: Cronica di Napoli, S. 112.

16 Vgl. Lisini: Le feste fatte in Napoli, S. 39.

17 Vgl. Rapponi 1961.

Euch in ausschweifender Form schreiben."[18] Ippolita Maria Sforza selbst äußerte sich augenscheinlich nicht – zwischen März und Oktober 1465 gibt es eine Lücke in der Überlieferung ihrer Briefe; der erste knappe Brief an ihre Eltern vom 3. Oktober 1465 erzählt vom Schmerz über die Abreise der Brüder und von anderen Angelegenheiten, enthält sich aber eines Rückblicks auf ihre Ankunft in Neapel.[19]

Im Folgenden soll im ersten Schritt geklärt werden, was sich hinter dem Phänomen der blauen Sonne verbergen könnte, das als solches in der bisherigen, meist kulturgeschichtlich-philologisch konturierten Forschung kaum Aufmerksamkeit gefunden hat.[20] Hier soll es also um die etische Perspektive gehen, die notwendigerweise naturwissenschaftliche Erklärungen diskutieren muss. Ein weiterer Schritt fokussiert auf die emische Perspektive, also die Erklärungen der Zeitgenossen für das, was sie erlebten, was bereits Verschränkungen zur wissenschaftlich-naturphilosophischen und religiösen Sphäre aufzeigt. In einem dritten Schritt steht eine weitere Verschränkung im Mittelpunkt, die Verarbeitung des Beobachteten in humanistischen Kontexten als einem für das Phänomen der blauen Sonne am besten geeigneten Erklärungssystems.

2 Die blaue Sonne: Moderne Erklärungen

Wie gesagt hat es sich die Forschung bisher sehr einfach gemacht: Allein aus panegyrischen Gründen hätten die Quellen eine partielle Sonnenfinsternis am 19. September mit dem Einritt der Braut am 14. September in eins gesetzt.[21] Mit Ausnahme von deutlich später entstandenen Werken wie der Chronik des Ferraiolo[22] unterscheiden die narrativen Quellen aber sehr wohl zwischen der Verfärbung der Sonne vom 14. bis 15. September und der für den 19. September berichteten Sonnenfinsternis: „Am Donnerstag, dem 19. September, wie es von einem Astronomen vorhergesagt worden war, wurde die Sonne zur 22. Stunde verdunkelt".[23] Tatsächlich war in Neapel am 20. September 1465 zum Sonnenaufgang eine partielle Sonnenfinsternis zu sehen, bei der fast vier Fünftel der Sonne vom Mond verdeckt wurden, wie die Retrokalkulation zeigt (Abb. 2).

---

18 Mele 2012, Appendice, Nr. 10, S. 70 f., hier S. 71; Übersetzung des Autors.

19 Vgl. Ippolita Maria Sforza: Lettere, S. 23, Nr. XXIII.

20 Vgl. Welch 2005; Mele 2012, S. 37–40; Wood 2020, S. 78–91.

21 Vgl. Mele 2012, S. 36.

22 Vgl. Melchiorre Ferraiolo: Una Cronaca Napoletana figurata del Quattrocento, S. 32.

23 Angelo de Tummulillis: Notabilia temporum, S. 136. Die Angabe der 22. Stunde des 19. September 1465 könnte tatsächlich dem frühen Morgen des 20. September entsprechen, womit sich der Widerspruch zwischen der Datierung des Ereignisses in der Quelle und in der Retrokalkulation auflösen würde.

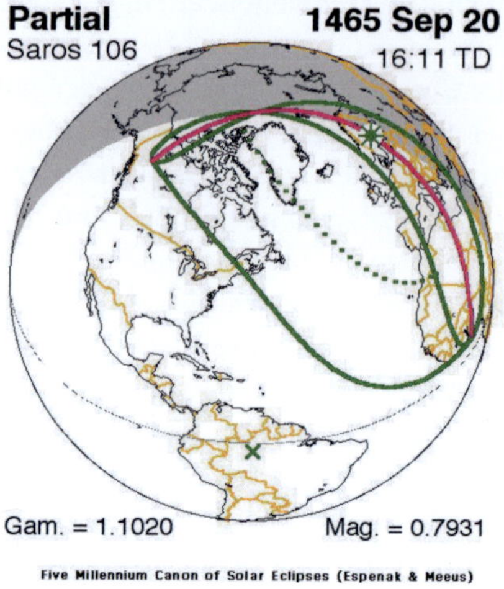

Abb. 2 | Die rosa Linie markiert die maximale Verschattung der partiellen Sonnenfinsternis zum Sonnenaufgang des 20. September 1465, woraus folgt, dass in Italien die Sonnenfinsternis am frühen Morgen und Vormittag beobachtbar gewesen sein muss. Espenak u. Meeus 2009. Online: https://eclipse.gsfc.nasa.gov/5MCSEmap/1401-1500/1465-09-20.gif (Zugriff: 04.03.2024).

Die Beobachtung der Sonnenverfärbung damit gleichzusetzen ist jedoch falsch, wie eine Weitung des Blicks auf Quellen jenseits von Neapel bestätigt. Die blaue Sonne von Neapel lässt sich nämlich für denselben Tag, den 14. September 1465, in Rom[24] ebenso wie in Gubbio in Umbrien[25] und in Bologna nachweisen.[26] Auch nördlich der Alpen finden wir am Vorabend des Festes der Kreuzerhöhung, dem 15. September, Belege für eine Verfärbung der Sonne, meist ins Blaue, und eine ungewöhnliche Dunstigkeit der Atmosphäre. Die Berichte stammen aus Konstanz,[27] Soest,[28] Braunschweig[29] und der Nähe von Maastricht.[30] Das Phänomen wurde also in einem langgestreckten Streifen von Süditalien bis Norddeutschland beobachtet und wird von voneinander völlig unabhängigen Quellen an denselben Tagen erwähnt, so dass am faktischen Hintergrund der Beobachtung nicht gezweifelt werden kann. Aber was genau war die physikalische Ursache der blauen Sonne?

---

24 So im Tagebuch des römischen Senatsschreibers Stefano Infessura: Diario della città di Roma, S. 69.

25 Vgl. Mazzatini: Cronaca di Ser Guerriero da Gubbio, S. 80.

26 Vgl. Sorbelli: Corpus Chronicorum Bononiensium, Bd. 3, S. 341.

27 Nicht taggenau ist hingegen die Beobachtung vom Bodensee; vgl. Wolff 2008, S. 696.

28 Vgl. Lamprecht 1895, S. 51.

29 Vgl. Chronicon Brunsvicensium Picturatum dialecto saxonica conscriptum, S. 411.

30 Vgl. Habets 1870, S. 22.

Drei Möglichkeiten ergeben sich, in absteigender Wahrscheinlichkeit:

1. ein sogenannter Trockennebel aus Sulfataerosolen nach einer großen Vulkaneruption,

2. die Rauchwolke großer, vermutlich in Nordamerika stattfindender Waldbrände oder

3. Staubwolken aus der Sahara, die in großer Höhe bis nach Europa getragen wurden.

Allen drei Phänomenen ist gemein, dass feine Partikel in hohe Luftschichten eingetragen werden – entweder Sulfataerosole, verbrannte Biomasse oder mineralischer Staub – und dort die Zusammensetzung der Atmosphäre so verändern, dass die Streuung blaues oder grünes Sonnenlicht zur Erde durchdringen lässt. Nicht zuletzt entscheidet die Färbung des umgebenden Himmels, ob die Sonne gelblich, blau oder grün auf das menschliche Auge wirkt. Zugleich ist eine relativ hohe Partikeldichte in der Atmosphäre nötig, um den Effekt der blauen Sonne hervorzurufen.[31] Belegt und untersucht wurden Sichtungen der blauen Sonne bisher ausschließlich im Kontext von Vulkanausbrüchen wie jenem des Krakatau 1883 oder großen Waldbränden in Nordkanada, die 1950 zur Sichtung blauer Sonnen in Nordwest- und Mitteleuropa führten.[32] Für historische Vulkaneruptionen sind solche Trockennebel ausführlich untersucht worden,[33] und angesichts langanhaltender Veränderungen der Atmosphäre, nachweisbar etwa an reduziertem Pflanzenwachstum (s. u.), ist das vulkanische Szenario als Ursache für die blaue Sonne von 1465 das wahrscheinlichste.

Allerdings ist bezüglich dieser Erklärung ein bisher unaufgelöster Widerspruch von Dendroklimatologie, Eisbohrkernforschung und Klimageschichte festzustellen.[34] Noch lassen sich keine Jahre identifizieren, für die die Befunde der drei Disziplinen in Übereinstimmung gebracht werden könnten. Gegen die

31 Alltäglicher ist das Phänomen besonders roter Sonnenuntergänge z. B. aufgrund von Luftverschmutzung, doch die Prozesse für grüne und blaue Sonnen sind sehr viel komplexer; vgl. Wullenweber, Lange, Rozanov u. a. 2020.

32 Vgl. Jenne 1951; Symons 1888. Im Kontext der großen Waldbrände in Kanada im Sommerhalbjahr 2023 wurden daher die hier versammelten Befunde bereits im Blogbeitrag Bauch 2023 vorgestellt; die Sichtung einer blauen Sonne blieb jedoch 2023 aus.

33 Vgl. Kleemann 2023, S. 112–131.

34 Die historischen Befunde bei Bauch 2017 sprechen für die Jahre 1464/65; die Eisbohrkernbefunde deuten auf einen großen Ausbruch 1458; vgl. Sigl, McConnell, Layman u. a. 2013; die nordhemisphärischen Temperaturrekonstruktionen aus Baumringdaten legen das Jahr 1453 nahe; vgl. Esper, Büntgen, Hartl u. a. 2017.

Waldbrand-Hypothese spricht die länger andauernde Reduktion der Sonneneinstrahlung mit ihren negativen Effekten auf die Feldfrüchte (s. u.); gegen einen Saharastaubsturm spricht, dass der häufig damit assoziierte sogenannte Blutregen nicht nachweisbar ist, also die Rotfärbung von Niederschlag und Gewässern durch Wüstenstaub. Für die Vulkanthese spricht, trotz der epistemischen Widersprüche bei interdisziplinärer Betrachtung, Angelo de Tummulillis Beobachtung einer scheinbar partiellen Mondfinsternis um 1:00 Uhr morgens am 3. Oktober 1465. Tummulillis berichtet, dass der beschattete Teil des Mondes bis auf eine schmale Sichel komplett dunkel war, ähnlich einem drei Tage alten Neumond – und nicht etwa rötlich-orange oder braun, wie bei einer Mondfinsternis sonst zu erwarten.[35] Die Retrokalkulation ergibt für Neapel eine totale Mondfinsternis am 4. Oktober 1465, die sich aber am Nachmittag, also unterhalb des Horizonts, hätte abspielen müssen und daher unsichtbar gewesen sein musste.[36] Wenn also der Mond trotzdem zur ersten Nachtstunde unsichtbar wurde, laut Retrokalkulation gegen 19:00 Uhr, spricht dies für einen dichten Aerosolschleier vermutlich vulkanischen Ursprungs, der sich bereits im Kontext der blauen Sonne bemerkbar gemacht hatte und noch zwei Wochen später den Mond verdeckte. Von den drei naturwissenschaftlichen Erklärungen für das Phänomen der blauen Sonne ist also die des vulkanischen Trockennebels die wahrscheinlichste, auch wenn sie weitere multidisziplinäre Forschungen erforderlich macht.

3 Die blaue Sonne: Zeitgenössische Erklärungen

Während wir heute über eine breite, wenn auch nicht widerspruchsfreie Auswahl an Erklärungen dafür verfügen, was die blaue Sonne über Neapel verursacht haben könnte, waren die mittelalterlichen Augenzeugen noch stärker herausgefordert, manche sogar ratlos: „Alle sagten, sie hätten nie etwas Ähnliches gesehen",[37] konstatierten die Gesandten Sienas im Bericht an ihre Stadtregierung. Auch in Westfalen war der Soester Chronist verwirrt und schrieb, „dass niemand wusste, was das sein könnte".[38] Angelo de Tummulillis und andere unterschieden, wie gesagt, die blaue Sonne deutlich von der partiellen Sonnenfinsternis am 19./20. September

35 Vgl. Angelo de Tummulillis: Notabilia temporum, S. 136; dunkle Mondfinsternisse als sicherer Indikator für vulkanische Trockennebel gemäß den Befunden bei Guillet, Corona, Oppenheimer u. a. 2023.

36 So die Ergebnisse einer Retrokalkulation für den Standort Neapel (Zeitraum: 1401–1500) mit Hilfe von Javascript Lunar Eclipse Explorer: Europe. NASA. 31.05.2007. https://eclipse.gsfc.nasa.gov/JLEX/JLEX-EU.html (Zugriff: 16.06.2023).

37 Lisini: Le feste fatte in Napoli, S. 39; Übersetzung des Autors.

38 Lamprecht 1895, S. 51.

und der Mondfinsternis am 3./4. Oktober. De Tummulillis beschrieb sogar detailliert, was die partielle Sonnenfinsternis verursachte – der Mond, der sich vor die Sonnenscheibe schob, weswegen deren Strahlen nur noch am Rande zur Erde durchdringen konnten.[39] Auch ein Beobachter in der Ägäis wusste Bescheid:

> Zur hohen Mittagszeit nämlich verfinsterte sich die Sonne, die ungetrübt und wolkenlos schien, in einem plötzlichen Wechsel und wurde dunkel, und ihr Aussehen veränderte sich, und sie nahm die Farbe von dunklem Kupfer an und wurde ganz und gar finster und schwarz, nicht in der gewohnten Weise wie bei Sonnenfinsternissen (denn es war keine Sonnenfinsternis damals), sondern auf eine andere noch nie dagewesene Art, gleichsam wie wenn ein Nebel oder eine dichte, dunkle Wolke sie überziehe.[40]

Die verbreitete Reaktion der Zeitgenossen auf dieses Ereignis war also Ratlosigkeit, gerade weil man die blaue Sonne von einer Sonnenfinsternis zu unterscheiden wusste.

Erstaunlicherweise ist es kein neapolitanischer Beobachter, sondern der Veroneser Schioppa, der die detailliertesten Erklärungsversuche für die Vorgänge am 14. September referiert und damit vermutlich eine gelehrte Diskussion überregionalen Charakters[41] widerspiegelt. Die Möglichkeit einer Sonnenfinsternis wird von ihm ebenfalls aufgrund der überlangen Dauer der optischen Phänomene rasch verworfen.[42] Darüber hinaus diskutiert er sublunar angesiedelte, auch im heutigen Sinn meteorologische Erklärungen,[43] die konkrete Witterungsbedingungen des Jahres 1465 anführen, so etwa exzessive Dampfbildung infolge der langen Dürre des Sommers oder wegen der starken Regenfälle im Herbst.[44] Wieder andere Beobachter führten laut Schioppa eine astrometeorologisch erstaunlich fundierte, empirisch argumentierende Interpretation an, um das noch nie beobachtete Phänomen zu deuten:

> Es seien dicke, klebrige, feuchte Dämpfe gewesen, die bis in die höchste Region der Luft aufstiegen usw.; andere hatten eine andere Meinung

39 Vgl. Angelo de Tummulillis: Notabilia temporum, S. 136; Übersetzung des Autors.

40 Kritobulos von Imbros: Mehmet II. erobert Konstantinopel, S. 277.

41 Dass hier nicht nur die Stimmen der unmittelbaren Zuschauer gespiegelt werden, zeigt der Hinweis: „obwohl dieser neue Anblick der Sonne in ganz Italien sichtbar war [..] hatten doch viele Vieles beizutragen“. Soranzo: Cronaca di Anonimo Veronese 1446–1488, S. 226; Übersetzung des Autors.

42 Vgl. ebd., S. 227.

43 Vgl. den Beitrag von Schmidl in diesem Band.

44 Vgl. Soranzo: Cronaca di Anonimo Veronese 1446–1488, S. 227.

> und behaupteten, dass viele Sommer zuvor trockener gewesen seien als der vergangene und folglich die Herbstzeiten feuchter als die gegenwärtige, wodurch naturgemäß mehr Dämpfe entstanden sein müssten, die dann irgendwelche Anzeichen hinterlassen hätten, was jedoch keineswegs beobachtet wurde.[45]

Selbstverständlich bleibt auch eine religiöse Begründung als Omen für den Zorn Gottes nicht aus: „Diese Verdunkelung der Sonne ist eher ein göttliches als ein natürliches Zeichen, das schreckliche Dinge für die gesamte Welt und besonders für dieses arme Italien wegen seiner Sünden ankündigt",[46] bezeichnenderweise untermauert mit astronomischen Argumenten:

> Und diese Meinung wurde durch die Sonnenfinsternis und die Mondfinsternis in dieser Zeit, die sehr bedeutsam waren, bestätigt; es bewahrheitete sich auch, dass viele schreckliche Ereignisse aufgrund der Konjunktion von Saturn und Jupiter eintreten würden, die im vergangenen Jahr stattfand.[47]

Doch ist Schioppa die einzige Quelle, die gleich mehrere Angebote zur Deutung des Phänomens der blauen Sonne macht.

Andere extreme Naturereignisse wie Erdbeben oder Hochwasser wurden sehr viel schneller mit sinnstiftenden, im straftheologischen Kontext negativ konnotierten Deutungen oder neutralen Erklärungen auf Basis antiker Theoriebildung zu Naturphänomenen versehen. Die blaue Sonne hingegen entzog sich dem Erfahrungshorizont, und weder in den antiken Schriften wie der ‚Meteorologie' des Aristoteles noch in der Bibel oder in historiographischen Werken gab es Erwähnungen dieses so seltenen Naturereignisses. Ins Positive gewendet sehen wir diese Suche nach Vergleichbarem im Werk des bereits über 80 Jahre alten Chronisten Loyse (Luigi) de Rosa, lange Jahre als Haushofmeister eng mit verschiedenen neapolitanischen Monarchen verbandelt, der sich ebenfalls im Rückblick erinnert. Seine ‚Ricordi' genannten Aufzeichnungen, denen geringer Quellenwert hinsichtlich ihrer Verlässlichkeit zugesprochen wird, die aber kulturhistorisch und linguistisch als Fundgrube gelten, gelangten als Geschenk Ippolita Maria Sforzas selbst in die Bibliothek des Hofes. Sie dürfen also als Auftragswerk der Königin gelten. Loyse de Rosa interpretiert das optische Phänomen der blauen Sonne in seinen ‚Ricordi' diametral anders, nämlich als gutes Vorzeichen: Das Haus Gottes

45 Ebd.; Übersetzung des Autors.

46 Ebd.; Übersetzung des Autors.

47 Ebd.; Übersetzung des Autors.

selbst, der Himmel, sei blau. Die Herzogin sei also eine Auserwählte Gottes, welcher alles in Blau getaucht habe am Tag ihrer Ankunft und in den Folgetagen.[48] Dafür spräche vor allem, wie außergewöhnlich das Beobachtete sei:

> Aber eine solche Sache ist bei keinem königlichen Würdenträger geschehen. Es ist wahr, dass Gott Zeichen des Unheils zeigt, wenn Herrscher sterben. Er zeigt dir den Kometen, er zeigt die dunkle schwarze Sonne und den (roten) Blutmond oder andere Zeichen des Unheils. Und dies geschieht, wenn Leiden vorhanden ist. Aber Gott hat auch ein Zeichen der Freude anhand der Fröhlichkeit der Herzogin gezeigt, die im Gegenteil darauf hinweisen, dass auch er sich freut.[49]

Im Überschwang seiner Lobrede vergleicht Loyse de Rosa die blaue Sonne sogar indirekt mit dem Stern von Bethlehem: „Ich habe nie irgendwo gelesen, dass Gott Zeichen der Freude am Himmel gemacht hat, außer als Christus geboren wurde und jetzt für die Herzogin."[50] Die panegyrische Deutung der blauen Sonne als göttliche Auszeichnung Ippolitas wird so in ganz bemerkenswerte Kontexte gestellt.

Was jenseits der Deutung dieser beiden ungewöhnlich ausführlichen Quellen blieb, war die empirische Beobachtung der verfärbten Sonne, des Höhennebels und der vergleichsweise nüchternen Beschreibung von deren Folgen nicht zuletzt bei Autoren, die den Bogen zur Landwirtschaft schlugen: Ein Weinbauer aus Nepi in den Albaner Bergen bei Rom berichtete von einer langanhaltenden Abschwächung der Leuchtkraft der Sonne.[51] Einen negativen Effekt auf Feldfrüchte beobachtete Angelo de Tummulillis für Süditalien,[52] ein anonymer Schreiber für Bologna[53] und der Stadtchronist Gebhard Dacher für Konstanz.[54] Viele weitere Belege ließen sich anführen, denn schlechte Ernten aufgrund meteorologischer Ungunst waren keine Seltenheit in den 1460er Jahren.[55]

Ganz anders als bei Erdbeben, Hochwasser, Stürmen und den für sich genommen harmlosen Mond- und Sonnenfinsternissen blieben die Beobachter der blauen Sonne und des mutmaßlichen vulkanischen Trockennebels weitgehend ratlos, wenn es um die Deutung des Phänomens ging: Ihnen fehlten der religiöse und gelehrte Anknüpfungspunkt, die Vorläufer, um diese Phänomene sinnvoll

48 Vgl. Loyse de Rosa: Cronache dei tempi miei, S. 75.

49 Ebd.; Übersetzung des Autors.

50 Ebd.; Übersetzung des Autors.

51 Vgl. Levi 1884, S. 153.

52 Vgl. Angelo de Tummulillis: Notabilia temporum, S. 124.

53 Vgl. Sorbelli: Corpus Chronicorum Bononiensium, Bd. 4, S. 341.

54 Vgl. Wolff 2008, S. 696.

55 Vgl. Bauch 2017, S. 117–120.

einzuordnen. Nur ein Parteigänger der Ippolita wagte in der Retrospektive eine kühne, positive Deutung des himmlischen Zeichens. Daran anschließend, und doch unberührt von religiösen und astro(meteoro)logischen Deutungsmustern, bot sich überraschenderweise ein Wissensfeld zur Verarbeitung der Ereignisse an, das im 15. Jahrhundert sowieso in Blüte stand: die humanistische Antikenrezeption.

4 Humanistische Kontexte: Die Epigramme des Panormita und des Porcelio Pandoni

Hier müssen wir wieder zur zweiten Protagonistin dieses Textes zurückkehren, die sozusagen im Schatten der blauen Sonne stand – der Mailänder Fürstentochter Ippolita Maria Sforza. Sie gehörte zu den profiliertesten Frauen der italienischen Renaissance, war in klassischer Rhetorik gebildet, hatte in Mailand Griechisch von einem berühmten byzantinischen Gelehrten im Exil gelernt und war zeitlebens eine produktive Verfasserin zahlreicher Briefe an ihre engsten Familienmitglieder. Als Autorin dreier lateinischer ‚Orationes', die öffentlich verlesen worden waren – so etwa 1459 vor Papst Pius II., um die Bereitschaft der Sforza zum Türkenkreuzzug zu demonstrieren –, war sie den Dichtern am neapolitanischen Hof bereits vor ihrer Ankunft ein Begriff. Schon im ersten Jahr nach ihrer Ankunft in Neapel ließ sich Ippolita einen Studienraum für ihr ungestörtes Schreiben einrichten.[56] Es kann also nicht überraschen, dass die Ankunft dieser gebildeten und kunstsinnigen künftigen Herrscherin, die mit einer ganzen Bibliothek von Mailand nach Neapel gezogen war,[57] sogleich die Aufmerksamkeit zweier der profiliertesten Dichter am neapolitanischen Hof auf sich zog. Anlässlich der Heirat des Herzogs und der Herzogin von Kalabrien sind in einer humanistischen Sammelhandschrift in der Vatikanischen Apostolischen Bibliothek zwei panegyrische Epigramme bekannter Humanisten überliefert.[58] Die zeitliche Entstehung der Epigramme lässt sich nicht näher eingrenzen als anhand der Lebensdaten der Autoren, was die Termini ante quos 1471 und 1485 ergibt.

Als erste Kurzdichtung finden wir in der Sammelhandschrift ein Epigramm des seit den 1440er Jahren in Neapel als Berater und Panegyriker des Königs tätigen Antonio Beccadelli (1394–1471), genannt Panormita nach seiner Heimatstadt Palermo.[59] Das kurze Stück des Panormita lautet wie folgt:

---

56 Vgl. Ippolita Maria Sforza: Duchess and Hostage, S. 11, 13, 20; Bryce 2007, S. 57.

57 Vgl. Bryce 2007.

58 Vatikanstadt, Biblioteca Apostolica Vaticana, Ms. Vat. Lat. 1670, fol. 119v; dazu ausführlich Coppini 1985, zur weiteren Überlieferung ebd., S. 335 f.; entdeckt wurde erstmals das Epigramm des Porcelio Pandoni auf dem vorderen Schutzumschlag von Vatikanstadt, Biblioteca Apostolica Vaticana, Ms. Vat. Lat. 3374.

59 Vgl. Resta 1970.

Panhormita ad Ducissam Calabriae.	Der Panormita für die Herzogin von Kalabrien:
Vidit ut Hypolitam, contraxit lumina Titan,	Der Titan sah Ippolita und schlug die Augen nieder,
Maiorem formam fassus adesse Deam.	als sich in erhabener Form die kommende Göttin zu erkennen gab.
Non est ut timeas, radios Pater alme resolve	Verscheuche nicht die Strahlen, gütiger Vater, als ob Du Dich fürchtetest.
Ista colit terras, tu Phaebe, cole polos.[60]	Diese (Ippolita) bewohnt das Land, Du, Phoibos, bewohne das Himmelsgewölbe.[61]

Eine Lektüre und Übersetzung des Epigramms ist ohne Kenntnis seines Entstehungskontextes kaum möglich: Die Anspielungen auf die Himmelslichter sind zahlreich, so meint ‚Titan' hier vielleicht Hyperion als Vater des Sonnengottes Helios und der Mondgöttin Selene; poetisch stehen *lumina* für Lichter der Gestirne und Augen der Prinzessin zugleich,[62] die jeweils beschränkt beziehungsweise gesenkt werden. Den Vergleich Ippolitas mit einer Göttin, im Sinne panegyrischer Überhöhung, zog in Bezug auf den Einritt nach Neapel bereits der Mailänder Gesandte Antonio da Trezzo.[63] Die Reduktion der Sonnenstrahlung wird klar angedeutet, wobei das Epitheton ‚Phoibos' sich – nicht ganz konsequent – auf Apollon als Gott des Lichts bezieht, nicht mehr auf den Titanen Hyperion.

Direkt darunter folgt in der vatikanischen Handschrift das Epigramm des Porcelio Pandoni (1405–1485),[64] der nach Zeiten ökonomischer Schwierigkeiten seit 1465 eine Besoldung an der Universität von König Ferdinand erhielt. Pandonis Epigramm ist deutlich weniger kryptisch als das Werk des Panormita.

Quid radios, sol moeste, negas et lumina condis?	Warum, traurige Sonne, versagst Du die Strahlen und versteckst das Licht?
Quo nitor ille tuus cessit et ille color?	Warum weicht Dein Glanz und Deine Farbe?
Cessisti Hippolitae, cuius pia lumina vincunt	Ippolita bist Du gewichen, deren gütige Augen die Sterne übertreffen,
Sidera, vel siquid sidere maius est.[65]	wenn es denn etwas gibt, was größer ist als die Sterne.[66]

60 Zitiert nach Ippolita Maria Sforza: Lettere, S. LXXXIX.

61 Übersetzung des Autors.

62 Vgl. Coppini 1985, S. 338.

63 In einem Brief an Francesco Sforza vom 16. September 1465; vgl. Mele 2012, Anhang, Nr. 10, S. 70.

64 Vgl. Cappelli 2014.

65 Zitiert nach Ippolita Maria Sforza: Lettere, S. LXXXIX.

66 Übersetzung des Autors.

Auch hier wird klar auf die Veränderung der Sonne angespielt, nicht nur im Sinne von Verdunklung, sondern auch Entfärbung und Mattwerden; ursächlich dafür ist, so der Dichter, der Glanz der Augen Ippolitas, die in Konkurrenz zu den Sternen stehen; eine Aussage, die erneut um die Vieldeutigkeit der *lumina* herum konstruiert wird und so sowohl auf Sonne wie auf Mond anspielt.

Beide Epigramme nehmen Anleihen an einer Stelle aus dem vierten Buch der ‚Metamorphosen' des Ovid, in der die Nymphe Leuconoë die Geschichte von Mars und Venus erzählt, deren ehebrecherisches Verhältnis von der Sonne entdeckt wird. Als Rache entflammt Venus den Sonnengott mit Liebe zur Göttin Leukothea, woraufhin die Sonne ihre Farbe verliert:

> Manchmal fehlst du [Sonne] ganz, und das Siechtum deines Gemütes | Dringt in das Licht, und dunkel erschreckst du der Sterblichen Seelen. | Auch nicht stehest du bleich, weil näher der Erde des Mondes | Bild dir sperrte den Weg: es entfärbt dich also die Liebe.[67]

Schon der von Ovid dargestellte Kontext macht klar, dass es nicht um eine gewöhnliche Sonnenfinsternis geht. Nach allem, was wir über die blaue Sonne und ihren Effekt wissen, scheint das Ovid-Zitat also sehr bewusst und passend gewählt, nicht nur um den Schreibanlass im Herbst 1465 in klaren Anklängen an einen höchstrangigen klassischen Autor wiedergeben zu können, sondern auch um eine Analogie zur Beobachtung aufzuzeigen: eine Entfärbung der Sonne ohne Sonnenfinsternis.

Auf die beiden Epigramme folgen in der Sammelhandschrift des Vatikan zwei weitere Stücke, die wiederum in klassischen Bezügen eine ‚zweite Sonnenfinsternis' am Hochzeitstag, dem 19. September, thematisieren.[68] Auch hier wird also in der Datierung zwischen zwei optischen Phänomenen unterschieden, die zumindest der Schreiber des Manuskripts beide als Sonnenfinsternis versteht.[69] Es sollte betont werden, dass die beiden Verfasser der Epigramme durch ihre explizite Ovid-Referenz hier aber unterscheiden zwischen der Ver- und Entfärbung am 14. September und der Sonnenfinsternis fünf Tage später. Diese relativ dichte Abfolge kurzer Gedichtformen mit thematischem Bezug auf die beiden Ereignisse hat die philologische Forschung als Wettbewerbssituation der beiden Dichter gedeutet, die auch zu anderer Gelegenheit konkurrierten; die beiden Humanisten waren über Jahrzehnte geradezu verfeindet.[70] Wir aber sollten festhalten, dass

---

67 Ovid: Metamorphosen 4, S. 114.

68 *In secunda eclypsi in Septembri 1466 quando facta est ostentatio iocalium eiusdem Hippolitae, quorum magnificientia et copia tanta fuit.* Coppini 1985, S. 340.

69 Worauf bereits Coppini 1985, S. 340–350, hinweist.

70 Vgl. ebd., S. 355–373.

der Ovid-Bezug den beiden Dichtern ermöglichte, die blaue Sonne als distinktes Phänomen zu erfassen und zugunsten der künftigen Herrscherin auszulegen; hierin ähnelt ihre Deutung der späteren Umdeutung durch Loyse de Rosa.

5 Fazit

Ein ungewöhnliches und seltenes optisches Phänomen in der Atmosphäre, das die Zeitgenossen einerseits in (astro-)meteorologischen, religiösen und herrschaftslegitimierenden Kontexten interpretierten und das sie andererseits überforderte und ratlos zurückließ, illustriert also genau die Verschränkung von Deutungsebenen mittelalterlicher Meteorologie, nach denen das Themenheft fragt. Das Phänomen der blauen Sonne ist keines, das nur klimageschichtlich von Interesse ist, auch wenn eine vulkanische Doppeleruption ebenso für die kälteste Phase des 15. Jahrhunderts, die 1450er und 1460er Jahre, verantwortlich gewesen sein könnte wie für die optischen Phänomene. Gerade weil die sich verfärbende Sonne so selten war und keine Verankerung in astronomischem oder astrologischem Wissen aus Bibel und Antike fand, stellte es die Beobachter vor besondere Herausforderungen: Sonnenfinsternisse ließen sich berechnen und erschreckten keinen gebildeten Zuschauer. Mit der blauen Sonne von 1465 aber lag ein beispielloses Ereignis vor, das von sehr vielen Zeitgenossen im spätmittelalterlichen Europa gesehen und von einem knappen Dutzend auch schriftlich festgehalten wurde. An diesem Ereignis versagten religiöse und astronomische Erklärungen für bekannte Himmelsphänomene, die in aller Regel negativ konnotiert waren. Diese Ratlosigkeit führte zu einer Verschränkung von empirischer Beobachtung und allegorisch-panegyrischen Deutungen: so in der positiv-religiösen Deutung des Loyse de Rosa, der in der Blaufärbung der Sonne gerade aufgrund ihrer Unvergleichbarkeit eine Auszeichnung der jungen Fürstin durch Gott sah; und ebenso in der Einbettung in Diskurse der humanistischen Antikenrezeption, die zwei Dichter bei Ovid die Worte finden ließen, die halfen, das Beobachtete zu verorten und in einen Lobpreis der Ippolita Maria Sforza umzudeuten. Eine herkömmliche Dichotomie von religiöser Wahrnehmung und wissenschaftlich-naturphilosophischer Erklärung wird aufgehoben durch einen humanistischen Interpretationsraum antiker Mythologie, der mit Panegyrik verbunden wird.

Das Konkurrenzverhältnis des Panormita und des Porcelio Pandoni am Hof von Neapel befeuerte eine Adaption klassischer Vorlagen mit zielgenauen Zitaten aus Ovids ‚Metamorphosen', die den textlichen Bezugspunkt bildeten, um ein ansonsten nicht einzuordnendes Phänomen neu und positiv zu erklären. Humanistische Rückbezüge auf die antike Mythologie, aber auch eine Umdeutung prominenter Bibelstellen ermöglichte eine sinnstiftende Deutung der verfärbten Sonne, für die es keine anderen Bezugspunkte in der Überlieferung gab. Der Einzug der jungen Mailänder Braut in Neapel wurde, im Deutungsangebot der Humanisten und des Höflings de Rosa, nicht von einem unheilvollen Vorzeichen der blauen Sonne überschattet, sondern diese schien schwach über dem Triumphzug der schönen Fürstentochter, vor der sogar die Gestirne ihre Augen niederschlugen und Gott selbst zu ungewöhnlichsten Zeichen griff – eine Deutung, mit der Ippolita Maria Sforza sicher gut leben konnte.[71]

Literaturverzeichnis

Quellen

Angelo de Tummulillis: Notabilia temporum. Hrsg. v. Costantino Corvisieri. Livorno 1890.

Chronicon Brunsvicensium Picturatum dialecto saxonica conscriptum. In: Scriptorum Brunsvicensia illustrantium. Hrsg. v. Gottfried Wilhelm Leibniz. Bd. 3. Hannover 1711, S. 277–425.

Giulano Passero: Giornali del regno di Napoli. Hrsg. v. Vincenzo Maria Altobelli. Neapel 1785.

Habets, Jos (Hg.): Chronijck der Landen van Overmaas en der anngrenzende gewesten door eenen inwoner van Beek bij Maastricht (Publications de la Société Historique et Archéologique dans le Limbourg 7). Roermond 1870.

Ippolita Maria Sforza: Duchess and Hostage in Renaissance Naples. Letters and Orations. Hrsg. v. Diana Robin u. Lynn Tara Westwater. Toronto u. a. 2017.

Ippolita Maria Sforza: Lettere. Hrsg. v. M. Serana Castaldo (Gli arsili. Rari, inediti, bizarri, 6). Alessandria 2004.

Kritobulos von Imbros: Mehmet II. erobert Konstantinopel. Die ersten Regierungsjahre des Sultans Mehmet Fatih, des Eroberers von Konstantinopel 1453. Das Geschichtswerk des Kritobulos von Imbros. Übers., eingel. u. erklärt v. Diether Roderich Reinsch (Byzantinische Geschichtsschreiber 17). Graz, Wien, Köln 1986.

Lamprecht, Karl (Hg.): Die Chroniken der westfälischen und niederrheinischen Städte. Bd. 3: Soest und Duisburg (Die Chroniken der deutschen Städte 24). Leipzig 1895.

Levi, Guido (Hg.): Diario nepesino di Antonio Lotieri de Pisano (1459–1468). In: Archivio della Società Romana di storia patria (1884), S. 115–182.

Lisini, Alessandro: Le feste fatte in Napoli nel 1465 per il matrimonio de Ippolita Sforza Visconti con Alfonso, duca di Calabria. Da lettere del tempo. Siena 1898.

Loyse de Rosa: Cronache dei tempi miei. Donne, prodigi e malattie di Napoli. Hrsg. v. Virgilio Iandiorio. Bd. IV: Traduzione e testo. Avellino 2022.

Mazzatini, Giuseppe (Hg.): Cronaca di Ser Guerriero da Gubbio dall' anno MCCCL

71 Dieser Beitrag basiert zu großen Teilen auf Forschungen, die ich in meiner Zeit am 'Deutschen Historischen Institut' in Rom (2013–2016) begonnen habe. Dem scheidenden Direktor des DHIR, Prof. Dr. Martin Baumeister, dessen große, interepochale Offenheit für umwelthistorische Forschungen zum Mittelalter ich sehr geschätzt habe und dessen Unterstützung ich viel verdanke, sei der Artikel gewidmet.

all' anno MCCCCLXXII (Rerum Italicarum Scriptores 21, 4). Città di Castello 1903.

Melchiorre Ferraiolo: Una Cronaca Napoletana figurata del Quattrocento. Hrsg. v. Riccardo Filangieri. Neapel 1956.

Notar Giacomo Della Morte: Cronica di Napoli. Hrsg. v. Paolo Garzilli. Neapel 1845.

Ovid: Metamorphosen. Übers. v. Reinhart Suchier. 8. Aufl. Berlin 1914.

Soranzo, Giovanni (Hg.): Cronaca di Anonimo Veronese 1446–1488 (Monumenti storici pubbl. d. R. Deputazione Veneta di Storia Patria. 3. Reihe 4). Venedig 1915.

Sorbelli, Albano (Hg.): Corpus Chronicorum Bononiensium. 4 Bde. (Rerum Italicarum Scriptores 18, 1–4). Città di Castello 1938–1940.

Stefano Infessura: Diario della città di Roma. Hrsg. v. Oreste Tommassini (Fonti per la Storia d'Italia 5). Rom 1890.

Vatikanstadt, Biblioteca Apostolica Vaticana, Ms. Vat. Lat. 1670.

Vatikanstadt, Biblioteca Apostolica Vaticana, Ms. Vat. Lat. 3374.

Wolff, Sandra (Hg.): Die „Konstanzer Chronik" Gebhart Dachers: „By des Byschoffs zyten volgiengen disz nachgeschriben ding vnd sachen ...". Codex Sangallensis 646: Edition und Kommentar. Ostfildern 2008.

Forschungsliteratur

Bauch, Martin: The Day the Sun Turned Blue. A Volcanic Eruption in the Early 1460s and Its Possible Climatic Impact. A Natural Disaster Perceived Globally in the Late Middle Ages? In: Gerrit Jasper Schenk (Hg.): Historical Disaster Experiences. Towards a Comparative and Transcultural History of Disasters across Asia and Europe (Transcultural Research – Heidelberg Studies on Asia and Europe in a Global Context). Heidelberg 2017, S. 107–138.

Bauch, Martin: 'Why, Sad Sun, Do You Deny the Rays?'. The Blue Sun over Europe in September 1465 as an Atmospherical and Cultural-Historical Phenomenon. In: Mittelalter. Interdisziplinäre Forschung und Rezeptionsgeschichte, 29. Juni 2023. https://doi.org/10.58079/rhbu (Zugriff: 02.01.2024).

Bryce, Judith: Between Friends? Two Letters of Ippolita Sforza to Lorenzo de' Medici. In: Renaissance Studies 21 (2007), S. 340–365.

Cappelli, Guido: Pandone, Porcelio. In: Dizionario Biografico degli Italiani, Bd. 80 (2014). https://www.treccani.it/enciclopedia/porcelio-pandone_%28Dizionario-Biografico%29/ (Zugriff: 02.01.2024).

Coppini, Donatella: Un «eclisse, una duchessa, due poeti». In: Alessandro Perosa (Hg.): Tradizione classica e letteratura umanistica. Bd. 1 (Humanistica 3, 4). Rom 1985, S. 343–373.

Espenak, Fred u. Jean Meeus: Five Millennium Catalog of Solar Eclipses. -1999 to +3000 (NASA/TP-2009–214172). Greenbelt – NASA Goddard Space Flight Center 2009. https://eclipse.gsfc.nasa.gov/SEcat5/SE1401-1500.html (Zugriff: 15.06.2023).

Esper, Jan, Ulf Büntgen, Claudia Hartl u. a.: Northern Hemisphere Temperature Anomalies during the 1450s Period of Ambiguous Volcanic Forcing. In: Bulletin of Vulcanology 79 (2017), S. 1–9.

Guillet, Sébastien, Christophe Corona, Clive Oppenheimer u. a.: Lunar Eclipses Illuminate Timing and Climate Impact of Medieval Volcanism. In: Nature 616 (2023), S. 90–95.

Jenne, Werner: Das Phänomen „Blaue Sonne". In: Tellus 3 (1951), S. 129–134.

Kleemann, Katrin: A Mist Connection. An Environmental History of the Laki Eruption of 1783 and Its Legacy. Berlin 2023.

Mele, Veronica: La creazione di una figura politica. L'entrata in Napoli di Ippolita Maria Sforza Visconti d'Aragona, duchessa di Calabria. In: Quaderni d'italianistica 33/2 (2012), S. 23–72.

Mele, Veronica: La corte di Ippolita Sforza, Duchessa di Calabria, nelle corrispondenze diplomatiche tra Napoli e Milano. In: Mélanges de la Casa de Velázquez 45/2 (2015), S. 125–141.

Raponi, Nicola: Antonio da Trezzo. In: Dizionario Biografico degli Italiani, Bd. 3 (1961). https://www.treccani.it/enciclopedia/antonio-da-trezzo_(Dizionario-Biografico)/ (Zugriff: 02.01.2024).

Resta, Giovanni: Beccadelli, Antonio, detto il Panormita. In: Dizionario Biografico degli Italiani, Bd. 7 (1970). https://www.treccani.it/enciclopedia/beccadelli-antonio-detto-il-panormita_%28Dizionario-Biografico%29/ (Zugriff: 02.01.2024).

Russo, Alessio: Tummulillis, Angelo de. In: Dizionario Biografico degli Italiani, Bd. 97 (2020). https://www.treccani.it/enciclopedia/angelo-de-tummulillis_%28Dizionario-Biografico%29/ (Zugriff: 02.01.2024).

Senatore, Francesco: Fonti documentarie e costruzione della notizia nelle cronache cittadine dell'Italia meridionale (secoli XV–XVI). In: Bullettino dell'Istituto Storico Italiano per il Medioevo 116 (2014), S. 279–333.

Sigl, Michael, Joseph R. McConnell, Lawrence Layman u. a.: A New Bipolar Ice Core Record of Volcanism from WAIS Divide and NEEM and Implications for Climate Forcing of the Last 2000 Years. In: Journal of Geophysical Research: Atmospheres 118 (2013), S. 1151–1169.

Symons, George James (Hg.): The Eruption of Krakatoa and Subsequent Phenomena. London 1888.

Varanini, Gian Maria: La tradizione manoscritta del Chronicon veronense nella seconda metà del Quattrocento e il contesto politico-culturale veronese. In: Renzo Vaccari (Hg.): Il Chronicon veronese di Paride da Cerea e dei suoi continuatori. Verona 2014, S. III–XX.

Welch, Evelyn Samuels: Ippolita Maria Sforza, duchessa di Calabria. In: David Abulafia (Hg.): La discesa di Carlo VIII in Italia (1494–1495). Premesse e conseguenze. Neapel 2005, S. 129–137.

Wood, Jeryldene M.: Ippolita Maria Sforza. The Renaissance Princess Who Linked Milan and Naples. Jefferson NC 2020.

Wullenweber, Nellie, Anna Lange, Alexei Rozanov u. a.: On the Phenomenon of the Blue Sun. In: Climate of the Past 17 (2020), S. 969–983.

Salvatore Martinelli

Die Geheimnisse der Meteorologie erhellen
Antonino Salibas ‚Nuova Figura' als Wetterkartierung

Abstract This paper analyzes the meteorological knowledge in Antonino Saliba's 'Nuova Figura', a universal map dedicated to the Viceroy of Sicily in 1582. Saliba, a polymath from Malta, encapsulated his knowledge in a single sheet, reconstructing the entirety of creation through paradigmatic explanations of meteorology. The paper argues that Saliba's map employs the trinity of *umbra, figura,* and *veritas* as a guiding principle for revealing divine wisdom. This study aims to scrutinize the forms and functions of knowledge presentation in the 'Nuova Figura' through textual and visual analysis combined with approaches from medieval cartography and diagrammatic research. Saliba's explanatory model is examined to evaluate traditional, established, and innovative weather knowledge, both explicitly and implicitly referenced. The study ultimately explores Saliba's use of the *umbra-figura-veritas* scheme as a key element in unveiling meteorological secrets.

Keywords Antonino Saliba; Diagrams; Exegetical Tradition; 16th-Century Maps; Meteorology

Kontakt

Salvatore Martinelli,
salvatore.martinelli@mail.com

Salvatore Martinelli: Die Geheimnisse der Meteorologie erhellen. Antonino Salibas ‚Nuova Figura' als Wetterkartierung. In: Das Mittelalter 2024, 29(1), 165–187. Heidelberg: Heidelberg University Publishing.
DOI: https://doi.org/10.17885/heiup.mial.2024.1.24965

1 Einleitung

Die Faszination für das Wunder der Himmelsphänomene überdauerte als zeitloses und wirkmächtiges Gefühl die Jahrhunderte. Im ausgehenden Mittelalter beschäftigten sich zahlreiche Akteure und Institutionen theoretisch wie praktisch mit meteorologischen Studien, darunter auch der nahezu vergessene maltesische Universalgelehrte Antonino Saliba, dessen Leidenschaft der Wetterkunde galt.[1] Saliba war in der zweiten Hälfte des 16. Jahrhunderts tätig, seine exakten Lebensdaten sind jedoch unbekannt. Er selbst bezeichnete sich als *Magnifico Antonino Saliba Maltese dal Gozo* mit Doktortiteln in Theologie, Kirchenrecht und Zivilrecht.[2] Zudem erwähnte er seine Tätigkeit als Zehntbeauftragter (*comessario delle Decime*) von Malta in Kalabrien und den Abruzzen im Jahr 1572.[3]

Saliba galt zeitlebens als exzellenter Mathematiker und Astronom, doch fand er besondere Anerkennung für seine Kenntnisse im Feld der Meteorologie.[4] Diese Expertise wird durch sein von Zeitgenossen hochgelobtes Traktat ‚Opera Meteorologica' untermauert, welches heute als verschollen gilt. Der maltesische Autor Antonio SCHEMBRI erwähnt in ‚Selva di autori e traduttori maltesi' 1855, dass Saliba dieses Traktat dem Großmeister des Malteserordens Hugues Loubenx de Verdale (1531–1595) gewidmet habe.[5] Darüber hinaus sind keine weiteren Werke Salibas überliefert. Die 1582 in Neapel gefertigte ‚Nuova Figura' (Abb. 1) verkörpert somit das einzige überlieferte Zeugnis seines Schaffens.

Dieses Werk lässt sich einführend als Karte-Diagram-Hybrid, in Form einer *rota* mit konzentrischen Kreissegmenten, charakterisieren. Es stellt die Welt systematisch in ihrer Zusammensetzung aus den vier Elementen dar, visualisiert geographisch die Kontinente wie auch Ozeane und zeigt die Entstehungsprozesse von Wetterphänomenen durch diagrammatische Mittel auf. Die Abbildung umfasst die Unterwelt im Zentrum, die von Land- und Meeresoberfläche umgeben ist sowie von drei Luftschichten und der Feuersphäre. In den Bildecken finden sich Sonne und Mond in doppelter Ausführung. Erläuternde Textkolonnen flankieren die Darstellung rechts und links.

1 Vgl. Martinelli 2022.

2 Saliba: Nuova Figura: *magnifico Antonino Saliba Maltese dal Gozo, dottore in filosofia, teologia et in legge canonica e civile.* Der Autor bezeichnet sich selbst in der Überschrift seiner ‚Nuova Figura' als Antonino Saliba der Prächtige (Ehrentitel), Malteser aus Gozo, Doktor der Philosophie, der Theologie und des Kirchen- und Zivilrechts.

3 Ebd.: *essendo io comessario delle Decime per Malta nostra patria nel 72, in Calavria et in Abruzzo.*

4 Vgl. Ganado 2011, S. 10–15.

5 Vgl. Schembri 1855, S. 66.

Abb. 1 | Antonino Saliba: Nuova Figura (1582). Herzog August Bibliothek Wolfenbüttel, Sig. K 3, 6. https://historische-karten.gbv.de/wp-content/uploads/2022/04/Abbildung_2_Gesamtbild_k-3-6.jpg (Zugriff: 04.03.2024). CC BY-SA 4.0.

Saliba erhebt mit seiner ‚Nuova Figura' den Anspruch, die Mechanismen von Gottes Weltmaschine (*machina del mondo*) sicht- und erklärbar zu machen. Zum Entstehungskontext der Karte ist bekannt, dass sie als Schenkung für Vizekönig Marcantonio II. Colonna (1535–1584) zu Ehren seines Triumphs in der Seeschlacht von Lepanto angefertigt wurde.[6] Dies geht aus dem Widmungsschreiben hervor, das in die ‚Nuova Figura' integriert ist. Saliba würdigt darin Colonnas Sieg und betont zugleich, er wolle ihm die Essenz seiner langjährigen meteorologischen Studien als kleines Geschenk präsentieren.[7] Da Colonna 1582 die Verteidigungsanlagen Maltas inspizierte[8] und dabei von Verdalle,[9] der im selben Jahr zum Großmeister des Malteserordens gewählt worden war, ehrenvoll empfangen wurde, ist Salibas Karte vermutlich eine Schenkung im Auftrag des Ordens.

6 Vgl. Wenderholm 2014, S. 120–122.

7 Saliba: Nuova Figura: *segnalata vittoria, con il suo gran volere, et presenza la cristianità tutta* [...], *ed insieme a presentargli questo picciolo dono delle cose Meteorologiche, primitie de i mei lungi studia.*

8 Vgl. Militello u. Militello 2008, S. 60–64.

9 Vgl. Lucca 2012, S. 241–243.

Zwar wird die ‚Nuova Figura' gelegentlich als Beispiel für die Visualisierung von Sujets wie Unterwelt, Naturphänomenen und Meteorologie erwähnt, doch ist die inhaltliche Vielschichtigkeit des Werkes noch nicht wissenschaftlich erschlossen. Gerade dies macht sie zu einem gleichermaßen interessanten wie anspruchsvollen Forschungsgegenstand. Salibas Karte fand nicht zuletzt wegen ihrer Komplexität und Farbenpracht in verschiedenen Kontexten Beachtung, so auch in der Wolfenbütteler Ausstellung ‚Über Unterwelten. Zeichen und Magie des anderen Raumes'.[10] Ebenso wurden bestimmte inhaltliche Aspekte bereits selektiv betrachtet, wie etwa die Bezüge zur mittelalterlichen Kosmologie und christlichen Heilsgeschichte, oder die Charakterisierung als Weltbild und enzyklopädische Universalkarte; dies geschah zumeist nur auf ein bis zwei Seiten, ohne inhaltlich weiter ins Detail zu gehen.[11] Albert Ganado fasste die fragmentarischen Informationen zu Salibas Biographie anschaulich zusammen.[12] Demgegenüber ist die ‚Nuova Figura' als Gesamtwerk – wie auch ihre modifizierten Kopien aus Belgien, Frankreich und den Niederlanden – noch weitgehend unerforscht. Es existiert eine Vielzahl offener Fragen, wie etwa zur Bild-Text-Relation, Verwendung, Zielgruppe und zum historischen Kontext, deren Klärung in meinem laufenden Dissertationsprojekt anvisiert ist.

Die Überlieferung des Werkes lässt sich bis Anfang des 18. Jahrhunderts in modifizierten Neuauflagen rekonstruieren. Es existieren lateinische, niederländische und französische Fassungen, aber keine italienischen Nachdrucke der ‚Nuova Figura'. Acht Kopisten fertigten nachweislich veränderte Versionen des Werkes an. Die erste dieser Versionen erstellte Cornelis de Jode 1595 in Antwerpen.[13] Sie diente den nachfolgenden sieben Rezipienten als Vorlage, die hier mit Erscheinungsjahr und -ort ihrer Neuauflage aufgeführt sind: Paul de la Houve (Paris 1600),[14] Jean Boisseau (Paris 1638),[15] Jean Messager (Paris 1640),[16] Pierre Mariette

10 Vgl. Schinkel 2014, S. 133–135.

11 Vgl. Johnson 2018, S. 10; Friggierie 2016, S. 460; Suarez 2012, S. 34–37; Heitzmann 2006; Cosgrove 2007, S. 85–89; Carvalho 2006, S. 73; King 1996, S. 35; Whitfield 1994, S. 70 f.; Heitzer 2000, S. 449; Wallis u. Robinson 1987, S. 68.

12 Vgl. Ganado 2011, S. 10–15.

13 Jode: Nova Accuratisimaq Elementator Distintio. Besagte Karte und Titel sind nahezu unbekannt und schwer zu finden. Das einzige auffindbare Exemplar befindet sich in den Kunstsammlungen der Veste Coburg. Dieses Exemplar ist aber in der Forschung zu Cornelis de Jode und seiner Familiendynastie bereits erwähnt; vgl. hierzu Coelen u. Leesberg 2018, S. lxvii.

14 Cornelis de Jode: Map of the Cosmos. In: KBR: General catalog. https://opac.kbr.be/LIBRARY/doc/SYRACUSE/21465272; Digitalisat: https://uurl.kbr.be/1944019 (Zugriff: 02.04.2024).

15 Région élémentaire ou sublunaire qui comprend les corps simples… et les corps mixtes… Bibliothèque nationale de France, Département Cartes et plans, GE D-12758. 25.10.2012. https://gallica.bnf.fr/ark:/12148/btv1b8491375m/f1.item.zoom (Zugriff: 02.04.2024).

16 Antonino Saliba: Nova accuratissimaque clementorrum distinctio. Bibliothèque nationale de France, Alb. Kochno Astuces Féminine 2. 12.07.2010. https://gallica.bnf.fr/ark:/12148/btv1b7003235q/f5.item (Zugriff: 02.04.2024).

(Paris 1650),[17] Gerard Jollain (Paris 1681),[18] Grégoire Mariette (Paris 1696)[19] und Ambrosius Schevenhuyse (Haarlem 1705).[20] Das in der Herzog August Bibliothek in Wolfenbüttel befindliche Original hat als Unikat und Hommage an Colonna eine besondere Signifikanz, weshalb es hier bewusst als Studienobjekt dient und nicht eine der Neuauflagen.

Saliba beschreitet mit seinem Werk sowohl inhaltlich als auch in der Präsentationsform einen bemerkenswerten Weg. Die Wetterphänomene werden von ihm als verborgene Geheimnisse (*occulti segreti*) thematisiert und sollen durch seine ‚Nuova Figura' eine Erklärung (*dichiarazione*) erfahren.[21] Hierin zeigt sich eine bildhafte und rhetorische Anlehnung an das exegetische Deutungsschema von Schatten (*umbra*), Gestalt (*figura*) und Wahrheit (*veritas*). Dieses Schema ist bei Saliba vor allem auf Platon und das neuplatonische Denken seiner Zeit sowie auf Augustinus von Hippo (gest. 430) und Thomas von Aquin (gest. 1274) zurückzuführen, wie aus der inhaltlichen Textanalyse seiner ‚Nuova Figura' hervorgeht. Dieser Umstand wurde in der Forschung zu Salibas Werk bislang noch nicht berücksichtigt. Mit der These, dass diese Trias dem Malteser als Leitprinzip diente, gilt es herauszuarbeiten, wie sein Bild-Text-Medium im meteorologischen Kontext als Vermittler zwischen verborgenem Wissen und Erleuchtung fungiert. Ziel dieser Analyse ist es, Salibas Ansatz als exemplarisch für die Verschränkung des Sichtbaren und Unsichtbaren im Denken seiner Zeit zu erörtern.

Diese philosophie- und theologiegeschichtlich ausgerichtete Studie bedient sich methodischer Ansätze der text- und bildanalytischen Quellenarbeit, kombiniert mit Zugängen aus Kartographie- und Diagrammatikforschung. Mit Fokus auf dem meteorologischen Gehalt der Universalkarte gilt es erstens die Wissenspräsentation in der ‚Nuova Figura' zu skizzieren. Da Salibas im Medium fixiertes

---

17 Antonino Saliba: Nova accuratissimaque clementorrum distinctio. Bibliothèque nationale de France, Département Cartes et plans, GE B-2063. 18.07.2021. https://gallica.bnf.fr/ark:/12148/btv1b53224040d/f1.item.zoom (Zugriff: 02.04.2024).

18 Cornelis de Jode / Gerard Jollain: Nova Accuratissimaq Elementor Distinctio. Ab Antonio Saliba Maltensi dita lice Conscripta, nunc Aultis Autem Multis in Locis Castigata Atq Latine Versa per Corn De Judaeis... https://www.raremaps.com/gallery/detail/12017/nova-accuratissimaq-elementor-distinctio-ab-antonio-saliba-m-de-jode-jollain (Zugriff: 09.05.2024).

19 Grégoire Mariette: Région élémentaire ou sublunaire. Bibliothèque nationale de France, Département Cartes et plans, GE D-12764. 02.05.2016. https://gallica.bnf.fr/ark:/12148/btv1b84912684 (Zugriff: 02.04.2024).

20 Antonino Saliba et al.: Veritable Representation des Premieres Matieres ou Elements. Det Kgl. Bibliotek: Katalogeintrag und Digitalisat. http://www5.kb.dk/maps/kortsa/2012/jul/kortatlas/object65390/en/ (Zugriff: 02.04.2024).

21 Saliba: Nuova Figura: *a beneficio universale di coloro che desiderano sapere li occulti segreti della natura colla sua dichiaratone.* Saliba konzipierte sein Werk „zum universellen Nutzen all jener, die die verborgenen Naturgeheimnisse erfahren wollen und ihre Erklärung anstreben." Alle Übersetzungen stammen vom Autor.

Wetterwissen zwischen Text, Kartographie und Diagrammatik oszilliert, ist das komplementäre Zusammenwirken dieser Werkaspekte darzulegen. Zweitens ist sein Wissensfundus auf inhaltlich-konzeptueller Ebene auf tradiertes, weiterentwickeltes und innovatives Wetterwissen zu überprüfen, um festzustellen, ob Saliba sich in eine bestimmte Denktradition einordnen lässt. Drittens soll in text- und bildanalytischem Vorgehen ergründet werden, inwiefern das Schema *umbra – figura – veritas* für die Erkenntnis meteorologischer Naturgeheimnisse zum Tragen kommt.

2 Wissenspräsentation in der ‚Nuova Figura'

Die folgende Analyse konzentriert sich auf die Funktion der ‚Nuova Figura' als Wetterkarte, wohlwissend, dass eine Fülle weiterer Themen in sie eingebettet ist. Zunächst ist die von Saliba gewählte Darstellungsform zu erörtern. Bereits der Werktitel betont seinen wissenserhellenden Anspruch, denn es präsentiert sich als „neuartige Darstellung aller Dinge, die innerhalb der Erde und ihrer Atmosphäre existieren und kontinuierlich erzeugt werden".[22]

Die Planisphäre mit den Maßen 547 × 564 mm ist von einem Rahmen von 810 × 564 mm umgeben, der einen italienischen Text mit etwa 7500 Wörtern enthält; etwa drei Viertel des Textes behandelt Himmelsphänomene. Wie rechts unten vermerkt ist, fertigte Mario Cartaro (1540–1620) in Neapel den Kupferstich an.[23] In bewusster Auseinandersetzung mit der Materialität[24] zeigt sich, dass die ‚Nuova Figura' als ein imponierendes und Wertschätzung zum Ausdruck bringendes Geschenk angefertigt wurde, denn es handelt sich um ein aufwendig handkoloriertes, druckgraphisches Erzeugnis, das aus kostspieligen Komponenten wie feiner handgeschöpfter Leinwand, langanhaltenden Farben, Muschelgold und Honigglasur besteht.

Für den Bildaufbau der ‚Nuova Figura' spielt die Kreisform eine bedeutsame Rolle. Wie auch in anderen *mappae mundi* des Mittelalters fungiert der Kreis in Salibas Weltbild als Symbol der göttlichen Ordnung (*ordo*),[25] die sowohl Materie, Raum und Zeit wie auch das Sichtbare und Unsichtbare beherrscht. Visualisiert ist nur der sublunare Bereich, wohingegen der Begleittext Zusatzinformationen über

---

22 Ebd.: *Nuova figura di tutte le cose che sono e del continuo si generano dentro la terra e sopra nell'aere.*

23 Ebd.: *Marius Cartarius Incidebat Neapoli Anno 1582*; vgl. Marino 1992, S. 12f.

24 Vgl. Schonhardt 2017.

25 Vgl. Englisch 2009, S. 93.

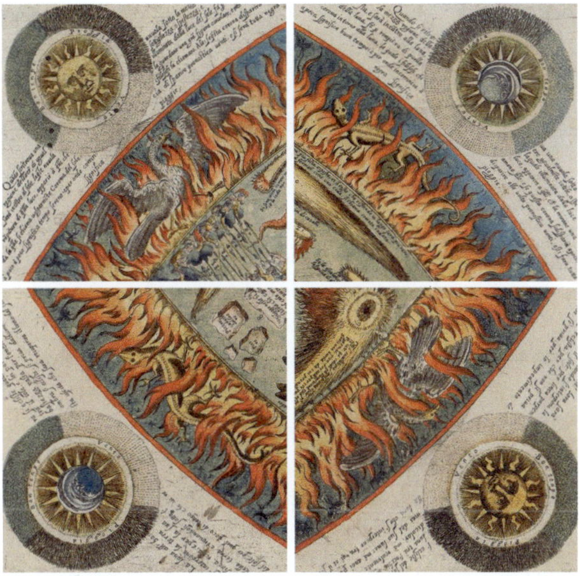

Abb. 2 | Gegenüberstellung der Sonnen und Monde in den Bildecken der ‚Nuova Figura'. Herzog August Bibliothek Wolfenbüttel, Sig. K 3, 6 [Ausschnitt]. CC BY-SA 4.0.

die translunaren Sphären liefert.[26] Die Grenzlinie des äußersten Kreises und das ihn umgebende Quadrat erzeugen vier weitere Flächen, bekannt als ‚Möndchen des Hippokrates'.[27] In ihnen sind sich diagonal gegenüberstehend Sonne und Mond dargestellt (Abb. 2), von je drei farblich differenzierten Feldern umgeben, die für gutes Wetter, Regen und Wind stehen.

In den oberen Ecken ist beschrieben, wie Beobachtungen der Sonnen- und Mondatmosphäre Wetterprognosen ermöglichen, wohingegen die unteren Ecken Informationen zur Sonnen- und Mondfinsternis bereitstellen. Zarte Linien unter den Himmelskörpern visualisieren die solaren Einflüsse auf die Atmosphäre. Diese Strahlung ist reflexionsartig in den Luftregionen wiederzufinden, um zu illustrieren, dass sie die Umwandlung und Vermischung der Elemente verursacht. Saliba schildert zudem, dass es die Sonnenhitze sei, die Wasserpartikel aus den Meeren aufsteigen lasse.[28] In Bild und Text behandelt er intensiv die Genese von Wetterphänomenen durch Bewegung, Vermischung und Temperaturänderung

26 Saliba: Nuova Figura: *questi Cieli non sono* [...] *né gravi né leggieri, non caldi, né freddi, e finalmente d' ogni Elementare impressione liberi, ma tutti sono lucidi, trasparenti e di bei lumi e stelle ornati.* Saliba beschreibt diesen kosmischen Bereich als weder schwer noch leicht, weder heiß noch kalt und schließlich frei von jeden elementaren Qualitäten. Er sei glänzend, durchsichtig und von Lichtern und Sternen wunderschön verziert.

27 Vgl. Gormans 2011, S. 87.

28 Saliba: Nuova Figura: *Per il caldo del Sole si levano in su le parti* [...] *dalla superficie del mare.*

zweier Gase: Ausdünstung (*essalatione*) und Wasserdampf (*vapore*).[29] Es zeigt sich abstrahierend, dass Saliba *vapore* in der meeresnahen Luftschicht für die feuchten Phänomene verantwortlich macht, während die höhergelegenen Feuerphänomene durch *essalatione* entstünden.

Der lineare Begleittext thematisiert zuerst die Weltbeschaffenheit sowie die Unterwelträume. Anschließend werden Fragen der Meteorologie in Relation zu den drei als konzentrische Kreissegmente visualisierten Luftregionen erörtert sowie die Wirkung der Sonne auf Land, Meer und Luft thematisiert.[30] In den Marginalien werden Ausdünstungen und Wasserdampf sowie feurige Himmelserscheinungen wie Sternschnuppen, Kometen, Feuerwagen und fliegende Drachen erwähnt. Diese sind neben alltäglichen Erscheinungen wie Wolken, Hagel und Schnee aufgeführt.

Auffallend ist, dass Saliba sich nicht nur ausführlich mit Kometensichtungen befasst, sondern diese auch als Teil der Meteorologie begreift. Er ordnet sie in Anlehnung an Aristoteles als atmosphärische Erscheinungen in den oberen Luftregionen ein und nicht etwa als kosmische Gebilde, eine Auffassung, die seinerzeit unter Gelehrten diskutiert wurde.[31] Die ‚Nuova Figura' zeigt achtzehn Kometen, die teils auf antike Quellen und historische Sichtungen zurückgehen. Saliba behandelt diese sowohl in ihrer physischen Natur als auch in ihrer historisch-eschatologischen Interpretation. Neben traditionellen Kometentypen, wie *crinita* und *barbata*,[32] führt er weitere Formen auf, darunter messer-, sensen-, schwert- und speerförmige Kometen. Er beschreibt ebenso Kometen mit menschenähnlicher oder säulenartiger Gestalt sowie solche, die als Feuerwagen oder Drache erscheinen oder eine blutrote Farbe aufweisen können.[33] Einige von ihnen blieben zudem über längere Zeit hinweg sichtbar und begleiteten gravierende Ereignisse wie etwa Kriege, Tode wichtiger Persönlichkeiten und Naturkatastrophen.[34]

Es lässt sich an den Kometen eindrücklich nachweisen, dass die von Saliba gewählte Form der Wissenspräsentation eine enzyklopädische Struktur aufweist

---

29 Ebd.: *si levano del continuavo in su nell'aere dalla terra, dal Mare* [...] *due sorti o maniere di fumi; luna è detta vapore dai filosofi, e l'altra esalazione.* Laut Saliba steigen zwei Arten von Rauch von der Erde und dem Meer in die Luft auf, die von den Philosophen Wasserdampf und Ausdünstung genannt werden.

30 Ebd.: *Dell' Effetto che fa il sole nella terra, nel mare e nell aere.* Saliba widmet eine Passage der Wirkung der Sonne auf Land, Meer und Luft.

31 Vgl. Weichenhan 2004, S. 224–226.

32 Vgl. Gindhart 2006, S. 143.

33 Saliba: Nuova Figura: *esalazione è ma di tutte le impressione ignite, come sono Stelle volanti, Comete, Carri di fuoco, Draghi volati e simili.* Ausdünstungen bilden laut Saliba überwiegend Feuererscheinungen, wie fliegende Sterne, Kometen, Feuerwagen, fliegende Drachen und Ähnliches.

34 Ebd.: *Delle comete et altre simili impressioni ignite.* Der Absatz dazu im Begleittext trägt den Titel ‚Über Kometen und ähnliche feuerartige Erscheinungen'.

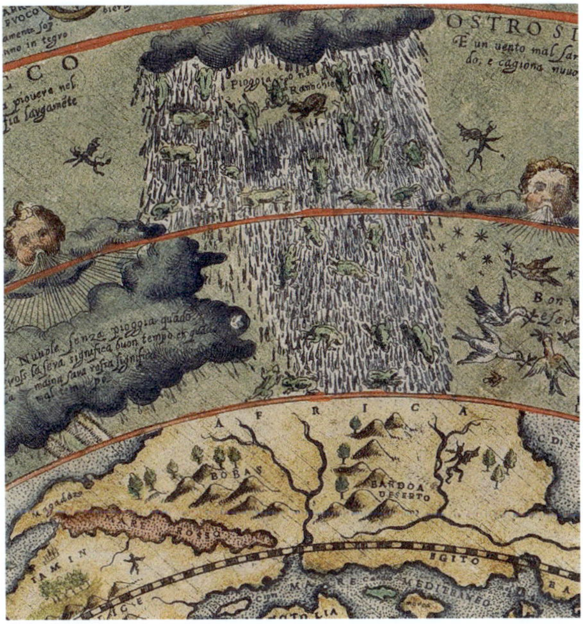

Abb. 3 | Bildsignatur des Froschregens in der ‚Nuova Figura'. Herzog August Bibliothek Wolfenbüttel, Sig. K 3, 6 [Ausschnitt]. CC BY-SA 4.0.

und „Funktionen wie Speichern, Ordnen und Übertragen"[35] ermöglicht. Dies zeigt sich darin, dass seine Kometographie ergänzende Orientierungshilfen bietet, die sich im graphisch-textuellen Zusammenspiel mithilfe von numerischen Verweisen, Marginalien, Überschriften sowie Bild- und Textsignaturen entfalten. Durch abstrakte, doch naturnahe Form- und Farbgebung werden die verschiedenen Phänomene und ihre Entstehungsprozesse nachvollziehbar gemacht.

Für ein tieferes Verständnis der ‚Nuova Figura' als Karte-Diagramm-Hybrid und ihrer Fähigkeit, einen lehrreichen narrativen Raum zu schaffen, bietet es sich an, die Bildsignaturen des Froschregens (*pioggia con ranochie*) und Regenbogens (*l'arco celeste*) als Analysebeispiele zu betrachten. Am Froschregen lässt sich exemplarisch Salibas Art der kartographischen Verortung von Wettererscheinungen aufzeigen. In Abbildung 3 strömen Frösche als Teil des Platzregens aus einer Wolke an der oberen Grenze der zweiten Luftregion. Der Froschregen ist von den Winden *Sirroco* und *Ostro Sirroco* flankiert, womit er nach dem Windrosenprinzip auf Südost zu verorten ist. Die Winde werden von zwei schwarzen Dämonenfiguren begleitet, die laut Saliba auf Geheiß Gottes das Wetter beeinflussen und die er als *spiriti aeri* bezeichnet. Gemeint ist damit eine Art von Elementargeist, der in naturphilosophischen

35 Baumgärtner 2017, S. 68.

Abhandlungen des 16. Jahrhunderts mehrfach Erwähnung findet.[36] Der Froschregen ist über Afrika lokalisiert und ergießt sich somit auch über Ägypten. Durch ebendiese kartographische Position kann der Froschregen als Motiv aus dem Buch Exodus aufgefasst werden, als zweite von zehn Plagen, die über Ägypten kamen.[37]

In christlichen Narrativen haben Frösche oftmals eine bestrafende Funktion und symbolisieren göttlichen Unmut über menschliche Sünde. So wurden im Mittelalter Pestberichte oft mit Regenschauern voller Frösche verknüpft, da man mit ihnen Unheil, Blasphemie und unreine Geister assoziierte.[38] Zeitgenossen Salibas erklärten extreme Wetterphänomene wie Froschregen als Kombination aus natürlichen Ursachen und planetaren Einflüssen.[39]

Saliba schildert aber interessanterweise zwei für ihn plausible Entstehungsursachen:

> *Alcuni dicono che le ranocchie si generanno qui giù, subito che la goccia d'acqua cade in terra, e ritrovando la polvere ben disposta per virtù di Pianeti, riceve la forma di sì fatti Animaletti* [...]. *Altri dicono che detti animalucci sono presi da terra in aria, di poi discendono in terra con la pioggia.*[40]

Indem er den Froschregen visualisiert, kartographisch verortet und auch natürliche Ursachen dafür diskutiert, folgt er der im Italien seiner Zeit zunehmenden Tendenz, wundersame Wetterphänomene zu rationalisieren und zu naturalisieren.[41] Jedoch ist zu beachten, dass Salibas Darstellungsweise eine biblische Deutung und das göttliche Wirken in der Natur keineswegs ausschließt, sondern kartographisch diese Assoziation bewusst anzuregen scheint.

Als zweites Beispiel, das stärker die Diagrammfunktion der ‚Nuova Figura' verdeutlicht, dient der *arco celeste* (Abb. 4). Der Tripelregenbogen ist im Osten in der unteren und mittleren Luftschicht situiert. Er ist graphisch durch gestrichelte und gepunktete Linien gekennzeichnet. Der Universalgelehrte Saliba nutzt

36 Zu den Elementargeistern vgl. Petzoldt 2003.

37 „Und der Herr sprach zu Mose: Sage zu Aaron: Strecke deine Hand mit deinem Stab aus über die Flüsse, über die Kanäle und über die Teiche, und lass die Frösche über das Land Ägypten kommen." Ex 8, 1.

38 Vgl. Smoller 2012, S. 171–173.

39 Vgl. Dal Prete 2022, S. 117–122.

40 Saliba: Nuova Figura. „Einige sagen, dass die Frösche hier unten entstehen, sobald der Wassertropfen auf die Erde fällt, und da sie den Staub durch die Planeten gut angeordnet finden, erhalten sie die Form solcher Tierchen [...]. Andere sagen, dass besagte Tierchen von der Erde in die Luft getragen werden und dann mit dem Regen auf die Erde herabsteigen."

41 Zur damaligen Tendenz der Rationalisierung und Naturalisierung wundersamer Naturphänomene vgl. Funkenstein 2018, S. 267–278.

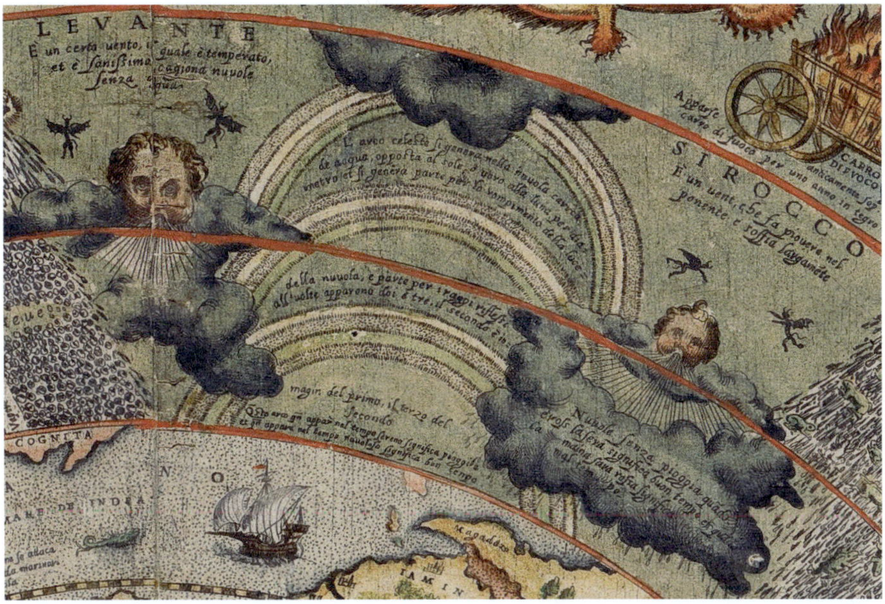

Abb. 4 | Bildsignatur des dreifachen Regenbogens in der ‚Nuova Figura'. Herzog August Bibliothek Wolfenbüttel, Sig, K 3, 6 [Ausschnitt]. CC BY-SA 4.0.

ähnliche diagrammatische Punkt-Linien-Arrangements auch,[42] um andere subtile Wetterprozesse sichtbar zu machen, wie etwa Nebel oder die Bewegung von Gasströmungen. Die Punktierung des Regenbogens zeigt seine Zusammensetzung aus Wasserteilchen, da das Meerwasser ebenfalls gepunktet ist. Dies bestätigt die begleitende Textsignatur zum Regenbogen, in der seine Entstehung als Brechung und Reflexion von Sonnen- oder Mondlicht in wasserbeladenen Wolken beschrieben ist.[43]

Das malerisch-magisch anmutende Regenbogenmotiv wird somit als etwas rational Nachvollziehbares thematisiert. Zusätzlich kommt der Beobachtung des Regenbogens auch eine wetterprognostische Funktion zu, wie der Textsignatur zu entnehmen ist, die ausführt, dass Regenbögen im Allgemeinen bei klarem Wetter Niederschlag verkünde, bei bewölktem Himmel strahlendes Wetter. Das Phänomen kehrt also die Ausgangsbedingungen um, erlaubt Rückschlüsse von der Wetter-Gegenwart auf die Wetter-Zukunft und vermag in diesem Sinne Unsichtbares sichtbar zu machen.

---

42 Vgl. Gremske 2019, S. 257–260.

43 Salibas Erklärung entspricht somit Aristoteles' Argument der Reflexion von Sonnenlicht in Wasserteilchen; vgl. Wilson 2013, S. 257f.

Der Tripelregenbogen ist gemeinsam mit den ihn umgebenden Bildsignaturen aber ebenso als theologisches Symbol der Hoffnung und göttlichen Trinität zu deuten. Die Konstellation mit Wolken und darunterliegendem Schiff erinnert an die Arche-Noah-Erzählung im Buch Genesis (Gen 9, 8–17), da Gott darin den Regenbogen als ‚Zeichen seines Bundes' mit allen Geschöpfen bezeichnet.[44] Der *arco celeste* ist in Salibas Werk somit ähnlich dualistisch wie der *pioggia con ranochie*, da beide sowohl als Naturphänomen wie auch als göttliches Wunder auftreten.

3 Antonino Salibas meteorologischer Wissensfundus

Salibas ‚Nuova Figura' ist ein Wissensspeicher, der verschiedene Aspekte des Wetters abdeckt und die aristotelische Lehre, mittelalterliche Weltauffassung, eigene Beobachtungen und zeitgenössische Einflüsse zu einem eigenen Erklärungsmodell verwebt. Seine Überlegungen zu den dynamischen Naturprozessen innerhalb der Weltmaschine umfassen unter anderem die Sonnenwärme (*caldo del Sole*), die Rotation der Himmelssphären (*moto di Cieli*) und die der Himmelskörper (*moto dei corpi celesti*).[45] Da Saliba die Prozesse, die sich in der Natur vollziehen, jedoch primär auf der Grundlage von Aristoteles' Vier-Elemente-Lehre erklärt,[46] nimmt dessen Gedankengut einen besonderen Stellenwert für seine Theorie ein: *L' uno si genera dall'altro, il moto di leggieri è insù e dei gravi ingiù, e per questa lor trasmutazione e moti dei Celi, si mantiene nello essere suo, questa gran Machina del Mondo.*[47] Derartige Erklärungsansätze waren nicht unüblich, denn zu seiner Zeit beriefen sich die Peripatetiker vorwiegend auf die Vier-Elemente-Lehre mit den grundlegenden Qualitäten – warm, kalt, trocken und feucht – aus Aristoteles' ‚Meteorologica' I, 3[48] und ‚De generatione et corruptione' II, 1–4.[49] Ihm zufolge ergeben diese physisch spürbaren Qualitäten auf verschiedene Weisen kombiniert

---

44 „Und Gott sprach: [...] Meinen Bogen setze ich in die Wolken; er soll das Zeichen des Bundes zwischen mir und der Erde werden." Gen. 9, 12 f.

45 Saliba: Nuova Figura: *dal moto dell'aria* [...] *per lo moto della Sfera del fuoco e de i corpi Celesti* [...] *moto di Cieli* [...] *il moto de Pianeti.* Saliba verwendet mehrfach den Bewegungsbegriff (*moto*), woran sein dynamisches Weltbild ersichtlich wird, in dem Bewegung für das Fortbestehen der Weltmaschine und die Erzeugung ihrer Phänomene sorgt.

46 Zur argumentativen Verwendung der Vier-Elemente-Lehre bei der Erklärung von Naturphänomenen vgl. Kintzinger 1994, S. 30–33.

47 Saliba: Nuova Figura. „Das eine wird durch das andere erzeugt, die Bewegung des Leichten ist nach oben und die des Schweren nach unten gerichtet, und durch diese ihre Transmutation und die Bewegungen der Himmel wird sie in ihrem Sein erhalten, diese große Weltmaschine"; vgl. hierzu auch Rinotas' Beitrag im gegenwärtigen Heft.

48 Aristoteles: Meteorologie I, 3, 340b14–29, S. 13.

49 Aristoteles: Über Werden und Vergehen II, 3, 330a30–330b7, S. 60.

die vier Elemente. Diese würden jeweils von einer Hauptqualität beherrscht: Erde sei trocken, Wasser kalt, Luft feucht und Feuer warm. Zudem unterlägen Feuer und Luft einer Aufwärts-, aber Wasser und Erde einer Abwärtsbewegung.[50] Letzterer Gedanke findet sich in Aristoteles' ‚De caelo' I, 2, wo es heißt, die vollkommene kosmische Bewegung sei kreisförmig, im Gegensatz zu den irdischen Auf- und Abwärtsbewegungen der vier Elemente.[51]

Die ‚Nuova Figura' greift dieses Prinzip auf, indem die Erde als schwerstes Element in der Mitte und damit unten steht, gefolgt vom Wasser an der Erdoberfläche, von der Luft mit ihren drei Regionen und vom Feuerkranz als höchste Elementarsphäre. Diese peripatetische Lehre findet sich im ersten Abschnitt des Begleittextes wieder, worin die Zusammensetzung der sublunaren Welt aus den vier Elementen beschrieben ist.[52] Salibas Ausführungen enthalten einige kurze Zitate auf Latein, aber keine altgriechischen Begriffe oder Titel, weswegen zu vermuten ist, dass er Aristoteles auf Latein studierte. Dafür spricht ebenso seine Anmerkung: „Averroe dice nel secondo libro della Meteora",[53] die belegt, dass er sich auf Averroës' Aristoteles-Kommentar stützte, der in der lateinischen Übersetzung von Michael Scotus (gest. um 1235) als ‚Commentarium magnum' zwischen 1573 und 1576 erschien.[54]

Daneben zeugt in der ‚Nuova Figura' die Zahl der Winde – zwölf – ebenfalls von Salibas aristotelischer Prägung. Dieses System der relativen Windpositionen (Abb. 5) aus Aristoteles' ‚Meteorologica' wurde im Mittelalter in Schrift und Bild rezipiert.[55] Während europäische Akademien dieses System weiterhin unterrichteten, nutzten Seeleute im Mittelmeerraum ein nautisches System mit einer acht- oder sechzehnzackigen Windrose und eigenen Windnamen.[56] Die ‚Nuova Figura' ist eine Mischform mit zwölf Winden, aber nautischen Bezeichnungen. Saliba nennt die vier Hauptwinde: *Tramontana* (Nord-), *Levante* (Ost-), *Ostro* (Süd-) und *Ponente* (Westwind). Sie besitzen, wie aus den Textsignaturen hervorgeht, die vier elementaren Qualitäten: *Tramontana* ist kalt, *Levante* trocken, *Ostro* warm und *Ponente* feucht.

---

50 Zu diesen Eigenschaften der vier Elemente in der aristotelischen Naturphilosophie vgl. Böhme u. Böhme 2010, S. 111f.

51 Aristoteles: Über den Himmel I, 2, 268b17–24, 269a2–7, S. 22f.

52 Saliba: Nuova Figura: *Del Mondo e sue parti – Elementare – 4 Elementi - di cieli sonori.* Der erste Abschnitt handelt von der Welt und ihren Teilen, der Elementarsphäre, den vier Elementen sowie vom Klanghimmel.

53 Ebd. „Averroës sagt im zweiten Buch der Meteorologie […]."

54 Vgl. Angelis 2010, S. 102–108.

55 Vgl. Baumgärtner 2019, S. 117–120.

56 Vgl. Mlinarić u. Mirošević 2023, S. 27.

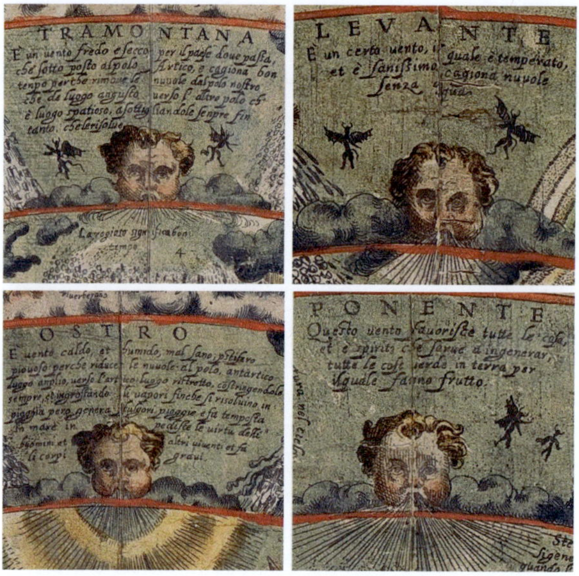

Abb. 5 | Gegenüberstellung der vier Hauptwinde in der ‚Nuova Figura'. Herzog August Bibliothek Wolfenbüttel, Sig. K 3, 6 [Ausschnitt]. CC BY-SA 4.0.

Da die Hauptwinde nach aristotelischer Tradition von je einem Paar Nebenwinden begleitet werden, sind die Winde in Salibas Karte zwölf Referenzpunkte, ähnlich einem Kompass oder Zifferblatt. Die so erzeugte Zwölfteilung der *machina del mondo* legt Parallelen zu anderen Zwölfersystemen nahe, wie den Tages- und Nachtzeiten, den Monaten des Jahres oder den Tierkreiszeichen, die eine wirkmächtige Zahlensymbolik entfalten.[57] Möglicherweise hat der Malteser das aristotelische Windschema mit nautischen Bezeichnungen kombiniert, um sein Wetterwissen in der Volkssprache zu vermitteln; ein Ansatz, den auch andere seiner Zeitgenossen verfolgten.[58] Plausibel ist aber ebenfalls, dass er die Windnamen adressatenbezogen wählte, da sie Colonna als Admiral geläufiger waren.

Überdies ist die aristotelische Vorstellung, dass die Luft in drei Regionen unterteilbar sei,[59] im Wissensfundus der ‚Nuova Figura' verewigt.[60] Dies diskutiert Saliba im Begleittext in drei Paragraphen, während die Atmosphäre in der Darstellung mittels roter Begrenzungslinien in drei Kreissegmente unterteilt ist. Saliba beschreibt die Luft als heterogenen, insgesamt warm-feuchten Körper voller Elementar-Einflüsse. Jedoch hat jede Region ihre eigene geographische Lage, typische Qualitäten und klimatische Bedingungen. Dabei ist die erste Region laut

57 Vgl. Baumgärtner 2019, S. 117f.

58 Zur damaligen Tendenz der volkssprachlichen Wissensvermittlung vgl. Sgarbi 2014, S. 10f.

59 Vgl. Wilson 2013, S. 257–259.

60 Saliba: Nuova Figura: *L' Aria è corpo* [...], *e secondo Aristotele si divide in tre parti o Regioni.*

Abb. 6 | Bildsignatur der Solarreflexion in der ‚Nuova Figura'. Herzog August Bibliothek Wolfenbüttel, Sig. K 3, 6 [Ausschnitt]. CC BY-SA 4.0.

Saliba veränderlich, instabil und variiert mit den Jahreszeiten. Sie erstreckt sich von der Erdoberfläche bis zum Wendepunkt der Reflexion der Sonnenstrahlen.[61] Er visualisiert diese Umkehr des Strahlungsbogens (*reflessione di raggi solari*) über dem amerikanischen Kontinent (Abb. 6). Hier ist zu beachten, dass weder die Grenzlinien noch der Strahlungsverlauf faktisch wahrnehmbar sind, sondern dass Saliba sie erst mit diagrammatischen Mitteln sichtbar und nachvollziehbar macht.[62] Die zweite Region erstreckt sich Saliba zufolge von der Solarreflexionsgrenze bis zu den Gipfeln der höchsten Berge, wie dem Olymp, Athos und Kaukasusgebirge, die etwa 80 Meilen hoch seien.[63] Auch sei diese Schicht immer feucht-kalt, weil weder von der Feuersphäre noch von der Reflexion der Sonnenstrahlen Wärme dort ankomme; außerdem diene sie als Gefängnis der *spiriti aeri*. Die dritte Region verortet Saliba zwischen den genannten Berggipfeln und dem Mond. Sie stehe in Kontakt mit der Feuerkonkave und weise aufgrund ihrer

61 Ebd.: *la prima* [Regione] *comincia dalla Terra e dall'acqua e termina dove finisce la riflessione dei raggi del Sole.*

62 Diese Vorgehensweise, um Wetter- und Himmelphänomene graphisch darzustellen, findet sich auch in anderen kartographischen Beispielen des Mittelalters; vgl. Dekker 2013, S. 52 f.

63 Saliba: Nuova Figura: *La Seconda* [...] *finisce* [...] *alla sommità de monti più alti* [...], *come sono l'Olimpo in Tessaglia, quell' altro detto Ato in Macedonia et il monte Caucaso, che de altezza passano miglia 80.*

großen Entfernung von der Erdoberfläche eine eigene Dynamik und besondere Hitze auf.[64] Die dritte Region ist sowohl in der Kosmologie als auch in der Meteorologie von Bedeutung. Kosmologisch repräsentiert sie die Grenze zwischen der sublunaren und der translunaren Welt. Meteorologisch wird die hohe Temperatur und Rotationsbewegung dieser Region als ursächlich für das Zustandekommen bestimmter Wetterphänomene angesehen.

Darüber hinaus zeugt die ‚Nuova Figura' von Salibas empirisch-erprobender Methode. So erwähnt er im Begleittext, dass die Naturforscher seiner Zeit behaupteten, der Blitz entgifte alle vergifteten Dinge, während er die Unvergifteten vergifte. Alles, was vom Blitz getroffen werde, sei ungenießbar, und wer davon esse, sterbe sofort oder werde wahnsinnig. Saliba widerspricht dem jedoch ausdrücklich aufgrund eigener Erfahrungen, da er während seiner Tätigkeit als *Commissario delle Decime* mehrfach vom Blitz getroffenes Fleisch verzehrt habe.[65] Dies zeigt seine eigenständige Meinungsbildung und lässt eine gewisse experimentelle Risikobereitschaft für den Erkenntnisgewinn vermuten.

4 Das Schema *umbra – figura – veritas* als Leitmotiv

Salibas Universalkarte erhebt den Anspruch, die Wahrheit hinter den Naturgeheimnissen zu enthüllen, und ist damit ein herausragendes Beispiel für die Sichtbarmachung des Unsichtbaren. In der Annahme, dass Saliba sich an den exegetischen Begriffen *umbra, figura* und *veritas* orientiert, ist es angebracht zu erörtern, inwieweit sich dieses Denken in Elementen seiner Wetterkartierung und -interpretation niederschlägt. Diese Termini beschreiben drei Stufen des göttlichen Geheimnisses in der theologischen Schriftauslegung.[66] Durch die Übertragung dieses Deutungsmusters auf die von Gott geschaffene Natur konnten die Himmelserscheinungen erforscht und zugleich als Zeichen des göttlichen Willens und Wirkens in der Welt ausgelegt werden.[67]

Die lange Denktradition hinter *umbra – figura – veritas* sowie der Reichtum an mittelalterlichen Quellen dazu sind beachtlich. Die theoretischen Grundlagen dazu wurden insbesondere von einzelnen Kirchenvätern erarbeitet und verbreitet,

---

64 Ebd.: *La terza Regione comincia dalla sommità di detti Monti in su verso la Luna e di altri simili fin al concavo del fuoco.*

65 Ebd.: *E tutte le cose tocche dalla saetta diventano enerose, e quei che le mangiano o muoiano subito, o diventano pazzi; ma in questo io li son contra, poi che essendo io comessario delle Decime per Malta* [...] *ho mangiato più volte carne di Animali fulminati.*

66 Vgl. Slenczka 2012, S. 186–188.

67 Vgl. Lawrence-Mathers 2020, S. 31.

darunter Origenes von Alexandria (gest. um 254),[68] Methodius von Olympus (gest. um 311),[69] Ambrosius von Mailand (gest. 397)[70] und nicht zuletzt Augustinus von Hippo, auf den sich Saliba namentlich beruft.[71] Augustinus schuf mit ‚De doctrina christiana' den Grundstein für die christliche Hermeneutik. Ihm zufolge bezieht sich *umbra* auf die begrenzte Vorstellung einer höheren Einsicht, die durch die Schöpfung vermittelt wird. *Figura* stehe für die symbolische Darstellung der Wirklichkeit im irdischen Sein, während *veritas* die höchste Wahrheit bezeichne, die nur durch die unmittelbare göttliche Offenbarung mit den inneren Augen geschaut werden könne.[72] Derartige patristische Ansätze prägten das mittelalterliche Denken, indem sie eine Stufenordnung der Wirklichkeit und (Gottes-) Erkenntnis vermittelten.

Als Urheber der Idee einer Relation von sinnlicher Welt, Bildern und höherer geistiger Wahrheit ist aber vor allem Platon zu würdigen, dessen Philosophie voller Bezüge zu dieser Trias ist, wobei insbesondere das ‚Höhlengleichnis' aus der ‚Politeia'[73] zentral für Salibas Argumentation ist. Dieser philosophische Hintergrund zeigt sich darin, dass Saliba im Begleittext seiner Karte das Augustinus-Zitat „Verbrenne mich, quäle mich hier, aber verschone mich in der Ewigkeit"[74] mit einer platonischen Interpretation verknüpft. Salibas Bemerkung dazu, unser irdisches Feuer erscheine im Vergleich zu Hölle und Fegefeuer wie ein an die Wand gemaltes Bild, evoziert unweigerlich Assoziationen zu diesem Gleichnis.[75] Das irdische Feuer ist die *umbra*, weil es im Vergleich zum himmlischen Feuer unvollkommen und begrenzt ist. Das Feuerbild an der Wand ist die *figura*, da es ein sichtbares Symbol für etwas Unsichtbares mit tieferer Bedeutung ist. Hinter beiden Feuern steht die göttliche *veritas*, die sich für Saliba als moralische Einsicht hinter dem Diktum des Augustinus offenbart.

Wie andere augustinische Bibelexegeten verstand auch Saliba das Alte und Neue Testament als gemeinsame Quelle himmlischer Erleuchtung. Gemäß dem Credo *sub umbra et figura* sahen sie ihre Aufgabe darin, die hinter den Worten und Symbolen verborgene ewige Wahrheit soweit wie menschenmöglich sichtbar

---

68 Zu dieser Begriffstrias im Matthäus-Kommentar von Origenes vgl. Dively Lauro 2004, S. 24 f.

69 Zur Begriffstrias in Methodius' Kommentar zu Platons Symposium vgl. Bracht 2010, S. 22–24.

70 Zur Begriffstrias in Ambrosius' Sakramententheologie vgl. Slenczka 2000, S. 186–188.

71 Saliba: Nuova Figura: *però dice S. Augustino.*

72 Zur Begriffstrias in Augustinus' ‚De doctrina christiana' vgl. Augustinus: Vier Bücher über die christliche Lehre II, 16–18, S. 9–14. Zur Rezeption von Augustinus' Argumentation mit *umbra, figura* und *veritas* zu Salibas Lebzeiten vgl. Gill 2005, S. 181–183.

73 Zum platonischen Höhlengleichnis vgl. Szlezák 2005, S. 205–207.

74 Saliba: Nuova Figura: *però dice S. Augustino: «hic ure, hic seca et in aeterna parce».*

75 Ebd.: *che questo nostro fuoco, in comparazione di quello dell'Inferno e del Purgatorio, è a guisa del fuoco pinto al muro al vero e natura fuoco.*

Abb. 7 | Bildsignatur von Christi Höllenfahrt in der ‚Nuova Figura'. Herzog August Bibliothek Wolfenbüttel, Sig. K 3, 6 [Ausschnitt]. CC BY-SA 4.0.

zu machen.[76] Das Neue Testament ergänzte in ihren Augen das Alte und ließ es in neuem Lichte erscheinen, wobei die Menschwerdung Christi das wesentliche Moment darstellt, das die untrennbare Einheit beider Testamente verdeutlicht.[77] Diesen Schlüsselgedanken einfangend zeigt Salibas ‚Nuova Figura' den *descensus Christi ad inferos* als zentrales Motiv im äußersten Kreis der Unterwelt (Abb. 7).

In seiner Universalkarte zeigt Saliba eine vor allem mit Thomas von Aquin vergleichbare Denk- und Anschauungsweise hinsichtlich des Verhältnisses von naturphilosophischer und theologischer Deutung. Thomas erweiterte in seiner ‚Summa Theologiae' in Rekurs auf Augustinus das Konzept *umbra – figura – veritas* zur scholastischen Lehre der Schriftsinne.[78] Darüber hinaus prägte er das Konzept der Analogie des Seins (*analogia entis*) zwischen dem Sein Gottes und dem Sein seiner Schöpfung. Demnach ist das Wirken Gottes in der Welt aufgrund der Schöpfer-Schöpfungs-Analogie für den Menschen nachvollziehbar. Er betont aber auch die Begrenztheit unserer Erkenntnis und dass es keine selbstevidente

76 Zur mittelalterlichen hermeneutischen Vorstellung, dass die göttliche Wahrheit *sub umbra et figura* verborgen liegt, vgl. Matter 2010, S. 7 f., 95.

77 Zur symbolischen Bedeutung der Menschwerdung Christi als die vermittelnde *figura* zwischen Altem und Neuem Testament vgl. Kurz 2004, S. 47 f.; Reddemann 2020, S. 480 f.

78 Zu Thomas von Aquins Übernahme und Interpretation von Augustinus' Lehre im Zusammenhang mit dem Schema *umbra – figura – veritas* vgl. Reyero 1971, S. 48–52, 171.

Erkenntnis Gottes gebe.[79] Folglich führe die *analogia entis* aus dem schattenhaften Zustand der Unwissenheit über das Erkennen der Gesetzmäßigkeiten der von Gott geschaffenen *figura* zu einer Annäherung an seine *veritas*. Das Studium der Schönheit und Ordnung der Natur lasse daher Rückschlüsse auf das Wesen Gottes zu, wobei das Einzelne das göttliche Sein immer nur fragmentarisch und unvollkommen widerspiegeln könne.[80] In Entsprechung dazu versteht sich auch Salibas Zugang zur Natur und den Wetterphänomenen so, dass die Erforschung der Welt nicht im Widerspruch zur theologischen Lehre steht, sondern Teil der Offenbarung Gottes in der Schöpfung ist.

Vor diesem Hintergrund lässt sich Salibas gesamte Weltenfigur nach dem Schema *umbra – figura – veritas* interpretieren. Das höllische Zentrum ist die *umbra* als das Unterste und Unvollkommenste.[81] Die Elementarschichten sind die *figurae*, denn sie zeigen die physische Manifestation des göttlichen Plans und deuten auf eine höhere metaphysische Wahrheit hin. Die himmlischen Sphären jenseits des Mondes, die Saliba bewusst nur schriftlich erwähnt, stehen für Gottes *veritas*. Dies bekräftigt er, indem er den Bereich der *Quinta essenza* als das höchste Vorstellbare beschreibt.[82] Die kartographisch-diagrammatische Struktur vermittelt somit eine Erkenntnishierarchie und spirituelle Offenbarung von der infernalen Dunkelheit über das irdische Sein bis hin zur göttlichen Erleuchtung in himmlischen Sphären.

Das *umbra-figura-veritas*-Prinzip umgreift das Weltganze, aber auch seine Einzelphänomene und manifestiert sich in der Bildsignatur der berittenen Soldaten (Abb. 8) in der äußersten Luftregion. Die zur Himmelserscheinung gehörige Textsignatur erklärt, dass diese während des Kimbernkriegs (*Guerra dei Cimbri*) im 2. Jahrhundert v. Chr. gesichtet worden sei.[83] Dargestellt sind acht bewaffnete Reiter, die aufeinander zu galoppieren und äußerst lebhaft wirken. Saliba erklärt jedoch, dass solche atmosphärischen Trugbilder entstünden, wenn eine dunkle Wolke aus glühend-brennender Ausdünstung unterschiedlich beleuchtet wird. Die *umbra* ist hier auf die Wolke zu übertragen, die als vager Ausgangspunkt des Szenarios fungiert. Die individuell gestalteten Kriegerfiguren können als *figura* betrachtet werden und stehen als sichtbare Manifestation auf der zweiten Stufe.

79 Vgl. Thomas von Aquin: Summe der Theologie I, 2, 3, S. 60 f.

80 Ebd.

81 Saliba: Nuova Figura: *è che centro della Terra; questo luogo propriamente si chiama inferno, per che suona cosa inferiore.* Saliba erläutert, dieser Ort ‚Inferno' sei im Zentrum der Erde, weil er etwas Niedrigeres (*inferiore*) bedeute.

82 Ebd.: *La Celeste è detta di filosofi Quinta essenza* […] *e fuori di sé non vi ha cosa alcuna, né immaginar vi si può.*

83 Zum Kimbernkrieg im 2. Jh. v. Chr., einer Serie von Schlachten zwischen dem Römischen Reich und dem germanischen Stamm der Kimbern, vgl. Maier 2012, S. 47 f.

Abb. 8 | Bildsignatur des Kibernkriegs in der ‚Nuova Figura'. Herzog August Bibliothek Wolfenbüttel, Sig. K 3, 6 [Ausschnitt]. CC BY-SA 4.0.

Indem Saliba erläutert, dass diese spektakulären Erscheinungen durch die Variation der Lichtverhältnisse erzeugt werden, liefert er eine rationale Erklärung für ihre wahre Natur (*veritas*).

Ergänzend illustriert ein Beispiel die theologisch-ermahnende Perspektive der Deutungstrias *umbra – figura – veritas.* Saliba gibt am Ende des Kartentextes den Bericht eines gewissen Padre Rettore des Collegio di Gesù in Angra wieder.[84] Padre Rettore zufolge erschienen zwei feuer-, rauch- und blitzspeiende Drachen, die gemeinsam ein langes Feuerzeichen trugen,[85] das sich während des Erdbebens von 1581 auf der Insel San Giorgio in Portugal ereignet haben soll. Auch habe er diverse apokalyptisch anmutende Begleiterscheinungen gesehen, darunter sich öffnende Feuerspalten, hervorbrechende Steine und Feuerströme, Schwefelgeruch, Flächenbrände, kopflose Mensch- und Tierleichen sowie dämonisch am Himmel kreisende Schwärme von Raben und Staren. Dem fügt Saliba hinzu, dass solche Visionen authentische Boten des göttlichen Zorns (*ira di dio*) über menschliche Sünden (*pecati*) seien, und ruft abschließend dazu auf, den Schutz Gottes vor

84 Saliba: Nuova Figura: *Preavviso del Padre Rettore del Collegio di Gesù d´Angra, Città di Porto Gallo, si dice che nell'Isola di Santo Giorgio che incontro di un'altra detta Portiera di Porto gallo, nel primo di Maggio del* [15]*81 fu un gran terremoto, si g che abissò infinite case.* Zum Bericht über das Erdbeben am 1. Mai 1581, auf den sich Saliba bezieht, sowie auch zum Padre Rettore gibt es außer der ‚Nuova Figura' kein weiteres Zeugnis.

85 Ebd.: *segnale di fuoco lunga, tenuta da due Draghi di fuoco che mandavano fuora di bocca Saette e fumo.*

solchen Gefahren zu erbitten.[86] Als obskur bleibendes Ereignis ist das Erdbeben als *umbra* zu betrachten. Die spezifischen Gestalten, wie die Drachen samt ihren verheerenden Begleiterscheinungen, können als die sich in der Vision manifestierende *figura* gedeutet werden. Salibas Annahme, dass die Häufung solcher Geschehnisse auf menschliches Fehlverhalten zurückzuführen sei und nur durch Gottes Gnade abgewendet werden könne, kann als Versuch betrachtet werden, den tieferen moralischen Sinn (als *veritas*) hinter dieser Naturkatastrophe zu verstehen.

5 Fazit

Die Analyse der ‚Nuova Figura' als Fallbeispiel meteorologischer Kartographie im 16. Jahrhundert zeigt, dass für ihre Form der Wissenspräsentation das Bild-Text-Zusammenspiel eine tragende Funktion einnimmt. Ihr Begleittext bietet nicht nur Einsichten über die Weltbeschaffenheit, den translunaren Bereich bis zum höchsten Wohnsitz Gottes und das Jenseits, sondern erklärt auch eingehend die visualisierten Wetterphänomene. Die Darstellung erlaubt durch kartographische Verortung und diagrammatische Prozessvisualisierung, die Entstehung und den Formenreichtum meteorologischer Erscheinungen nachzuvollziehen. Überschriften, Marginalien und numerische Verweise dienen als zusätzliche Orientierungshilfen.

Die Analyse des meteorologischen Gehalts von Salibas Universalkarte zeigt, dass trotz vielfältiger Einflüsse und Verweise auf andere Autoritäten die aristotelische Naturphilosophie als sein primäres Erklärungsmodell hervortritt. Saliba stützt sich auf die Vier-Elemente-Lehre, gemäß derer die Elemente mit ihren Qualitäten, ihrer Entstehung, Vermischung sowie die Hierarchie von Schwere und Leichtigkeit die Grundlage der sublunaren Welt bilden. Auch die Einteilung der Luft in drei Regionen, die Kategorisierung von Kometen als atmosphärische Erscheinungen und das Zwölf-Winde-System spiegeln Salibas aristotelische Prägung wider. Interessanterweise verwendet er jedoch nautische Windbezeichnungen, erweitert die Vielfalt der beobachteten Phänomene und trifft eigene wetterprognostische Annahmen. Die ‚Nuova Figura' zeugt zudem von Salibas experimentellem Ansatz, da er bestehende Ansichten teils kritisch auf die Probe stellt. Seine beachtlichste Leistung besteht jedoch darin, sein meteorologisches Kompendium wirkungsvoll auf einem einzigen Blatt einzufangen und somit die Natur der Wetterphänomene als integrale Bestandteile von Gottes Weltmaschine zu erhellen.

---

86 Ebd.: *Queste, da noi già dette visioni* [...] *sono state veri messageri e nuntij della ira di dio per i pecati* [...], *dunque sua Maesta, che cidia la sua grazia echi discenda da ogni pericolo.* Saliba bittet Gott (hier als „Seine Majestät" angesprochen), er möge uns in jeder Gefahr seine Gnade schenken.

Die Überprüfung von Salibas Anspruch, in seinem Werk die Geheimnisse der Natur zu enthüllen, zeigt eine tiefe Verbindung zur exegetischen Trias *umbra – figura – veritas*, die sich in seiner Perspektive auf Gottes Schöpfung und ihre Phänomene übertragen lässt. Saliba – hierin inspiriert von Platon, Augustinus und Thomas von Aquin – wendet dieses Schema in verschiedenen Deutungszusammenhängen an. So ist die Trias sowohl in der Funktion der ‚Nuova Figura' als vermittelndes Medium zwischen Unwissenheit und göttlicher Erleuchtung präsent als auch im konzentrischen Aufbau des dargestellten Weltentwurfs. Schließlich lässt sich nachweisen, dass sich diese Interpretationsweise bei Saliba nicht nur streng auf die Bibel bezieht, sondern sich ebenso in seinem Umgang mit Wetterphänomenen und visionären Himmelserscheinungen niederschlägt. Das Werk des maltesischen Gelehrten ist somit ein Beispiel dafür, wie zu seiner Zeit naturphilosophische und theologische Ansätze gemeinsam für die Weltergründung Anwendung fanden.

Literaturverzeichnis

Quellen

Aristoteles: Meteorologie. Über die Welt. Übers. u. hrsg. v. Hans Strohm (Werke in deutscher Übersetzung 2). Berlin 1984.

Aristoteles: Über den Himmel / De caelo. Übers. u. erläutert v. Alberto Jori (Werke in deutscher Übersetzung 12, III). Berlin 2009.

Aristoteles: Über Werden und Vergehen / De generatione et corruptione. Übers. u. komm. v. Thomas Buchheim (Werke in deutscher Übersetzung 4). Berlin 2011.

Augustinus: Vier Bücher über die christliche Lehre. Übers. v. Sigisbert Mitterer (Bibliothek der Kirchenväter 8). München 1925.

Jode, Cornelis de: Nova Accuratisimaq Elementator Distintio. Kunstsammlungen der Veste Coburg, inv. VIII, 25.I.c.

Saliba, Antonino: Nuova Figura. Herzog August Bibliothek Wolfenbüttel, Sig. K 3, 6.

Thomas von Aquin: Summe der Theologie. Bd. I: Gott und Schöpfung. Hrsg. u. übers. v. Joseph Bernhart. Stuttgart 1985.

Forschungsliteratur

Angelis, Simone de: Anthropologien. Genese und Konfiguration einer „Wissenschaft vom Menschen" in der Frühen Neuzeit. Berlin, New York 2010.

Baumgärtner, Ingrid: Die Welt in Karten. Umbrüche und Kontinuitäten im Mittelalter. In: Das Mittelalter 22 (2017), S. 55–74.

Baumgärtner, Ingrid: Winds and Continents. Concepts for Structuring the World and Its Parts. In: Dies., Nirit Ben-Aryeh Debby u. Katrin Kogman-Appel (Hgg.): Maps and Travel in the

Middle Ages and the Early Modern Period. Knowledge, Imagination, and Visual Culture. Berlin, Boston 2019, S. 91–135.

Böhme, Hartmut u. Gernot Böhme: Feuer, Wasser, Erde, Luft. Eine Kulturgeschichte der Elemente. München 2010.

Bracht, Katharina: Vollkommenheit und Schönheit in der altkirchlichen Theologie. In: Verena Lobsien, Claudia Olk u. Katharina Münchberg (Hgg.): Vollkommenheit. Ästhetische Perfektion in Antike, Mittelalter und Früher Neuzeit. Berlin, Boston 2010, S. 13–42.

Carvalho, Márcia S. de: A Geografia Desconhecida. London 2006.

Coelen, Peter van der u. Marjolein Leesberg: Depicting the Bible and Mapping the World. Gerard de Jode and His Legacy. In: Ders. (Hg.): The De Jode Dynasty (The New Hollstein Dutch & Flemish Etchings, Engravings and Woodcuts 1450–1700 1). Ouderkerk aan den IJssel, Amsterdam 2018, S. xxviii–xciii.

Cosgrove, Denis E.: Images of Renaissance Cosmography, 1450–1650. In: David Woodward (Hg.): Cartography in the European Renaissance. Chicago 2007, S. 55–98.

Dal Prete, Ivano: On the Edge of Eternity. The Antiquity of the Earth in Medieval and Early Modern Europe. Oxford 2022.

Dekker, Elly: Illustrating the Phenomena. Celestial Cartography in Antiquity and the Middle Ages. Oxford 2013.

Dively Lauro, Elizabeth A.: The Soul and Spirit of Scripture within Origen's Exegesis. Leiden, Boston 2004.

Englisch, Brigitte: Ordo Orbis Terrae. Die Weltsicht in den Mappae mundi des frühen und hohen Mittelalters. Berlin, Boston 2009.

Friggierie, Oliver: Giovan Francesco Buonamico's Maltese Poem. A Historical and Textual Analysis. In: Italica 93 (2016), S. 457–468.

Funkenstein, Amos: Theology and the Scientific Imagination. From the Middle Ages to the Seventeenth Century. Princeton 2018.

Ganado, Albert: The Early Maltese Cartographers. Cassar, Saliba, Miriti, Gili. Malta 2011.

Gill, Meredith J.: Augustine in the Italian Renaissance. Art and Philosophy from Petrarch to Michelangelo. Singapur 2005.

Gindhart, Marion: Das Kometenjahr 1618. Antikes und zeitgenössisches Wissen in der frühneuzeitlichen Kometenliteratur des deutschsprachigen Raumes. Wiesbaden 2006.

Gormans, Andreas: Memoria more geometrica. Welt und Weltverständnis im Zeichen von Kreis und Quadrat. In: Andrea Albrecht (Hg.): Zahlen, Zeichen und Figuren. Mathematische Inspirationen in Kunst und Literatur. Berlin, Boston 2011, S. 83–110.

Gremske, Georg: Prozesse abbilden. Genese, Funktion und Diagrammatik der Punktlinie. Bielefeld 2019.

Heitzer, Elisabeth: Kometen. In: Hans Holländer (Hg.): Erkenntnis, Erfindung, Konstruktion. Studien zur Bildgeschichte von Naturwissenschaften und Technik vom 16. bis zum 19. Jahrhundert. Berlin 2000, S. 449–463.

Heitzmann, Christian: Europas Weltbild in alten Karten. Globalisierung im Zeitalter der Entdeckungen. Ausstellung der Herzog August Bibliothek Wolfenbüttel, in der Augusteerhalle, in der Schatzkammer, im Kabinett und Malerbuchsaal vom 19. Februar bis 4. Juni 2006 (Ausstellungskataloge der

Herzog-August-Bibliothek 85). Wiesbaden 2006, S. 93–95.

Johnson, Christopher D.: Encyclopedia and Encyclopedism. In: Marco Sgarbi (Hg.): Encyclopedia of Renaissance Philosophy. Cham 2018, S. 1–13.

King, Geoff: Mapping Reality. An Exploration of Cultural Cartographies. Basingstoke 1996.

Kintzinger, Martin: Norma elementorum. Studien zum naturphilosophischen und politischen Ordnungsdenkens des ausgehenden Mittelalters. Stuttgart 1994.

Kurz, Gerhard: Metapher, Allegorie, Symbol. Göttingen, Wien 2004.

Lawrence-Mathers, Anne: Medieval Meteorology. Forecasting the Weather from Aristotle to the Almanac. Cambridge 2020.

Lucca, Dennis de: Jesuits and Fortifications. The Contribution of the Jesuits to Military Architecture in the Baroque Age. Leiden 2012.

Maier, Bernhard: Geschichte und Kultur der Kelten. München 2012.

Marino, John: Administrative Mapping in Italian States. In: David Buisseret (Hg.): Monarchs, Ministers, and Maps. The Emergence of Cartography as a Tool of Government in Early Modern Europe. Chicago 1992, S. 5–26.

Martinelli, Salvatore: Antonino Saliba – Maltesischer Polyhistor, Kartograph, Astronom und Philosoph des 16. Jahrhunderts. 04.04.2022. https://historische-karten.gbv.de/2022/04/04/antonino-saliba-maltesischer-polyhistor-kartograph-astronom-und-philosoph-des-16-jahrhunderts/ (Zugriff: 06.06.2023).

Matter, E. Ann: The Voice of My Beloved. The Song of Songs in Western Medieval Christianity. Philadelphia 2010.

Militello, Paolo u. Pietro Militello: Ritratti di città in Sicilia e a Malta. XVI–XVII secolo. Palermo 2008.

Mlinarić, Dubravka u. Lena Mirošević: Symbolism of Compass Roses on Early Modern Nautical Charts of the Adriatic Sea. In: KN – Journal of Cartography and Geographic Information 73 (2023), S. 19–37.

Petzoldt, Leander: Kleines Lexikon der Dämonen und Elementargeister. München 2003.

Reddemann, Lukas: Epic Salvation. Christ's Descent into Hell and the Landscape of the Underworld in Neo-Latin Christian Epic. In: Karl A. E. Enenkel u. Walter Melion (Hgg.): Landscape and the Visual Hermeneutics of Place, 1500–1700. Leiden, Boston 2020, S. 479–506.

Reyero, Maximino A.: Thomas von Aquin als Exeget. Die Prinzipien seiner Schriftdeutung und seine Lehre von den Schriftsinnen. Freiburg i. Br. 1971.

Schembri, Antonio: Selva di autori e traduttori maltesi le di cui opere sono state pubblicate colle stampe in Malta od altrove. Malta 1855.

Schinkel, Eckhard: Über Unterwelten. Zeichen und Zauber des anderen Raums. Essen 2014.

Schonhardt, Michael: Zur Digitalisierung der Materialität mittelalterlicher Objekte. Ein Bericht aus der wissenschaftsgeschichtlichen Werkstatt. In: Mittelalter. Interdisziplinäre Forschung und Rezeptionsgeschichte. 07.09.2017, aktualisiert am 02.02.2019. https://doi.org/10.58079/rh1y (Zugriff: 01.03.2024).

Sgarbi, Marco: The Italian Mind. Vernacular Logic in Renaissance Italy (1540–1551). Leiden, Boston 2014.

Slenczka, Wenrich: Heilsgeschichte und Liturgie. Studien zum Verhältnis von

Heilsgeschichte und Heilsteilhabe anhand liturgischer und katechetischer Quellen des dritten und vierten Jahrhunderts. Berlin, Boston 2000.

Smoller, Laura A.: Of Earthquakes, Hail, Frogs, and Geography. Plague and the Investigation of Apocalypse in the Later Middle Ages. In: Caroline Bynum u. Paul Freedman (Hgg.): Last Things. Death and the Apocalypse in the Middle Ages. Philadelphia 2012, S. 156–190.

Suarez, Thomas: Early Mapping of Southeast Asia. The Epic Story of Seafarers, Adventurers, and Cartographers Who First Mapped the Regions between China and India. Boston 2012.

Szlezák, Thomas Alexander: Das Höhlengleichnis (Buch VII 514a–521b und 539d–541b). In: Otfried Höffe (Hg.): Platon, Politeia. Berlin 2005, S. 205–228.

Wallis, Helen u. Arthur H. Robinson (Hgg.): Cartographical Innovations. An International Handbook of Mapping Terms to 1900. Tring 1987.

Weichenhan, Michael: „Ergo perit coelum…". Die Supernova des Jahres 1572 und die Überwindung der aristotelischen Kosmologie. Stuttgart 2004.

Wenderholm, Iris: Sieg mit den Pinseln. Giorgio Vasaris „Schlacht von Lepanto". In: Uwe Fleckner (Hg.): Bilder machen Geschichte. Historische Ereignisse im Gedächtnis der Kunst. Berlin, Boston 2014, S. 113–126.

Whitfield, Peter: The Image of the World. 20 Centuries of World Maps. San Francisco 1994.

Wilson, Malcolm: Structure and Method in Aristotle's Meteorologica. A More Disorderly Nature. Cambridge 2013.

FORUM MITTELALTER

Abb. 1 | Programmübersicht, 40 Jahre Mediävistenverband 1983–2023.

Regina Toepfer

40 Jahre Mediävistenverband

Perspektiven auf das Jubiläum

Rathaussaal der Stadt Marburg, 1. Dezember 2023

Sehr geehrte Frau Bürgermeisterin Bernshausen, sehr verehrter Herr Ehrenpräsident, lieber Herr Goetz, sehr geehrter Festredner, lieber Herr Rexroth, sehr geehrte Mitglieder und Freunde des Mediävistenverbands, liebe Marburger Mediävistinnen und Mediävisten, liebe Kolleginnen und Kollegen aus Präsidium und wissenschaftlichem Beirat, sehr geehrte Gäste aus nah und fern, als Präsidentin freue ich mich sehr, Sie herzlich zum feierlichen Festakt anlässlich des 40-jährigen Jubiläums unseres Verbands (Abb. 1) begrüßen zu dürfen.

40 Jahre Mediävistenverband. Ob man mit 40 Jahren schon ziemlich alt oder noch recht jung ist, hängt entscheidend von der Perspektive ab. Aus der Sicht der altehrwürdigen Philipps-Universität Marburg, die in vier Jahren ihr 500-jähriges Jubiläum feiern wird, erscheinen 40 Jahre geradezu niedlich gering. Ich danke den Verantwortlichen der Stadt Marburg, dass wir das Jubiläum trotz der Eröffnung des Weihnachtsmarkts im schönen Rathaussaal feiern dürfen, und besonders Ihnen, liebe Frau Bürgermeisterin Bernshausen, für die freundliche Begrüßung. Mein Dank gilt auch dem Schatzmeister des Mediävistenverbands und heutigem Organisator Albrecht Fuess, dass er das Herbsttreffen des Beirats für uns in Marburg ausrichtet.

40 Jahre Mediävistenverband. Aus Perspektive der Wissenschaftsgeschichte und Wissenschaftspolitik erscheint ein 40-jähriges Verbandsjubiläum bemerkenswert – jedenfalls bezogen auf die Interdisziplinarität. Während gesamtuniversitär eine zunehmend stärkere Ausdifferenzierung und Spezialisierung der Disziplinen erfolgt, strebt der Mediävistenverband danach, alle das Mittelalter erforschenden Fächer zusammenzuführen und seit nunmehr vier Jahrzehnten zusammenzuhalten. Blicken wir schließlich aus unserer eigenen, mediävistischen Perspektive auf das Jubiläum, dann erweist es sich als besonders bedeutsam – allein aufgrund der Zeichenfunktion seiner Zahl.

Regina Toepfer: 40 Jahre Mediävistenverband. Perspektiven auf das Jubiläum. In: Das Mittelalter 2024, 29(1), 193–200. Heidelberg: Heidelberg University Publishing. DOI: https://doi.org/10.17885/heiup.mial.2024.1.24966

1 Die Symbolkraft der Zahl 40

Die Zahl 40 besitzt im Mittelalter eine hohe Symbolkraft und begegnet in vielfältigen Wissensfeldern; die Ursprünge dafür reichen weit in die Antike zurück. Auch bei der Zahlensymbolik zeigt sich, dass alle mediävistischen Disziplinen zusammengehören und sich unsere fachlichen Perspektiven wechselseitig erhellen. Ich beginne mit dem Beitrag der Jüdischen Studien und der christlichen Theologie: Die Zahl 40 kommt in der hebräischen Bibel immer wieder vor, in verschiedenen Kontexten und Konstellationen: 40 Tage regnet es ununterbrochen, als die Sintflut einsetzt; 40 Jahre wandert das Volk Israel durch die Wüste, bis es ins Westjordanland gelangt; 40 Tage verbringt Mose auf dem Sinai im Gespräch mit Gott. Das Neue Testament baut auf diese Zahlensymbolik auf: 40 Tage zieht sich Jesus fastend in die Wüste zurück; 40 Tage lang erscheint der Auferstandene seinen Jüngern, bevor er gen Himmel auffährt.

Das christliche Kirchenjahr – wir kommen zur Liturgiewissenschaft – orientiert sich an diesen Vorgaben: Die Fasten- und die Osterzeit dauern jeweils 40 Tage. Für die Islamwissenschaften besitzt die Zahl eine ähnliche wichtige Bedeutung: 40 Jahre ist der Prophet Mohammed nach religiöser Überlieferung alt, als er seine erste Offenbarung empfängt; 40 Tage ziehen sich Sufis in der islamischen Mystik zum Fasten und Reinigen zurück.

In der Medizingeschichte spielte die Zahl 40 schon in der antiken hippokratischen Medizin eine Rolle. Seit dem 14. Jahrhundert sollten sich Menschen – zunächst in Venedig, Marseille und anderen Städten des Mittelmeer-Raums – 40 Tage in Isolation begeben, um die Pest einzudämmen. Der daraus gebildete Begriff der Quarantäne hat in unserer jüngsten Vergangenheit erschreckende Aktualität gewonnen. Die Zahl 40 beschäftigt zudem die Wissenschaftsgeschichte im Bereich der Astronomie; gut 40 Tage lang verschwinden die Plejaden im Frühjahr und Herbst vom Sternenhimmel; die Kalenderberechnung orientierte sich seit der Antike daran.

Die Zahl 40 ist somit semantisch stark aufgeladen: als Zeit der Prüfung und Bewährung, des Rückzugs und der Reinigung, der Reflexion und der Reife. In dieser symbolträchtigen Weise wird die Zahl auch in der mittelalterlichen Literatur verwandt. Im mittellateinischen Epos ‚Waltharius' fliehen Walther und Hildegunt gemeinsam vom hunnischen Königshof. Genau 40 Tage benötigen die entkommenen Geiseln, um heim zum Rhein zu gelangen. Für die deutschsprachigen Lyriker, Walther von der Vogelweide und Oswald von Wolkenstein, dient die Zahl als Zeichen fortgeschrittenen Alters. So klagt Walther darüber, dass sich die Minne mehr für einen 24-Jährigen als für einen 40-Jährigen interessiere. Oswald dagegen nimmt die Zahl nicht zum Anlass einer Altersklage, sondern zur Änderung seiner Lebensweise: Mit 40 sei es an der Zeit, seine Ungebundenheit aufzugeben und eine Familie zu gründen:

Ich han gelebt wol vierzig jar leicht minner zwai
mit toben, wüten, tichten, singen mangerlai;
es wër wol zeit, das ich meins aigen kindes geschrai
elichen hort in ainer wiegen gellen. (Kl. 18, 97–100)

Aus literaturwissenschaftlicher Sicht befindet sich das Sänger-Ich also mit 40 im besten Mannesalter und kann volle Verantwortung – auch für andere – übernehmen. In der Rechtsgeschichte lässt sich von dieser Auffassung eine Linie bis in die Gegenwart ziehen: Mindestens 40 Jahre müssen Kandidierende alt sein, um zum bayerischen Ministerpräsidenten oder zur deutschen Bundespräsidentin gewählt werden zu können. Diese interdisziplinären Perspektiven auf die Zahl 40 sprechen für sich: Als Mediävistinnen und Mediävisten haben wir allen Grund, unsere 40-jährige Verbandsgeschichte zu feiern. Wie aber hat alles angefangen?

2 Vor 40 Jahren: Stimmen der Gründungseltern

Am 24. Mai 1983 wurde der Mediävistenverband in Tübingen gegründet. Welche Ziele die Gründungseltern verfolgten, lässt sich in unserer Satzung nachlesen: die „Förderung interdisziplinärer Wissenschaft" sowie „die Erforschung des Mittelalters und die Vermittlung von Forschungsergebnissen". Der Mediävistenverband betrat damals weitgehend Neuland, indem er die Interdisziplinarität zum Ziel und Zweck seiner Gründung erklärte. Noch heute ermöglicht, fördert und verwirklicht unser Verband die Zusammenarbeit aller mediävistischen Disziplinen in einer meines Erachtens vorbildlichen Weise.

Im Kontext unseres Jubiläums habe ich Schreiben von Zeitzeug:innen erhalten, die sich dem Verband auch nach 40 Jahren verbunden fühlen. Aus zwei Briefen möchte ich Ihnen mit dem Einverständnis der Autoren Auszüge vorlesen. In beiden wird die führende Rolle der Anglistik ersichtlich, deren damalige Vertreter Kolleginnen und Kollegen anderer Fächer für ihre Idee eines interdisziplinären Verbands begeistern konnten. Dem Gründungsvorstand gehörten der Anglist Karl Heinz Göller aus Regensburg (Präsident), der Augsburger Mittelalter-Historiker Bernhard Schimmelpfennig (Vizepräsident), der Heidelberger Romanist Frankwalt Möhren, der Frankfurter Germanist Alfred Karnein (Schriftführer) und der Tübinger Anglist Joerg O. Fichte (als Vertreter des Tagungsorts an). Der Beirat bestand aus sechs männlichen Kollegen der Disziplinen Anglistik (in doppelter Besetzung), Geschichte, Kirchen- und Kunstgeschichte, Mittellatein und der Gießener Germanistin Xenja von Ertzdorff.

Der Mittelalterhistoriker Helmut G. Walther aus Jena schreibt:

> Ich denke noch immer gern an die ‚Gründerzeit' vor 40 Jahren zurück, an die persönlichen Vorgespräche und den Tübinger ‚Initiationskongress' […], der mit den übriggebliebenen Restmitteln des […] zuvor veranstalteten Altanglistensymposions bestritten werden konnte. So nötig es war, dass sich die Disziplinen der Mittelalterforschung zusammensetzten, wo doch Mittelalterliches im besten Sinne nur noch Orchideenstudium, im Regelfall aber schon eine im allgemeinen Bewußtsein ab- oder doch zumindest k. w. geschriebene, da kaum gegenwartsrelevante Periode darstellte, so schwierig waren die gegenläufigen Bestrebungen und institutionellen Anfänge für den Mediävistenverband, da es ja offensichtlich für jede Fachrichtung ein eigenes, kaum kompatibles Mittelalter gab, das oft nur mit großen Schwierigkeiten dem Kollegen aus der anderen Fachdisziplin zu vermitteln war.[1]

Nur wer sich diese Ausgangssituation bewusst macht, kann die Leistung der Gründungsgeneration angemessen würdigen. Helmut G. Walther fährt fort:

> Aber trotz dieser Schwierigkeiten hat es der Mediävistenverband geschafft! Zwar hat [es] das Mittelalter auch nach 40 Jahren im Wissenschaftsbetrieb nicht über den Status der Orchidee hinaus geschafft und genießt höchstens bei anstehenden Stellenkürzungen im Universitätsbereich Priorität; aber an Selbstbewußtsein haben die Mediävisten und unser Verband an Mitgliedern inzwischen doch beachtlich zugelegt. Deshalb verfolge ich die Verbandsaktivitäten […] auch nach der Emeritierung noch immer mit großem Interesse. Auch wenn es wegen der Altersbeschwerden mit den eigenen Forschungsaktivitäten nun einfach etwas geruhsamer läuft, so kann der Mediävistenverband natürlich auch weiterhin nicht nur mit meiner Mitgliedschaft, sondern auch meiner Unterstützung rechnen.[2]

Zitieren möchte ich auch aus der Mail des Heidelberger Romanisten Frankwalt Möhren:

> Ja, das waren heroische Zeiten. Die Anglisten, Göller und Fichte, hatten das nach einem Trip nach Kalamazoo initiiert. Ich saß dann in

1 Helmut G. Walther: Brief vom 06.09.2023.

2 Ebd.

> der Gründungsversammlung unter den zehn Aufrechten als einziger Romanist. Die Posten sollten nach Fächern verteilt werden. Mich traf der Posten des Schatzmeisters. In der nächsten Sitzung wurde ich beschimpft, weil ich ein kostenloses Konto eröffnet hatte [...]. Erledigt hat die Arbeit meine Frau. [...] Als ich Jahre später (6 oder 7) das ‚Büro' Herrn Busse übergab, war der bestürzt: ein dicker Block Kontoauszüge mit Notizen drauf und eine dünne Jurismappe. Er hat das dann aufgepeppt [...].[3]

Aus beiden Schreiben wird ersichtlich: In den vergangenen 40 Jahren hat sich im Mediävistenverband einiges verändert, nicht nur in der Finanzführung und durch massive hochschulpolitische Sparmaßnahmen; das für die Gründung unseres Verbands so wichtige Teilfach der Anglistik ist durch Kürzungen stark dezimiert worden, wie viele andere mediävistische Fächer ebenfalls. Doch zeitgleich hat der Mediävistenverband an Profil, Strahlkraft und interdisziplinärer Reichweite gewonnen; von den ‚zehn Aufrechten' ist er bis zum heutigen Tag auf genau 1175 Mitglieder angewachsen, darunter viele junge Forschende. Auch hat die disziplinäre Vielfalt zugenommen, wie die aktuelle Zusammensetzung von Präsidium und Beirat zeigt; ihnen gehören neben den Gründungsdisziplinen ebenso die Fächer Archäologie, Historische Grundwissenschaften, Islamwissenschaften, Jüdische Studien, Medizin-, Musik- und Rechtsgeschichte, Philosophie und Skandinavistik an. Hinzugekommen sind zudem eigene Funktionsstellen für ‚Early Career', ‚Digital Humanities', Mediävistik und Schule sowie Öffentlichkeitsarbeit. Diese Stellen zeigen, welche Schwerpunkte wir heute in der Verbandsarbeit setzen.

3 Seit 40 Jahren: Meilensteine der Verbandsgeschichte

Seit 40 Jahren engagieren sich Mediävistinnen und Mediävisten verschiedenster Disziplinen in diesem Verband, wofür ich Ihnen als Präsidentin von Herzen danken möchte; mit Blick auf unsere Annalen: Es ist die neunte Präsidentschaft seit der Gründung. Was die Erfolgsgeschichte des Verbandes ausmacht und was wir in den vergangenen 40 Jahren erreicht haben, möchte ich im letzten Teil meines Vortrags anhand von fünf Meilensteinen skizzieren:

---

3 Frankwalt Möhren: E-Mail vom 02.08.2023.

Erster Meilenstein: 1985. Erstes Symposium des Mediävistenverbands.

Genau zwei Jahre nach Gründung fand erstmals ein Symposium statt; organisiert wurde es in Tübingen und widmete sich dem Thema ‚Zusammenhänge, Einflüsse, Wirkungen'. Seit 1985 findet alle zwei Jahre ein interdisziplinärer, internationaler Kongress unseres Verbands statt – mit einer bekannten Ausnahme: Das letzte Symposium konnten wir wegen der Corona-Pandemie erst mit zweijähriger Verspätung durchführen, im März dieses Jahres in Würzburg. 19 Symposien hat der Mediävistenverband also bislang insgesamt veranstaltet, und zwar an unterschiedlichsten Orten: im Norden und Süden, Westen und Osten Deutschlands sowie in Österreich und der Schweiz; in Berlin und Freiburg, in Trier und Frankfurt/Oder, in Krems und Bern – übrigens auch schon mal in Marburg, nämlich im Jahr 2001. Thematisch stecken die Symposien ein breites Spektrum ab und reichen von Abrahams Erbe oder Karl dem Großen über Raumwahrnehmung und Farbe bis hin zu dem zu einem Jubiläum wunderbar passenden Thema ‚Feste und Feiern im Mittelalter'. Wir freuen uns schon heute darauf, in wenigen Jahren mit einem weiteren Symposium zum Forschen und Feiern nach Marburg zurückkehren zu können.

Zweiter Meilenstein: 1996. Einrichtung der Zeitschrift ‚Das Mittelalter'.

Seit 1996 erscheint unsere verbandseigene Zeitschrift zweimal jährlich; herausgegeben wird sie von der Schriftführung des Mediävistenverbands, derzeit hat Isabelle Mandrella dieses Amt inne. Die ersten beiden Hefte widmeten sich den Themen ‚Providentia – Fatum – Fortuna', besorgt von Joerg O. Fichte, und ‚Frauen-Beziehungsgeflechte im Mittelalter', herausgegeben von Hedwig Röckelein und Hans-Werner Goetz. Mittlerweile befinden wir uns im 28. Jahrgang; das letzte Heft ‚Die „Sieben weisen Meister" als globale Erzähltradition', von Bettina Bildhauer, Jutta Eming und Nora Schmidt herausgegeben, ist im Sommer erschienen. Seit 2018 durchlaufen die Aufsätze ein Peer-Review-Verfahren und wird die Vergabe der Themenhefte öffentlich ausgeschrieben. Der Beirat hat die schöne Aufgabe, die innovativsten und überzeugendsten Vorschläge auswählen zu können – morgen ist es wieder so weit. Neben der Interdisziplinarität sind auch Qualität, Transparenz und Partizipation leitende Prinzipien unseres Handelns.

Dritter Meilenstein: 2013. Erstmalige Verleihung des Dissertationspreises.

Seit 2013 wird alle zwei Jahre ein Preis für eine herausragende, interdisziplinär angelegte Dissertation vergeben. Sechs junge Forschende wurden bislang mit diesem Preis ausgezeichnet. Der erste Preisträger war der Kunsthistoriker Philipp Cordesz mit seiner Studie ‚Trésor, mémoire, merveilles. Les objets des églises au Moyen Âge'; in diesem Jahr wurde der Germanist Jan Glück geehrt für seine Dissertation ‚Animal homificans. Normativität von Natur und Autorisierung des

Politischen in der europäischen Tierepik des Mittelalters'. Die Förderung des wissenschaftlichen Nachwuchses ist ein zentrales Anliegen des Mediävistenverbands. Aus diesem Grund haben wir sukzessive die Formate für junge Forschende ausgebaut. Der Mediävistenverband fördert ‚Early Career Projects' und interdisziplinäre Sommerkurse, zuletzt im Juni am Alfried Krupp Wissenschaftskolleg in Greifswald. Auf dem Würzburger Symposium richtete der Beirat erstmals ein Vernetzungstreffen für junge Forschende aus, das sehr gut angenommen wurde.

Vierter Meilenstein: 2014. Gründung der Reihe ‚Beihefte'.

Als die Zeitschrift volljährig wurde, bekam sie ein Publikationsorgan an ihre Seite gestellt: 2014 erschien der erste Band der ‚Beihefte'; er enthielt die Ergebnisse des Jenaer Symposiums ‚Gottes Werk und Adams Beitrag. Formen der Interaktion zwischen Mensch und Gott im Mittelalter' und wurde von Thomas Honegger, Gerlinde Huber-Rebenich und Volker Leppin herausgegeben. Weitere Symposiumsbände und andere interdisziplinäre Sammelbände folgten. In nicht einmal zehn Jahren ist die Reihe auf stattliche neunzehn Bände angewachsen, weitere befinden sich in Vorbereitung. Die jüngste Publikation ‚To Jerusalem and Beyond. Interdisciplinary Approaches to the Study of Latin Travel Literature, c. 1200–1500', von Martin Bauer, Philip Booth und Susanna Fischer,[4] belegt, dass die Reihe sowohl disziplinäre als auch nationale Grenzen überschreitet. Herausgegeben werden die Beihefte im Auftrag des Mediävistenverbands von Ingrid Baumgärtner, Stephan Conermann und Thomas Honegger.

Fünfter Meilenstein: 2021. Umsetzung einer Open-Access-Strategie.

Fragen der Digitalisierung beschäftigen den Mediävistenverband seit geraumer Zeit sehr. Für ‚Digital Humanities' wurde ein eigener Arbeitskreis, unter der Leitung von Gabriel Viehhauser, eingerichtet und ein erstes Themenheft veröffentlicht, ein weiteres wird in knapp zwei Jahren erscheinen. Nach intensiven Diskussionen entschieden Beirat und Präsidium, künftig alle Publikationen digital frei zugänglich zu machen. Zu unserer Freude wurde die Zeitschrift ‚Das Mittelalter' mitsamt den Beiheften in das Exzellenzprogramm von Heidelberg University Press (heiUP) aufgenommen; seit 2021 erscheinen unsere Publikationen bei heiUP. Das erste Themenheft nutzten Präsidium und Beirat dazu, nach dem aktuellen Stand der interdisziplinären Mittelalterforschung zu fragen und Zukunftsperspektiven zu entwickeln.[5]

---

4 Vgl. https://doi.org/10.17885/heiup.998.

5 Vgl. https://doi.org/10.17885/heiup.mial.2021.1.

Was sagen die Mitglieder 40 Jahre nach der Gründung über den Mediävistenverband, seine Geschichte und seine Bedeutung? Antworten auf diese Frage bietet die Twitter-Kampagne vom Mai dieses Jahres anlässlich unseres Jubiläums, die Karoline Döring als Öffentlichkeitsbeauftragte vorbereitet hat. Vier Tweets möchte ich zitieren und damit enden:

Tweet 1 von Ingrid Baumgärtner:

> Seit gut 39 Jahren bin ich Mitglied im Mediävistenverband! Der interdisziplinäre Austausch, das anregende Miteinander, die freundschaftlichen Kontakte und die Begeisterung aller Beteiligten für die Sache haben mir viel Kraft gegeben, die mich weit über den Verband hinaus motiviert hat.

Tweet 2 von Anne Greule:

> Herzlichen Glückwunsch zum 40.! 🎉 Ich finde v. a. die Early Career Förderung super, weiter so! Selten so schnell so viele nette Menschen mit tollen Themen kennengelernt wie auf dem Vernetzungstreffen in Würzburg dieses Jahr 😍

Tweet 3 von Tim Geelhaar:

> Die OA-Strategie ist hervorragend, so lässt sich wunderbar jederzeit mit der Zeitschrift arbeiten. Zufälligerweise brauche und nutze ich das Angebot heute und bin dem Mediävistenverband sehr dankbar. Weiter so! #40jahreMV

Tweet 4 von Tina Terrahe:

> Auch von mir alles Gute den @Mediaevisten Der Verband bietet Gelegenheiten, ganz wunderbare Menschen kennenzulernen, sich interdisziplinär auszutauschen und gemeinsam zu forschen. […] Wer noch nicht Mitglied ist, sollte es sofort werden.

Diesen Appell bitte ich Sie weiterzutragen und danke für Ihre Aufmerksamkeit.

Frank Rexroth

Der dritte Ort

Gelehrte Eremiten zwischen den Kulturen der Frömmigkeit und der Rationalität (11.–13. Jahrhundert)

Abstract The so-called 'new hermitism' of the long 12th century exerted a great attraction on some visitors to the early scholastic schools. Distance from human settlements and radical asceticism were seen as a way of combining the new kind of rationality with practices of heightened religiosity. Forest and wasteland were seen as an attractive 'third place' apart from school and monastic life.

Keywords Hermits; Monasticisms; Scholars; Scholastic Movement; Third Place

'Kloster' und 'Kultur' gehören in unseren Vorstellungen von der europäischen Vergangenheit untrennbar zusammen.[1] Ausstellungen, die der monastischen Welt des Mittelalters gewidmet sind, locken Tausende von Menschen nach Paderborn und Essen, nach Bonn, Mannheim oder ins Kloster Dalheim, vor Schaukästen, in denen man die

1 Vortrag, gehalten anlässlich der 40-Jahresfeier des Mediävistenverbandes am 1. Dezember 2023 im Rathaus Marburg. Für ihr Mitdenken und ihre Lektüre danke ich den Mitarbeiter:innen und Hilfskräften am Göttinger 'Eremiten'-Forschungsprojekt: Luisa Deppe, Adrian Kammerer, Marie Kemper und Gitta Windt. Vgl. DFG-Projekt 'Eremitismus und die Kultur der Einsamkeit im mittelalterlichen Reich, 900–1300'. https://www.uni-goettingen.de/de/dfg-proj.+%22einsamkeit%22/667183.html (Zugriff: 04.03.2024). Zu danken habe ich auch denjenigen Mitgliedern des Mediävistenverbandes, mit denen ich in Marburg diskutieren durfte.

Kontakt

Prof. Dr. Frank Rexroth,
Georg-August-Universität Göttingen,
Seminar für Mittlere und Neuere Geschichte, Heinrich-Düker-Weg 14,
D-37073 Göttingen,
frank.rexroth@uni-goettingen.de

Frank Rexroth: Der dritte Ort. Gelehrte Eremiten zwischen den Kulturen der Frömmigkeit und der Rationalität (11.–13. Jahrhundert). In: Das Mittelalter 2024, 29(1), 201–223. Heidelberg: Heidelberg University Publishing.
DOI: https://doi.org/10.17885/heiup.mial.2024.1.24967

Schönheit von Schätzen aus Stein, Gold, Glas und Pergament bewundern kann, von Schmiedearbeiten, Malereien und kleinen, feinen Tafeln, die einmal ein Könner aus Elfenbein geschnitzt hat. Für die Kultur der Schrift gilt dies nicht minder: Wie könnte man die Kombination von handwerklichem Können und Schönheitssinn auch nicht bewundern, die uns aus den pergamentenen Handschriften in den sorgsam ausgeleuchteten Vitrinen anspricht, noch dazu, wenn sie illuminiert sind?

Verbreitet wird über diese Ausstellungen ebenso das Wissen, dass selbst vorchristliche Texte, also nicht die Paulusbriefe oder Väterschriften, sondern Ovid und Vergil in den Klöstern abgeschrieben und gelesen wurden.[2] Darunter befinden sich auch solche Werke, die man im Umkreis vorbildlich lebender Christen eher nicht vermuten würde. Cicero, Horaz oder Sallust schön und gut, das war eben Schullektüre, die Mönche haben sie schon früh in ihrem Grammatikunterricht kennengelernt. Doch bei ihnen blieb es nicht. Und nicht nur die Überlieferung, sondern auch die bloße Kenntnis der antik-paganen Literatur ist den Klöstern geschuldet, eben weil diese Werke in monastischen Konventen des Mittelalters nicht nur kopiert, sondern auch gelesen und memoriert wurden.

Dieses Verdienst wurde dem lateinischen Mönchtum auch dort durchaus zugebilligt, wo man Mönchen und Klöstern ansonsten nichts Gutes zutraute, etwa in den antiklerikalen Milieus der europäischen Aufklärung. Selbst in diesen erleuchteten Kreisen aus der Ära, in denen man das Gemäuer von Klöstern abtrug, um seine Steine für den Straßenbau zu verwenden, räumte man ein, dass das Mönchtum immerhin als eine Art welthistorischer Zwischenspeicher für antikes Kulturgut fungierte, als Bewahrer von Texten und Dingen, um die sich in den Weiten der nachantiken Jahrhunderte ansonsten niemand gekümmert hätte.[3] Die Universitäten, die seit 1200 entstanden, so sagte man dann, brachten für das antike Bildungsgut die Rettung – langfristig waren Klöster aus dieser Sicht

---

2 Vgl. Reynolds u. Wilson 1974, z. B. mit einer Bilanz zur Kenntnis der antiken lateinischen Autoren am Ausgang des 9. Jhs. auf S. 89 f.; Munk Olsen 1987–1989; Hunger 1975.

3 Art. Universität, Sp. 1780 f.: *Denn nachdem* [die Artes liberales, F. R.] *aus ihren alten Sitzen vertrieben, so fiengen sie allmaehlig an, in denen damahlen entstehenden Kloestern sich neue zu suchen. Anfaenglich gerieth es auch ziemlich gut, indem die darinnen lebenden Moenche sich deren Beybehaltung bestens befliessen. Und um diese Zeiten, wie auch aus dergleichen Grunde begunte Teutschland ebenfals aus seinem rauhen Leben sich allmaehlich herauszuwickeln, indem die angenommene Christliche Religion, und die hin und wieder erbaueten vielen Kloester, Stiffte, u. dergl. die Leute von ihrer alten ungezogenen Art abbrachten, und sie zu einer neuern und bessern angewoehnten; da denn die Moenche nicht unterliessen, sie in allerley guten Wissenschafften zu unterrichten. Dahero waren in selbigen Zeiten die Kloester auch rechte Werckstaette der Weißheit, welche Weise, wenn sie so unverletzt waere beybehalten worden, endlich nicht wuerde zu verwerffen gewesen seyn. Als aber die Geistlichkeit von ihrer ersten Reinigkeit abzuweichen begunte, sich auf die faule Seite legten, und nach weltlicher Herrschaft strebte, da lernte sie auch die Studia gar aergerlich mißbrauchen und zu einem Nutzen zu machen, mit welchen sie die Layen, wie sie diejenigen, die ausser ihrem Stand lebten, zu nennen pflegte, meisterlich bezwingen, und sich ihnen unterwerfen koennte.*

eben doch nur Orte für frömmelnde Obskurantisten gewesen. Immerhin: Für die Jahrhunderte zwischen dem Niedergang der römischen Kultur im Westen und der neuen Intellektualität, die sich in den Milieus der frühen Scholastik und dann an den Universitäten in Europa ausbreitete, hatte man die Mönche als die Bewahrer der gehobenen Schriftkultur zu würdigen.

***

Damit ist aber nur eine von zwei möglichen Lesarten benannt, denen man das Verhältnis von ‚Kloster' und ‚Bildung', ‚Text' und ‚Lektüre' unterzogen hat, und dies schon während des Mittelalters selbst. In den mittelalterlichen Lebensbeschreibungen von Mönchen tauchen die ‚Schule', der weiterführende Unterricht und das Studium der weltlichen Literatur in einem verwandten, aber doch ganz anderen Zusammenhang auf, nämlich im Sinn einer Alternative zum Klosterleben, einer biographischen Option, die dem jungen Menschen eine schwierige Entscheidung aufbürdet, eine Entscheidung, die derjenigen des Herkules am Scheideweg nicht unähnlich ist. Es geht in dieser Erzählung um das Spannungsfeld zwischen Wissen und Glauben, um theoretische Reflexion und gelebte religiöse Praxis. Eine frühe Verwendung dieses Topos finden wir in Gregors des Großen Dialogen, und zwar in der berühmten Lebensbeschreibung des heiligen Benedikt. ‚Auf der Schwelle zur Welt' könnte man den Topos nennen, denn es heißt dort von Benedikt:

> Er stammte aus angesehenem Geschlecht in der Gegend von Nursia. Zu Ausbildung und Studium wurde er nach Rom geschickt. Dabei sah er viele in die Abgründe des Lasters fallen. Deshalb zog er den Fuß, den er gleichsam auf die Schwelle zur Welt gesetzt hatte, wieder zurück, damit nicht auch er von ihrer Lebensart angesteckt werde und so schließlich ganz in bodenlose Tiefe stürze. Er wandte sich also vom Studium der Wissenschaften ab und verließ das Haus und die Güter seines Vaters. Gott allein wollte er gefallen, deshalb begehrte er das Gewand gottgeweihten Lebens. So ging er fort: unwissend, doch erfahren; ungelehrt, aber weise.[4]

4 Gregor der Große: Dialoge II, prol., S. 71 f.: *Qui liberiori genere ex provincia Nursia exortus, Romae liberalibus litterarum studiis traditus fuerat. Sed dum in eis multos ire per abrupta vitiorum cerneret, eum, quem quasi in ingressum mundi posuerat, retraxit pedem, ne si quid de scientia eius adtingerit, ipse quoque postmodum in inmane praecipitium totus iret. Despectis itaque litterarum studiis, relicta domo rebusque patris, soli Deo placere desiderans, sanctae conversionis habitum quaesivit. Recessit igitur scienter nescius et sapienter indoctus.* Die Übersetzung im Haupttext nach Gregor der Große: Das II. Buch der Dialoge, Einleitung.

Ausbildung und Studium findet man im urbanen Ambiente Roms, einem Ort, der viele junge Leute moralisch korrumpiert, denn Stadtleben ist sinnlich und hält alle möglichen Zerstreuungen bereit. Dies scheint Benedikt schnell erfasst zu haben, indem er genau hinsah, und so entschied er sich gegen Rom und die *studia litterarum* und machte sich auf die Suche nach einem besseren Leben. Mit seiner Amme, so der Bericht, sei er weitergezogen in die Einsamkeit, letztlich ins Kloster. Dieser ‚Auf-der-Schwelle-zur-Welt'-Topos begegnet uns fortan in den Lebensbeschreibungen vorbildlicher Mönche, sei es in denen des Caesarius von Arles oder Bernhards von Clairvaux. Bernhard etwa wird von seinen leiblichen Brüdern zum Schulbesuch gedrängt, weil man hofft, dass die Liebe zum Wissen seine Karriere fördern werde. Auch hier kommt es anders, diesmal dank der Mutter.[5]

Aber ist es tatsächlich nur die städtische Situierung von Schulen, die einen jungen Menschen auf Abwege bringt, also die Stadt als der Sündenpfuhl, der Ort der moralischen Anfechtung? Man könnte es meinen, wenden sich doch bald fromme Männer im Ton des Warners und Mahners an Besucher städtischer Schulen und beschwören sie, sich in Sicherheit zu bringen. „Flieht aus der Mitte Babylons, flieht und rettet eure Seelen! Eilt zu den Asylstätten", soll Bernhard von Clairvaux predigend die Pariser Scholaren um 1140 beschworen haben. Seine Andeutungen legen nahe, dass er hier in Paris vornehmlich erotische Gefahren sah.[6] Auf eine andere Spur bringt uns der Abt eines Konvents Montier-la-Celle bei Troyes namens Peter, der in einem Brief von wahrscheinlich 1164 seinen Freund vor den Tücken der Seinestadt warnen will: „Ach, Paris, wie sehr bist du dazu angetan, die Seelen gefangen zu nehmen und zu täuschen! Du enthältst Netze aus Lastern, Fallstricke des Bösen, in dir durchbohrt der Höllenpfeil die Herzen von Toren!"[7] Und er führt weiter aus, dass nicht nur die *luxuria* drohe, sondern auch die Verirrung des Intellekts: Um das Buch des Lebens statt ihre Studienbücher sollten sich die Scholaren kümmern; frei machen sollten sie sich vom Buchstabenglauben und stattdessen die tatsächliche Wahrheit erkennen, die *beata scola*, in der Christus der Lehrer ist. Um zu zeigen, dass er weiß, wovon er spricht, lässt er das zeitgenössische scholastische Vokabular einfließen und taucht es in eine dunkle Farbe: Disputation, Sophismus, *quaestio, determinatio, lectio, opponens.* Wer

---

5 Vgl. Vita des Caesarius (von seinen Schülern verfasst), cap. 9, S. 299 f.; Wilhelm von St. Thierry: Vita prima Sancti Bernardi 1, cap. 9, S. 39.

6 Bernhard von Clairvaux: Ad clericos de conversione, cap. 37, S. 236 f.: *Fugite de medio Babylonis, fugite et salvate animas vestras. Convolate ad urbes refugii* [...]. Die Schelte der Missstände mit Andeutungen der verfehlten Sexualität in ebd., cap. 34, S. 232: *Siquidem post fornicationes, post adulteria, post incestus, ne ipsae quidem apud aliquos ignominiae passiones et turpitudinis opera desunt.* Vgl. dazu Ferruolo 1985, S. 47 f.

7 Peter von Celle: Letters, S. 656, Brief 170 an Johannes von Salisbury: *O Parisius, quam idonea es ad capiendas et decipiendas animas! In te retiacula uitiorum, in te malorum decipula, in te sagitta inferni transfigit insipientium corda.*

sich mit ihnen beschäftigt, hat es für Peter dort mit dem toten Buchstaben zu tun, wo es doch eigentlich um den lebendigen Geist gehen müsste. Es sind nicht nur die Körper junger Männer, die in der Stadt in Versuchung geführt werden – die Schule selbst steht für die Versuchung des Geistes mittels einer Betätigung, die offenbar süchtig macht und spirituell verdirbt.

***

Ein Fall derartiger Verführung soll hier vorgestellt werden, und zwar nicht nur, weil er sich in einem klösterlichen Konvent ereignete, sondern weil er die intellektuelle Dynamik von ‚An der Schwelle zur Welt' auf eine weniger moralisierende, dafür aber präzisere Art schildert. Im Zentrum steht Johannes aus dem Benediktinerkonvent von Gorze in Lothringen, dessen Leben von einem Namensvetter um 974 aufgeschrieben wurde.[8] Was die folgende Episode auszeichnet, ist, dass das Moment der Verführung durch Wissenschaft hier breiter ausbuchstabiert wird als anderswo. Denn Johannes ist jemand, der zunächst alles richtig macht, der die richtigen, weil christlichen Texte liest, die Schriften, die aus einem Mann einen guten Mönch machen, und das in der richtigen Reihenfolge und mit der richtigen Einstellung:

> [Johannes durcheilte] zuerst die ‚Moralia' des seligen Gregor der Reihe nach immer wieder und prägte sich den gedanklichen Inhalt daraus fast vollständig so tief in sein Gedächtnis ein, dass in gemeinschaftlichen Gesprächen und Mahnreden seine Rede gänzlich aus diesen Büchern zu fließen schien. Und nicht weniger intensiv las er Augustinus, Ambrosius, Hieronymus oder wer auch immer von den alten Autoren in seine Hände gelangte, auch weil man zu der Zeit, da die Studien erkaltet waren, fast nicht einmal mehr Bücher fand.

So weit, so gut, aber dann passierte es: Als er sich der Schrift des Augustinus über die Trinität widmete, stolperte er dort über eine Stelle, in der von den „Regeln der Dialektik" die Rede war, „besonders da, wo er [Augustinus, F. R.] die Kategorie *ad aliquid* ‚in Bezug auf etwas' einführt, um das Verhältnis des Vaters zum Sohn und des Heiligen Geistes zu beiden darzulegen."[9] Johannes scheint irritiert gewesen zu sein, er verstand diesen Schluss von einer sprachlogischen Figur auf die Trinität nicht. Deswegen begann ihn die Sache zu reizen: Offenbar musste man sich tiefer in die aristotelische Philosophie einarbeiten, wenn man etwas verstehen wollte. Die

8 Vgl. zum Folgenden Die Geschichte vom Leben des Johannes, cap. 83, S. 338–342; zu der Stelle Donnat 1993, S. 172 f.

9 Die Geschichte vom Leben des Johannes, cap. 83, S. 341.

logischen Schriften des Stagiriten waren dazu heranzuziehen, aber die hatten es in sich. Folglich wollte sich Johannes den Zugang mit Hilfe von Einführungswerken bahnen. Also suchte er Belehrung, so berichtet sein Biograph, und zwar mit der ihm eigenen Intensität, „ausgehend von den ‚Isagogen', den einführenden Schriften, dass ihm ein Zugang eröffnet werde". Johannes „stürzte sich in die Mühsal ihrer Lektüre." Sein Abt Einold habe schließlich interveniert, denn dieses Verhalten habe ihm aus eigener Erfahrung Sorgen bereitet: Ihm, Einold, sei es früher einmal genauso gegangen wie jetzt dem Mönch Johannes, er „hatte sich nämlich schon vor langer Zeit höchst eifrig um dieselben Dinge bemüht und erfahren, wie viele Anstrengungen sie kosten. Da er nicht wollte, dass Johannes seine Zeit vergeblich darauf verwendete, brachte er ihn mit einem kurzen Verbot davon ab". Johannes habe gehorcht und seinen ursprünglichen Lektüreplan wieder aufgenommen. Er „verlegte sich wie am Anfang gänzlich auf die göttlichen Schriften."[10]

Einold wusste offenbar, was Johannes bewegte. Wir können es immerhin mutmaßen, denn der Biograph teilt uns ja glücklicherweise mit, welche Lektürepfade der Mönch eingeschlagen hatte: Bei den ‚Isagogen' handelte es sich mit hoher Wahrscheinlichkeit vorrangig um das Einführungswerk des Neuplatonikers Porphyrios, in dem dieser die aristotelische Logik für Anfänger erschließbar machen wollte, eine Schrift, die in mehreren lateinischen Übersetzungen greifbar war. Diese Schrift setzt ein mit der Verheißung, die aristotelischen Begriffe fassbar zu erklären und die Verständnishürden zu überwinden, indem er die tieferen Probleme dieser Philosophie ausspart und sich auf das Einfachere verlegt. Doch gleich im nächsten Satz fand sich dann eine hintergründige Ankündigung: Zum Beispiel gehe er nicht ein auf das Problem, ob die Kategorien des Aristoteles, *genus* und *species* etwa, etwas bezeichnen, was in der Welt tatsächlich existiert, oder ob es sich dabei um rein mentale Konzepte handelt.[11]

Damit aber war die Frage erst recht im Kopf des Lesers implantiert: War das, was man betrieb, wenn man Porphyrios, Boethius und Aristoteles las, eine Wirklichkeitswissenschaft? Rekurrierte es auf die Dinge der Welt? Oder handelte es von reinen Begriffen, mit denen sich Menschen einen Reim auf die Welt machen, was ja ebenfalls keine Kleinigkeit wäre? Wer eine Ader für solches Fragen hatte, der fühlte sich wie Johannes gedrängt, der Sache weiter nachzugehen, was hieß: weiterzulesen, sich an das aristotelische Original heranzuwagen. Philosophischer Vokalismus und – in dessen Verlängerung – die Frage nach dem ontologischen Status von Universalien, von Alain de Libera auf 500 eng bedruckten Seiten von Platon bis zum Ende des Mittelalters verfolgt, waren in Johannes' Kopf installiert,

10 Ebd., S. 343. Vgl. dazu Wagner 1993, v. a. S. 228 f.

11 Vgl. Porphyrios: Introduction, § 0: Preface, S. 3.

wenn er den Passus gelesen hatte (und das hatte er ganz sicher).[12] Auf der Schwelle zum Philosophieren scheint Einold ihn gerade noch davon abgehalten zu haben, auf diesem geistigen Weg weiterzugehen, ja sich für die Zukunft zu verlieren.

***

Seit den 1070er Jahren wurde aus den einzelnen *scholae*, die sich mit Texten wie den ‚Isagogen' auseinandersetzten, eine intellektuelle Bewegung, ein Milieu. Seine Angehörigen befassten sich immer intensiver mit der Logik und entwickelten dabei Denkweisen und Prinzipien, die es heute nahelegen, von der Emergenz wissenschaftlichen Denkens zu sprechen.[13] Diese Bewegung, die ein ‚langes' 12. Jahrhundert etwa von 1070 bis 1215 prägen sollte, wurde dabei von Anfang an angefeindet, und zwar so intensiv, dass man in der historischen Forschung von einer Bewegung von ‚Antidialektikern' gesprochen hat.[14] Das ist nicht völlig falsch, doch führt diese Bezeichnung in die Irre; denn wer seit der zweiten Hälfte des 11. Jahrhunderts gegen diesen Dialektikhype polemisierte, ließ in seinen Schriften meist durchblicken, dass er selbst von dieser Disziplin eine Menge verstand, zeigte den Ehrgeiz, die Vertreter dieser neuen Wissenschaft mit ihren eigenen Waffen zu schlagen – dies zumal diese Wissenschaft bald beanspruchte, auch die Beschäftigung mit der Bibel und den Väterschriften, mit Synodalbeschlüssen und prinzipiell allem Geschriebenen zu revolutionieren.[15]

Was aber der eigentliche Kern der Kritik war, wird in den Schriften der sogenannten Antidialektiker (denken wir an Petrus Damiani oder einen Kanoniker namens Manegold) deutlich: Es ist die Lebensweise und der Habitus, die an den Schulen kultiviert wurden, ihre Überschätzung der menschlichen Ratio und ihr Herumziehen von Schule zu Schule, ohne die Bindung an eine bestimmte Kirche oder ein Kloster. Dem Umgang mit den Schriften der Dialektik unterstellte man, dass er insbesondere in jugendlichen Geistern einen derartigen Hunger nach Mehr entfachte, dass ihre ganze Art zu denken von ihm überformt werde, und dies selbst dann, wenn es um Fragen des Glaubens ging. Wer diesem Hunger nachgebe, stehe in Gefahr, die Macht des eigenen Verstandes zu überschätzen und hochmütig zu werden.[16]

***

---

12 Vgl. Libera 2005; Marenbon 2000.

13 Vgl. Rexroth 2019, v. a. S. 119–151.

14 Vgl. Endres 1902; Endres 1906; Endres 1910.

15 Vgl. Caiazzo 2011, S. 321; Hartmann 1997; Holopainen 1996, S. 156–159; Tweedale 1988, S. 205–210; Petrus Damiani: Lettre sur la toute-puissance divine, S. 187–264.

16 Vgl. Rexroth 2019, S. 92.

„Wissen bläht auf", heißt es bei Paulus im 1. Korintherbrief (8, 1). Das Bibelwort hat man so oder so verstanden: Entweder war es tatsächlich das weltliche Wissen, das den Körper anschwellen ließ, denn Wissen vermehrte sich, wie man dann sagte, wie ein Tumor, der sich unter der Haut abzeichnete.[17] Oder man dachte an den gelehrten Angeber, den man daran zu erkennen glaubte, dass er beim Aussprechen seiner schwierigen und fremden Wörter die Backen aufblies wie ein Frosch.[18] Wissen wurde aber für sich genommen als weder verdienstvoll noch schlecht gesehen, ja nicht einmal die Neugierde war pauschal zu verdammen. Offenbar kam es darauf an, welche Antriebe hinter dem Willen zum Wissen standen. „Wissen um seiner selbst willen ist Neugier; Wissen, um es vorzuzeigen, Eitelkeit; um den Bruder zu erbauen, Liebe; um Gott zu lieben und das Leben danach auszurichten, Weisheit."[19] Bernhard von Clairvaux, der dies sagte, urteilte danach, welche Verbindungen zu anderen Menschen mit einem bestimmten Wissen geknüpft werden sollten. Andere sahen die Gefahr eher in einer durch und durch asozialen Eigenschaft des Wissen-Wollens, dem selbstbezogenen Höhenflug des *l'art pour l'art*. Wer viel weiß, predigte der Zisterzienser Isaak von Stella, fliegt hoch und fängt an, sich selbst zu bewundern. Er schaut nach unten, ihm wird schwindlig und er stürzt kopfüber zu Boden.[20]

Gelehrte aller Art, da war man sich einig, gehörten einer Spezies an, die ganz besonders gefährdet war, von Neugier und Wissenssucht heimgesucht zu werden und damit der Todsünde der Eitelkeit anheimzufallen. Denn Eitelkeit galt als die Hauptschwäche der Gebildeten. Die vom Körper diktierten Todsünden, die Wollust und die Völlerei, hätten den Scholaren und Magistern durchaus zu schaffen machen können. Aber sie waren nicht charakteristisch für sie – eigentlich gehörte es sich gerade für den Weisen, sich weder aus Frauen noch aus gutem Essen etwas zu machen. Die Habgier befiel Wissenschaftler ebenso nur in Maßen und allenfalls in den Fällen, in denen sie sich außerhalb der gelehrten Milieus einen Nebenerwerb zulegten. Auch mittelalterliche Magister besaßen normalerweise keine Villen im Tessin, und die *Panama papers* hätten sie ruhig schlafen lassen. Da gab es außerhalb der Schulen günstigere Gelegenheiten zum Geldscheffeln. Der Jähzorn wurde ebenfalls nicht als akademische Berufskrankheit gesehen; diese Todsünde machte den Cholerikern unter den Mächtigen mehr zu schaffen, Männern wie

---

17 Vgl. Philipp von Harvengt: De institutione clericorum tractatus sex, tract. III, cap. 33, Sp. 707D.

18 Vgl. Augustinus: Confessiones 4, XVI. 28, S. 188 f.: Die aristotelischen ‚Categoriae' werden „nur mit vor Dünkel aufgeblasenen Backen" zitiert.

19 *Scientia propter se: curiositas; ut ostentetur: vanitas; ut frater aedificetur. caritas; ut Deus ametur et vita formetur: sapientia.* Bernhard von Clairvaux: Sententiae III, Nr. 57, S. 450 f. Von der *sapientia* wird dann allerdings gesagt, dass sie aus Herz und Gewissen stammt, nicht aus Schrift und Gedächtnis. *Curiosi* heißen bei den frühen Grammontensern die Inhaber eines Amtes, das Kontakt mit der Außenwelt mit sich bringt; vgl. Hutchison 1989, S. 72, 79.

20 Isaak von Stella: Sermo 5, 11, S. 209.

König Heinrich II. von England etwa. Die Faulheit verbot sich von vorneherein; einen faulen Gelehrten von Rang gab es nicht und wird es nach menschlichem Ermessen auch niemals geben. Neid plagte den Professor durchaus, vor allem dann, wenn die Scholaren wegblieben, um den Vortrag des Konkurrenten anzusteuern. Zu jenen verbrecherischen Ausmaßen, die der Neid in anderen Sparten annimmt, reichte dies aber auch hier nicht.

Blieb die Eitelkeit, die ewige Berufskrankheit der Wissenschaft. Die Kritiker der Schulen meinten sie, wenn sie über die Dialektiker herzogen. Wollten sie sich über sie lustig machen (insbesondere über die Religiosen, die sich von der scholastischen Bewegung anstecken ließen), dann konnten sie sich seit ca. 1180 die Geschichte vom alten Esel Brunellus aus Nigel Wirekers ‚Dummenspiegel' (*Speculum stultorum*) erzählen. Der zog nach Paris, weil er einen längeren Schwanz haben wollte, was hieß, dass er Magister werden wollte, um anschließend zu Hause auf dem Bauernhof großen Respekt zu ernten. Doch auch nach sieben Jahren Unterricht brachte er nur ein asinöses *Hy-Ha* heraus.[21]

Aber kehren wir die Blickrichtung um und schauen durch die Augen der Schulenbesucher und ihrer Magister draußen in der Welt auf die Mönche. Wir begegnen dann den gegenläufigen Stereotypen: Aus der Sicht der Scholastiker betrachtet, erschienen Mönche oft als Halbgebildete. Peter Abaelard etwa machte diese Erfahrung gleich mehrfach in seinem Leben: Mönche läsen unkritisch, sie seien im Sinn der neuen Wissenschaft nicht diszipliniert genug, gingen Begriffen nicht genügend auf den Grund und sagten dann Dinge, die einer kritischen Analyse nicht standhielten.[22] Wie etwa der Vielschreiber Rupert von Deutz mochten sie ganze Bibliotheken leergelesen haben; aber man machte sich trotzdem lustig über sie (und gerade über sie), denn sie standen nicht im Diskurs, sie durchdrangen das Angelesene auf eine andere Weise als die, die man als Scholastiker mit profunder dialektischer Schulung antrainiert bekam.[23]

***

Dies bedeutete jedoch nicht, dass die Angehörigen der scholastischen Gruppen die Warnungen vor der spirituellen Gefahr souverän ausgeschlagen hätten. Mahnungen wie die Bernhards (‚Wenn euch euer Seelenheil lieb ist, dann meidet den Schulbetrieb!') verfingen bei ihnen durchaus. Ein Italiener namens Anselm etwa, seit 1059 Meisterschüler des Klosters Bec in der Normandie, spürte das

21 Nigellus de Longo Campo: Speculum stultorum, V. 1563, S. 65: *A puero didicit Burnellus hy ha; nihil ultra / Quam quod natura dat retinere potest.* Zu den wechselseitigen Wahrnehmungen von Scholastikern und Mönchen vgl. Rexroth 2014.

22 Vgl. Rexroth 2019, S. 261–263.

23 Vgl. Rexroth 2022, S. 70–72.

starke Bedürfnis, sich als Gelehrter einen Namen zu machen, handelte sich mit diesen Ambitionen aber zunächst einmal Schuldgefühle ein.[24] Um diejenigen wie Anselm, deren Gewissen von den Mahnern erreicht wurden und die ihr Schwanken zwischen Glaubensgehorsam und Intellekt als ein Dilemma empfanden, für die also ihre Rationalität zu einer Frage des Seelenheils wurde, soll es im Folgenden gehen. Wer gelehrt und fromm zugleich sein wollte, wer von den intellektuellen Herausforderungen der philosophischen Schriften angefasst worden war, sich aber nicht freimachen wollte von den Vorbehalten gegenüber dem profanen Denken, befand sich in der Tat in einem Dilemma. Ebendies ist der Hintergrund einer Beobachtung, die hier zu erörtern ist: dass eine nicht geringe Zahl von Gelehrten seit etwa den 1070er Jahren die Option eines dritten Ortes jenseits von Mönchskonvent und *schola* wählte und für eine bestimmende Phase ihres Lebens zu Eremiten wurde – dies nicht in totaler Isolation, sondern jeweils in kleinen Gruppen von Anhängern und Schülern.[25]

So unbequem er auch sein mochte, und so sehr man in ihm die Härte des Lebens im Wald und im Gebirge auch spürte: Das Eremitendasein in der Gruppe war ein solcher dritter Ort, wenngleich meist nur für eine gewisse Zeit. Der Hunger treibt bekanntlich den Wolf aus dem Wald, und er trieb die Eremiten auch nach Jahren der Askese und des Schlafentzugs in erträglichere Gefilde, häufig zu einem Kloster oder einer Kirche für Regularkleriker, vielleicht auch zurück an die Schulen, aber davon erfahren wir leider so gut wie nichts. Von den meisten dieser biographischen Stationen wissen wir überhaupt nur deshalb, weil die Betroffenen im Anschluss an ihr Eremitendasein einem Konvent beitraten oder sogar einen gründeten. Derartige Erzählungen hatten eine höhere Überlieferungschance. Das Leben solcher Menschen hielt man für würdiger, aufgeschrieben zu werden. Gut möglich ist, dass wir uns für jede dieser Abtsgestalten mit eremitischer Vergangenheit eine größere Zahl von Menschen vorstellen müssen, denen es nicht vergönnt war, einen Kirchenbau zu schultern. Was mag aus ihnen geworden sein? Starben sie irgendwann in ihrer einsamen Klause oder kehrten sie in eine andere Art von Leben zurück? Wir haben keine Ahnung, wir kennen ja kaum einen Namen.

Das Eremitentum nahm seit der Mitte des 11. Jahrhunderts allgemein einen beträchtlichen Aufschwung, so dass man in der Forschung mit Henrietta Leyser von einem ‚New Hermitism' gesprochen hat, einer Bewegung, die für England, Frankreich und Italien gut erforscht ist und deren Geschichte auf dem Boden des Reichs an der Universität Göttingen gerade von einer Forscher:innengruppe

---

24 Vgl. Southern 1991, S. 30.

25 Vgl. Rexroth 2021a; Rexroth 2021b. Vgl. die Beobachtungen zur Nähe der Scholaren zum zeitgenössischen Wanderpredigertum: Ziolkowski 2012, v. a. S. 236–238. Was die Gruppenformen ähnlich erscheinen lässt (hier: Schüler-Lehrer-Gruppen und *itinerant evangelicism*), ist der deutliche Rückbezug auf die Apostel. Vgl. Angelis 1997, S. 127.

rekonstruiert wird.[26] Das Leben in Kleingruppen unter extrem asketischen Bedingungen in der Einöde war für gebildete junge Männer ein maßgeblicher dritter Ort jenseits von Konvent und Schule. Er prägte die Geschichte der Wissenschaften im lateinischen Europa nicht unerheblich, indem er es den Akteuren für einige Zeit erlaubte, den Verdacht der Gottesferne und des sündigen Rationalismus zu widerlegen.

Man hat vermutet, dass die Wissenschaft schon immer und wie zu Benedikts Zeiten mit der Kultur der Städte zu assoziieren ist. Forscher wie Jacques Le Goff oder Kurt Flasch haben die Urbanität als eine Grundbedingung für die neue scholastische Wissenschaft bezeichnet.[27] Diese Sicht ist aber mindestens zu differenzieren, wenn nicht zu korrigieren: Als die Wissenschaft an Orten wie Paris fest in den Städten installiert war, als ihre Akteure die urbanen Wohnungs- und Lebensmittelmärkte schätzen lernten, brachten Gelehrte habituelle Eigenschaften in die Städte mit, die zuvor in der Einsamkeit eingeübt worden waren. Um diesen Prozess geht es nun.[28]

***

Um das Jahr 1100 begegnet uns ein gewisser Gottfried Balbo (oder Babio) als Lehrer am Domkapitel von Angers und als hochangesehener Verfasser von Predigten und einem Kommentar zum Matthäusevangelium, die ihm einen hervorragenden Ruf eintrugen. In der Tat waren die Werke so gut, dass man sie für lange Zeit prominenten Zeitgenossen zugeschlagen hat; die Predigten werden noch heute in einer Ausgabe benutzt, die sie Hildebert von Lavardin zuwies, sein Matthäus-Kommentar galt lange Zeit als eine Arbeit Anselms von Laon.[29] Seit Gottfried als Autor feststeht, gilt er als „un des plus grands prédicateurs du XIIe siècle" – das ist nicht wenig für einen Mann mit einem Sprachfehler.[30] Das ist aber nicht alles, dieser Mann betrieb offenbar die Exegese von Statius' ‚Thebais', und man hat in ihm einen frühen Ideengeber für den jungen Peter Abaelard und sein Umfeld zu sehen.[31] Noch Jahrzehnte später lobte ihn Abaelard: Oft sei ein Stotterer ein

26 Leyser 1984. Vgl. Licence 2011; Vauchez 2003; Milis 1979.

27 Vgl. Le Goff 1986, S. 15 u. ö.; Flasch 1986, S. 194.

28 Diese Beobachtung habe ich schon vorgetragen in Rexroth 2021a.

29 Foulon 1993, dort S. 48, Anm. 13 zu den Gottfried zugewiesenen Predigten. Vgl. auch die Literaturangaben in Romig 2004, S. XXXVII f.; zum Bibelkommentar Lottin 1959, S. 153–169.

30 Bonnes 1945.

31 Vgl. Angelis 1997, v. a. S. 91, 132. Diese Zuschreibung steht nicht zweifelsfrei fest. Vgl. Foulon 2009, S. 71, Anm. 2.

besserer Lehrer als ein verwirrter Philosoph ohne Sprechhinderung, das sehe man an Magister Balbo, also unserem Gottfried.[32]

Aus unbekanntem Grund verlieren sich Gottfrieds Spuren für zwei Jahrzehnte fast völlig. So viel ist aber doch bekannt, dass er sich von der eremitischen Bewegung seiner Tage anstecken ließ und ein Leben in strenger Armut und Abgeschiedenheit führte.[33] Gottfried wird in den Urkunden, die diese Vorhaben absichern, weiterhin *magister* genannt, was nicht untypisch für die Anführer von Eremitengruppen war.[34] Ein Kritiker wirft ihm vor, als Eremit zu enge Beziehungen zu einem lokalen Grafen zu unterhalten – und zu Frauen. Diesem letzteren Motiv werden wir noch häufiger begegnen.[35]

Dass Leute wie Gottfried in ihrer eremitischen Phase schwer aufzufinden sind, liegt in der Natur der Sache, immerhin wollten sie ja gar nicht behelligt werden. Von einem gewissen Gaucher von Aureil und seinem Begleiter Germund erfahren wir, dass sie auf den Weg zu den Grammatikschulen Aquitaniens für drei Jahre im Wald verschwanden, um dort unerkannt von den Menschen ein Eremitenleben zu führen. Gaucher hatte den Plan von vornherein hierauf angelegt.[36] Was so aufschlussreich ist an seinem Werdegang, ist die Tatsache, dass hier die anfängliche Bildungsbeflissenheit als die Sache von Teenagern beschrieben wird. Der Erzähler charakterisiert den Wandel vom hochbegabten Grammatikschüler zum Einsiedler als Konsequenz aus einem spezifisch pubertären Dilemma, einer Zuspitzung zur Zeit der erwachenden Männlichkeit: Mit der Fähigkeit zur Sünde sieht sich Gaucher an der Y-förmigen Weggabelung seines Lebens angekommen, dem ‚pythagoraeischen Buchstaben', wie man sagte.[37] Er muss sich entscheiden zwischen dem linken Weg in die Freuden der Welt (von dem ausdrücklich gesagt wird, dass er der alterstypische gewesen wäre) und dem rechten, entsagungsreichen Weg. Wie eine kluge Biene habe er beim Studieren das Gute eingesammelt, um es dann aber auf dem entsagungsreichen Weg zu nutzen. Er war bereits einmal zuvor mit einem Gefährten namens Rainer auf Wanderschaft gewesen, doch habe sich Gaucher, bevor er ein altersbedingtes Verbrechen begehen konnte, zum

32 Vgl. Commentarius Cantabrigensis: ad 2 Cor. 11, 6 „imperitus sermone", S. 322: *Balbutiens enim sepe melius balbutientem docet quam perplexus philosophus, cui est sermo expeditissimus. Unde magister Babio, cum esset balbutiens, melius tamen docere sciebat quam multi qui hodie sunt expeditiores.*

33 Vgl. Foulon 2009, S. 78–80.

34 Vgl. ebd., S. 81 mit Anm. 35; Milis 1979.

35 Vgl. Hering 2016, S. 101 f.; Bonnes 1945, S. 193 f.

36 Vgl. La vie de saint Gaucher, cap. 6, S. III/48: *Ibique cum socio per triennium commorans, heremiticam uitam duxit, quanquam hominibus parum notus, Deo tamen non ignotus.* Vgl. die Überlegungen Anselms von Bec, als er mit seinem Lehrer Lanfranc durch den Wald nach Rouen zieht; Eadmer: The Life of St Anselm, cap. 6, S. 11.

37 Vgl. Schlotheuber 2005; Harms 1970.

Zweck der Selbstkasteiung ein *cilicium* angelegt, ein härenes Unterkleid. Und damit nichts schiefging, trug auch Rainer, sein Begleiter, auf dem Fleisch einen Harnisch.[38] Anlass für die mögliche Anfechtung: die gemeinsame Wanderung zweier noch nicht 18-jähriger Schüler, die von Bildungshunger und religiösem Gewissen zugleich getrieben wurden.

Es ist dies die Grundkonstellation, aus der heraus der Entschluss zur Askese des Eremiten offenbar häufiger geboren wurde: Die Schule war ein Gemeinschaftserlebnis mit erotischem Potential, und zwar in zweifacher Hinsicht. Einmal führte schon der elementare Grammatikunterricht in Texte ein, die vom Eros handelten, und sei es in pädagogischer Absicht. Schon die ganz Kleinen, die man mit den sogenannten ‚Disticha Catonis' ins Lateinische einführte, mochten sich ihre Kindergedanken machen über Maximen wie *Coniugem ama* und *Meretricem fuge.*[39] Wie schon in der Erfahrungswelt Augustins, war Sexualität auch für die Schüler des Mittelalters zunächst ein Phantasma aus dem Grammatikunterricht, das mit dem anspruchsvoller werdenden Lektürekanon allmählich an Kontur gewann. Die Schulsituation führte zugleich etwas später, während der Pubertät, zu emotionalen Bindungen zwischen adoleszenten Männern, die bestimmt waren von Zuneigung und Konkurrenz, Eifersucht und wohl auch der Beobachtung, was mit der eigenen Physis von Adoleszenten geschieht.[40]

Doch mit der Pubertät meldet sich nicht nur die Männlichkeit, sondern auch das Gewissen, und so wurde die Schule mit der Anfechtung und zugleich mit der Rettung vor dieser assoziiert: als Ort der totalen Fokussierung auf den Bildungsstoff nämlich und auf seine Herausforderungen, die sich schützend vor die Heimsuchung gestellt habe. Damit er nicht von der Krankheit seines Alters vom rechten Weg abgebracht werde, heißt es dann, habe er sich mit aller Hingabe (*cum omni studio*) auf die Wissenschaften konzentriert.[41]

Doch an den Schulen außerhalb der Klöster drohte die Zerstreuung – des einen Freud, des anderen Leid. Asketisches Virtuosentum bot sich daher manchen als eine Lösung an. Gaucher sollte sich als erster Prior des Konvents von Aureil östlich von Limoges einen Namen machen, einem jener zeittypischen Orte, an

---

38 Vgl. La vie de saint Gaucher, cap. 4, S. III/47: *Nam Gaucherius antequam posset per etatem crimen conmittere, assueuerat cilicium induere. Sed incipiens gressum, dupplex induit cilicium. Ille uero homo Dei Raenerius ad carnem thoracam erat pro Deo portare solitus.*

39 Vgl. Köhn 1986, S. 228. Der Gemeinplatz von Bischofsviten, dass sich der künftige Dignitär schon als Kind von den Späßen und Obszönitäten seiner Mitschüler ferngehalten habe, ist wohl vor diesem Erfahrungshintergrund zu lesen.

40 Vgl. Rexroth 2019, v. a. S. 74–77, zu Intimität und der Selektion von Bindungen an Schulen. Zu den konfligierenden Männlichkeitsvorstellungen von Klerikern und Scholaren vgl. Skoda 2013, S. 126 f.; Karras 2003, S. 67–108, 181–194; Karras 2008.

41 Annales Rodenses, S. 70. Vgl. Anselm von Canterbury bei Eadmer: The Life of St Anselm, cap. 8, S. 14 f. mit Anm. 1 auf S. 15.

denen seit 1080 Männer und Frauen in nächster Nachbarschaft zueinander lebten, absichtlich nur einen Steinwurf voneinander entfernt.[42] Wer sich durch dieses Szenario an Gauchers Zeitgenossen Robert von Abrissel erinnert sieht, täuscht sich nicht: Auch bei ihm liest man von Gewissensbissen, der Sinnsuche in Studium und der harten Askese, die nach einer Phase des Ausprobierens im eremitischen Leben im Doppelkonvent von Fontevraud ihre Heimstatt fand. Von diesem erzählen sich die Zeitgenossen dann, dass sich dort die Männer nachts zwischen die Frauen legen, weil der innere Kampf mit der eigenen Geschlechtlichkeit als eine wirksame Askeseform betrachtet wird.[43]

Robert war nicht nur selbst ein Klerikersohn gewesen, sondern ein „Priester, hervorgegangen aus einer Reihe von Priestern" (*sacerdos ex sacerdotibus progenitus*), wie sein Biograph Balderich von Bourgeuil schreibt.[44] Aus Andeutungen in den Texten über ihn kann man schließen, dass er es genauso wie seine Vorfahren hielt und zunächst heiratete. Selbst der Biograph Balderich, der ihm sehr zugewandt war, machte Anspielungen, flocht ein, der junge Robert habe so keusch gelebt, wie es ihm eben möglich war (*prout poterat*). Wenig wahrscheinlich ist dagegen die Behauptung, bereits als Knabe habe er die Sünde seines Vaters büßen wollen, deren Resultat er selbst ja war.

Keuschheit wurde für Robert zu einem Thema, als er auf der Suche nach literarischer Bildung von zu Hause aufbrach. Wie ein Exilierter und Flüchtling verließ er das Land seiner Väter und ging dorthin, wo es sich am besten studierte: nach Frankreich, und dort wiederum nach Paris. Wenn ein verheirateter bretonischer Kleriker in den Jahren Papst Gregors VII. nach Paris kam, fand er sich aber wahrscheinlich in einem Umfeld wieder, in dem die Priesterehe, für ihn die normalste Sache der Welt, als Sünde galt, einem Ambiente, in dem jedenfalls diskutiert wurde über sogenannte Nikolaiten und ihre Verfehlung.[45]

Robert habe so intensiv wie möglich studiert, wobei er stets darauf bedacht geblieben sei, einen akzeptablen Lebenswandel beizubehalten, jedenfalls so, dass er „unter den Mitstudenten eine gewisse Hoheit maßvoller Strenge" (*inter conscholares quandam modificatae severitatis majestatem*) zeigte.[46] Das Studium in Paris bot nach dieser Beschreibung den Anlass für eine andere Art der Askese, die wir im Gedächtnis behalten müssen, weil sie die Erbschaft der gelehrten Eremiten für die

42 Vgl. La vie de saint Gaucher, cap. 12, S. III/52: [...] *quare ex utroque pariete, uirorum scilicet ac mulierum, celeste nitens edificare Iehrusalem, quantum iactus est lapidis a cella sua habitaculum feminarum construxerat, tam uiris quam mulieribus paupertatem suam distribuens* [...].

43 Vgl. Dalarun 1987, S. 71.

44 Balderich von Bourgeuil: Historia magistri Roberti, cap. 7, 1, S. 142.

45 Vgl. Dalarun 1987, S. 27–29.

46 Balderich von Bourgeuil: Historia magistri Roberti, cap. 7, 4, S. 144.

städtische Wissenschaft war: die Kunst des ‚Sich-sogar-in-Paris-nicht-Ablenken-Lassens', des unbeirrten Sichkonzentrierens aufs Geistige im urbanen Dickicht. Geradezu biblisch klingt der Satz seines Biographen Balderich: „Er gab den Scholastikern, was den Scholastikern gehörte, und er war deswegen nicht weniger geeignet für den Dienst an Gott".[47]

Leicht fiel ihm das offenbar nicht. Die strenge Trennung und Konzentration forderten Opfer, wie sein einfühlsamer Biograph schildert. Ihn hielt es daher nicht in der Stadt, er wollte seinen Verzicht auf die Welt viel weiter treiben. Im Wald suchte er die Gemeinschaft wilder Tiere anstelle von Menschen auf. Wie ein Irrer wütete er gegen sich selbst, er quälte und schwächte sich, und dies über das hinaus, was man äußerlich wahrnehmen konnte: Er trug ein Hemd aus Schweineborsten, rasierte sich ohne Wasser, schlief auf der blanken Erde statt einem Bett, verzichtete völlig auf Wein und jegliches bessere Essen, schlief so wenig wie nur möglich.

All das konnte man sehen, aber wie sah es in diesem Mann aus? Balderich schildert das folgendermaßen:

> In ihm gab es eine Art innere Auseinandersetzung, ein Wüten des Geistes, ein gewisses Schluchzen des Leibs, die man als unmenschlich und gottfern bezeichnen könnte; kein Heilmittel gab es dafür, und viele raunten sich zu, dass es hier um etwas Außergewöhnliches ginge, weit entfernt von unserer elenden Schwäche.[48]

Man könnte die Beispiele assoziativ weitertreiben. Roberts Parisaufenthalt erinnert an den ihm bekannten Peter Abaelard, dessen autobiographischen Brief und sein emphatisches: „Endlich kam ich nach Paris!", seinen Eintritt um das Jahr 1100 (also nicht sehr lange nach Robert) in die damals gar nicht so ansehnliche Stadt, die sich aber schon einen Ruf für ihre Schulen und ihre Vergnügungsangebote erworben hatte.[49] Vor dem Hintergrund von Roberts Schilderung, dass es beim Studieren darauf ankommt, sich nicht ablenken zu lassen, schon gar nicht erotisch, liest man die Heloise-Affäre des Lehrers mit seiner Schülerin noch einmal anders. Die Verfehlung der beiden und die *recréantise* des Lehrers, sein ‚Sichverliegen', wie man das wenige Jahre später genannt hätte, wird in einen spezifischeren normativen Zusammenhang eingeordnet.[50] Und man wird sich ebenfalls daran erinnern, dass sich Abaelard bald nach dem Ende der Affäre und der Katastrophe seiner Kastration mit seinen Schülern in eine Hüttensiedlung am Fluss Ardusson

---

47 Ebd., cap. 7, 6, S. 144: *Reddebat etenim scholasticis quod scholasticorum erat, nec propterea se Dei servitio minus aptabat.*

48 Ebd., cap. 11, 2, S. 152; Übersetzung: Dalarun 1987, S. 29.

49 Vgl. Peter Abaelard: Historia calamitatum, cap. 3, S. 4.

50 Vgl. Gilson 1964, S. 22 f.

zurückzog, eine Art Philosophencamp, errichtet aus Zelten statt Häusern, mit grobem Brot und Kräutern als Nahrung, Betten aus Heu und Stroh, angehäufter Erde anstelle von Tischen. Der Magister und seine Schüler kamen sich vor wie die Philosophen der Antike, heißt es in Abaelards Bericht davon.[51]

Hier wird die Schilderung der Eremitage ins Positive, ja Romantische gewendet. Wir sollen uns offenbar eine kommunistische Urgemeinde von Scholastikern unter freiem Himmel vorstellen. Es gibt gute Gründe anzunehmen, dass Abaelard hier, am Ufer des Ardusson, die Umarbeitung seiner kurz zuvor verurteilten und verbrannten theologischen Hauptschrift vorgenommen hat. Hier arbeitete er an einer Zweitfassung, der ‚Theologia christiana', die über ihre Vorgängerin hinausging und gründliche Reflexionen über das Leben der antiken Philosophen und ihre Bedürfnislosigkeit enthielt.[52] Das Vorbild der asketischen griechischen Weisen fing hier an, Wirkung zu zeigen, und es begann der Prozess, den Ernst Kantorowicz als die „Wiederkehr der gelehrten Anachorese" bezeichnet hat.[53] Die Lebenspraxis und das sich hier entwickelnde Wertesystem der Wissenschaft im ‚langen' 12. Jahrhundert trug zugleich wesentlich dazu bei, dass das Wissen um den Lebenswandel der griechischen Philosophen verstetigt und schließlich zum Vorbild gemacht wurde. Die Memoria der Antike wurde in diesem Prozess derart formatiert, dass sie zu einem die Wirklichkeit überformenden Faktor der scholastischen Kultur werden konnte. ‚Antike' und ‚Mittelalter' erzeugten sich in diesem Prozess gegenseitig, sie schufen einander nach einem „Prinzip wechselseitiger Konstitution, Konstruktion oder Modellierung (Allelopoiese)".[54]

***

Schauen wir zurück auf die drei Orte, die in unser Blickfeld geraten sind, das Kloster, die Schule und die Eremitage. Was sie unter unseren bisherigen Aspekten verbindet, ist ihre Bedeutung in einer biographischen Situation, in der sich nicht nur der Eros Geltung verschafft, sondern zugleich mit diesem auch die Ratio und das Gewissen. Diese Koinzidenz mochte die Jahre der Pubertät prägen, sie konnte aber auch später ausgelöst werden, durch veritable Lebenskrisen etwa, also aufgrund von unerwarteten Einbrüchen in das Gleichmaß einer Biographie.

---

51 Vgl. Peter Abaelard: Historia calamitatum, cap. 52 f., S. 80–84. Vgl. dazu Rexroth 2021a, S. 630.

52 Vgl. Clanchy 1997, S. 241; Mews 1985, S. 154: Datierung auf 1122–1126, „the period in which Abelard was teaching at the Paraclete", womit auch die Frühform des Konvents bezeichnet ist, *in prato quodam ubi legere solitus fuerat*, wie es bei William Godell heißt, einem fast zeitgenössischen Chronisten. Zitiert nach Peter Abaelard: Historia calamitatum, S. 81, Anm. 158. Zur selben Zeit ‚entdeckt' auch Hugo von St. Viktor: Didascalicon 3, 14, S. 258–263, die Lebensführung der antiken Philosophen als Vorbild.

53 Kantorowicz 1965.

54 Bergemann, Dönike, Schirrmeister u. a. 2011, S. 40.

Diese Trias – Eros, Ratio und Gewissen – machte den Menschen auch im Kloster zu schaffen. Wo Kenner des monastischen Lebens ein wenig ausführlicher berichteten, wie das zum Beispiel bei Eadmer der Fall war, dem Biographen Anselms von Canterbury, sprachen sie diese Bedeutung auch durchaus an. Anselm, so Eadmer, habe sich in diesem Alter gefragt, was wohl einmal aus ihm werden soll: ein Mönch, ein Eremit oder ein karitativ tätiger Laie.[55] Er habe so hart studiert, dass er schließlich meinte, bei dieser entbehrungsreichen Art der Lebensführung könne er genauso gut Mönch werden. Doch dann hätten sich Bedenken eingestellt: Je nach Wahl des Konventes würde man auf sein Wissen keinen Wert legen, und sein ganzes Studium wäre umsonst gewesen![56] Zeitweise verlor er die Lust am Bildungsstoff und widmete sich ‚jugendlichen Spielen'. Dann kippten seine Neigungen unter dem Einfluss seines Lehrers wieder derart ins andere Extrem, dass er tags wie nachts nichts anderes mehr machte als zu lesen. Er vernachlässigte seinen Körper, quälte ihn mit Kälte und Hunger.[57] Wer aber so leidenschaftlich studierte, der war beim Stundengebet und Gottesdienst nicht auf dem Posten – also war dies auch keine tragfähige Lösung.[58]

Viel Gespür entwickelte Anselm für die Sondersituation von Menschen in dieser Lebenssituation. Das Kloster war ein Ort der starken interpersonalen Gefühle, unter denen nicht alle in gleichem Maß litten. Der Biograph setzt hier deutliche Akzente: Es geht um Hass, selektive Intimität, Bevorzugung, Protektion durch Dritte, Rangkonkurrenz und Neid.[59] Schon sein verehrter Lehrer Lanfranc hatte es nach drei Jahren im Konvent kaum noch ausgehalten. Die Unbildung der Mitmönche war nur schwer zu ertragen, und er hatte sich gefragt, ob er in der Einsamkeit nicht besser aufgehoben wäre. Das Gebot unbedingten Gehorsams etwa empfanden die Gebildeten drückender als ihre Mitmönche: Als Lanfranc bei der Tischlesung im Kloster das Wort *docére* rezitierte, musste er sich die Rechthaberei

55 Vgl. Eadmer: The Life of St Anselm, cap. 6, S. 10.

56 Vgl. ebd., cap. 5, S. 8f.

57 Vgl. ebd., cap. 4, S. 6.

58 Vgl. ebd., cap. 19, S. 29f.

59 Drastisch geschildert von Anselm in Brief 37: Es kann soweit kommen, dass Mönche das Leben hassen, das auf ihrer Profess beruht. Ständig sinnen sie auf Veränderung; wenn die nicht gelingt, hadern sie mit der Entscheidung, die sie einmal getroffen haben ([...] *dum incessanter laboriosis cogitationibus de mutando, aut, si mutari non valet, saltem de improbando initio meditatur* [...]). Anselm von Canterbury: Epistola 37, S. 144–148. Vgl. auch Eadmer: The Life of St Anselm, cap. 9, S 15; cap. 15, S. 24. Zur Rangkonkurrenz: Ist Anselms Lieblingsschüler Osbern gestorben, wetteifern die Mönche um die freigewordene Position. Zur Protektion vgl. den Brief Papst Nikolaus' II. mit dem Befehl an Lanfranc von Bec, zwei Kapläne als Schüler aufzunehmen; ediert in Southern 1991, S. 32f.

seines Priors gefallen lassen – es heiße korrekt *dócere*. Lanfranc, der es besser wusste, sprach das Wort von da an falsch aus.[60]

Doch das Leben in Einsamkeit barg ebenfalls seine Gefahren. Für den Intellekt waren die Bedingungen in der Eremitage, jenem dritten Ort zwischen Kloster und Schule, gleichfalls problematisch, hatte man doch Menschen, die sich ohne Sinn für ihre Mitmenschen nur noch mit sich selbst beschäftigen, verwahrlosen sehen.[61] Auch muss das Leben unter den Bedingungen virtuoser Askese sehr hart gewesen sein. Offenbar gaben selbst eifrige Eremiten diesen Lebensentwurf irgendwann auf und siedelten über in richtige Häuser mit erwartungssicheren Einkünften und einem durch die gemeinsame Befolgung einer Regel strukturierten Lebenswandel. Sogar zu Orden schlossen sich ihre Konventikel dann zusammen. Die Kartäuser etwa, die auf eine bedeutenden Reimser Lehrer zurückgingen, verstanden sich auch danach eher als Eremiten denn als Mönche. Sie stehen uns vor Augen als Inbegriff der Weltflucht, aber es sollte uns zu denken geben, dass Brun, der Gründer selbst, in seiner Einsiedelei in Kalabrien Wert darauflegte, von frommen und „einigen gut gebildeten Brüdern" umgeben zu sein. Die Memoria des Kartäuserordens machte aus ihm später einen berühmten Professor der Pariser Universität – diese Askesevirtuosen führten sich auf das Tun eines Intellektuellen zurück![62]

Die Schulen selbst etablierten sich dagegen endgültig in den Städten, schon aus ökonomischen und ökologischen Gründen, denn nur die dortigen Märkte konnten den Zulauf absorbieren. Wurden die Gelehrten damit aber tatsächlich zu urbanen Gestalten? Ähnlich wie die Mönche und die Eremiten perfektionierten sie die Fähigkeit, den Geist selbst dann auf Kurs zu halten, wenn man sich unter Menschen bewegte, das Know-how, wie man die eigene Konzentration nicht durch äußere Sinneseindrücke stören lässt. Aufmerksamkeit fürs Wesentliche setzt eben die Fähigkeit zum Ausblenden voraus, und das ist in der Stadt besonders schwer. Stadtkultur stellt den Menschen, der sich fokussieren will, vor große Herausforderungen. Was schon den mittelalterlichen Parisern half, war die Nachtarbeit, ganz ähnlich wie Anselm im Klosterkonvent von Bec – der Schein des Talglichts verdirbt zwar die Augen, aber er begrenzt auch das Blickfeld, und man ist ganz bei sich und seiner Arbeit. Auch sollte man besser wenig essen, denn Gedanken ans Essen ziehen andere Leidenschaften nach sich. Vollends tödlich für die Konzentration seien: Ehefrauen, Kinder und ihr Geplärr, die Stimme der Amme, der Geruch von Windeln.[63]

---

60 Vgl. Engelbert 2023, S. 135; Vita Lanfranci, dort S. 671 f.

61 Vgl. Eadmer: The Life of St Anselm, cap. 12, S. 22.

62 Vgl. Lettres des premiers chartreux: Bruno, Brief an Radulphus Viridis, cap. 4, S. 68; Vita antiquior S. Brunonis Carthusianorum institutoris, cap. 1, Sp. 482D f.

63 Vgl. dazu und zum Folgenden Rexroth 2014, S. 331–333; Rexroth 2021a.

Die Schulen der ‚höheren Bildung', die sich in den Städten bald zu einer Universität, das heißt zu einem Gelehrten-Kartell, zusammenschließen sollten, boten Möglichkeiten nach beiden Richtungen hin, zur Sozialität und zum Rückzug aus dieser. Wo über sie gesprochen wurde, war von Ablenkung, Vergnügen und waghalsiger Nähe zur Unmoral die Rede, dies vor allem mit Blick auf die akademische Laufkundschaft, die Scholaren.[64] Aber auch von geistesabwesenden Gelehrten wusste man, von Männern, die in Wirklichkeit gar nicht zerstreut waren, sondern im Gegenteil total fokussiert, mithin nicht-urban. Die vermeintliche Vergesslichkeit der Professoren gründete im Vergessen sozialer, genuin bürgerlicher Verhaltensregeln.[65] Den Städtern schienen sie bald Leute von einer besonderen Art der Lebensuntüchtigkeit zu sein, Zölibatäre oder im Gegenteil solche, die ohne die Fürsorge einer Frau dem materiellen Leben hilflos ausgeliefert wären. Innerhalb der Stadt nistete sich ein Habitus ein, der denkbar un-städtisch war: Die Gemeinschaft der Menschen wurde gemieden, dem, was das Auge sieht, traute man nicht, denn die Sinne erfassten das Wesen der Dinge nicht, täuschten eine falsche Evidenz vor. Städter und Philosophen begegneten sich auf der Straße, konnten aber wenig miteinander anfangen.

Literaturverzeichnis

Quellen

Annales Rodenses. Kroniek van Klosterade. Tekst en vertaling. Hrsg. v. Louis Augustus. Maastricht 1995. http://www.dbnl.org/tekst/jama004anna01_01/colofon.php (Zugriff: 04.03.2024).

Anselm von Canterbury: Epistolarum liber primus. Hrsg. v. Franciscus Salesius Schmitt (Opera omnia 3). Edinburgh 1946.

Augustinus: Confessiones/Bekenntnisse. Hrsg. v. Kurt Flasch u. Burkhard Mojsisch. Stuttgart 2009.

Balderich von Bourgeuil: Historia Magistri Roberti. In: Les deux vies de Robert d'Arbrissel, fondateur de Fontevraud. Légendes, écrits et témoignages. Hrsg. v. Jacques Dalarun. Turnhout 2006, S. 125–187.

Bernhard von Clairvaux: Ad clericos de conversione. In: Ders.: Sämtliche Werke. Lateinisch/Deutsch. Bd. 4. Hrsg. v. Gerhard B. Winkler. Innsbruck 1993, S. 127–246.

Bernhard von Clairvaux: Sententiae. In: Ders.: Sämtliche Werke. Lateinisch/Deutsch. Bd. 4. Hrsg. v. Gerhard B. Winkler. Innsbruck 1993, S. 247–791.

Commentarius Cantabrigensis in epistolas Pauli e schola Petri Abelardi. Bd. 2: Epistolas ad Corinthios I et II, ad Galatas

64 Flächig untersucht von Ferruolo 1985.

65 Vgl. Algazi 2001; Algazi 2003; Algazi 2016, dort S. 16 ein Zitat von Samuel Johnson 1751 zur gelehrten Vergesslichkeit: „[...] he that devotes himself to retired study naturally sinks from omission to forgetfulness of social duties."

et ad Ephesios. Hrsg. v. Artur Michael Landgraf. Notre Dame IN 1939.

Eadmer: The Life of St Anselm, Archbishop of Canterbury. Hrsg. v. Richard W. Southern. Oxford 1996.

Die Geschichte vom Leben des Johannes, Abt des Klosters Gorze. Hrsg. v. Peter Christian Jacobsen (Monumenta Germaniae historica. Scriptores rerum Germanicarum 81). Wiesbaden 2016.

Gregor der Große: Das II. Buch der Dialoge, Einleitung. Föderation der bayerischen Benediktinerinnenabteien 2019. https://www.benediktinerinnen-bayern.de/benedikt/ii-buch-der-dialoge/einleitung/ (Zugriff: 09.01.2024).

Gregor der Große: Dialoge. Hrsg. v. Umberto Moricca (Fonti per la Storia d'Italia 57). Rom 1924.

Hugo von St. Viktor: Didascalicon de studio legendi. Hrsg. v. Thilo Offergeld (Fontes Christiani 27). Freiburg 1997.

Isaak von Stella: Sermones. Teilbd. 1. Hrsg. u. übers. v. Wolfgang Gottfried Buchmüller u. Bernhard Kohout-Berghammer (Fontes Christiani 52, 1). Freiburg i. Br., Basel, Wien 2012.

Lettres des premiers chartreux. Bd. 1: S. Bruno – Guigues – S. Anthelme (Sources chrétiennes 10). Paris 1962.

Nigellus de Longo Campo (Nigel Wireker): Speculum stultorum. Hrsg. v. John H. Mozley u. Robert R. Raymo. Berkeley, Los Angeles 1960.

Peter Abaelard: Historia calamitatum (Letter 1). In: The Letter Collection of Peter Abelard and Heloise. Hrsg. v. David E. Luscombe. Übers. v. Betty Radice. Oxford 2013, S. 2–121.

Peter von Celle: Letters. Hrsg. v. Julian P. Haseldine. Oxford 2001.

Petrus Damiani: Lettre sur la toute-puissance divine. Hrsg. v. André Cantin (Sources chrétiennes 191). Paris 1972.

Philipp von Harvengt: De institutione clericorum tractatus sex. Hrsg. v. Jacques-Paul Migne (Patrologia latina 203). Paris 1855, Sp. 665–1206.

Porphyrios: Introduction. Hrsg. v. Jonathan Barnes. Oxford 2003.

La vie de saint Gaucher, fondateur des chanoines réguliers d'Aureil en Limousin. In: Jean Becquet: Vie canoniale en France aux Xe–XIIe siècles. London 1985, S. 25–55.

Vita antiquior S. Brunonis Carthusianorum institutoris. Hrsg. von Jacques-Paul Migne (Patrologia latina 152). Paris 1879, Sp. 481–492.

Vita des Caesarius. Hrsg. v. Germain Morin (Caesarius von Arles, Opera omnia 2). Brügge 1942.

Vita Lanfranci. Hrsg. v. Margaret Gibson. In: Giulio d'Onofrio (Hg.): Lanfranco di Pavia e l'Europa del secolo XI nel IX centenario della morte (1089–1989). Atti del convegno internazionale di studi (Pavia, Almo collegio Borromeo, 21–24 settembre 1989). Rom 1993, S. 659–715.

Wilhelm von Saint-Thierry: Vita prima Sancti Bernardi Claraevallis abbatis. Hrsg. v. Paul Verdeyen (Corpus Christianorum, Continuatio Mediaevalis 89B). Turnhout 2011.

Forschungsliteratur

Algazi, Gadi: Gelehrte Zerstreutheit und gelernte Vergeßlichkeit. In: Peter von Moos (Hg.): Der Fehltritt. Vergehen und Versehen in der Vormoderne. Köln, Weimar, Wien 2001, S. 235–250.

Algazi, Gadi: Scholars in Households. Refiguring the Learned Habitus, 1480–1550. In: Science in Context 16 (2003), S. 9–42.

Algazi, Gadi: Exemplum and Wundertier. Three Concepts of the Scholarly Persona. In: Low Countries Historical Review 131 (2016), S. 8–32.

Angelis, Violetta de: I commenti medievali alla ‹Tebaide› di Stazio. Anselmo di Laon, Goffredo Babione, Ilario d'Orleans. In: Nicholas Mann (Hg.): Medieval and Renaissance Scholarship. Proceedings of the Second European Science Foundation Workshop on the Classical Tradition in the Middle Ages and the Renaissance. Leiden 1997, S. 75–136.

Art. Universität. In: Johann Heinrich Zedler (Hg.): Grosses vollständiges Universal-Lexicon. Bd. 49. Leipzig, Halle 1746, Sp. 1771–1811.

Bergemann, Lutz, Martin Dönike, Albert Schirrmeister u. a.: Transformation. Ein Konzept zur Erforschung kulturellen Wandels. In: Hartmut Böhme, Lutz Bergemann, Martin Dönike u. a. (Hgg.): Transformation. Ein Konzept zur Erforschung kulturellen Wandels. München 2011, S. 39–56.

Bonnes, Jean-Paul: Un des plus grands prédicateurs du XIIe siècle: Geoffroy du Loroux, dit Geoffroy Babion. In: Revue bénédictine 56 (1945), S. 174–215.

Caiazzo, Irène: Manegold, «modernorum magister magistrorum». In: Irène Rosier-Catach (Hg.): Arts du langage et théologie aux confins des XIe et XIIe siècle. Textes, maîtres, débats. Turnhout 2011, S. 317–345.

Clanchy, Michael T.: Abelard. A Medieval Life. Oxford, Cambridge MA 1997.

Dalarun, Jacques: Erotik und Enthaltsamkeit. Das Kloster des Robert von Arbrissel. Frankfurt a. M. 1987.

Donnat, Lin: Vie et coutume monastique dans la ‹Vita› de Jean de Gorze. In: Otto Gerhard Oexle u. Michel Parisse (Hgg.): L'abbaye de Gorze au Xe siècle. Nancy 1993, S. 159–182.

Endres, Josef A.: Lanfrank's Verhältniß zur Dialektik. In: Der Katholik. Zeitschrift für katholische Wissenschaft und kirchliches Leben 25 (1902), S. 215–231.

Endres, Josef A.: Die Dialektiker und ihre Gegner im 11. Jahrhundert. In: Philosophisches Jahrbuch 19 (1906), S. 20–33.

Endres, Josef A.: Petrus Damiani und die weltliche Wissenschaft. Münster 1910.

Engelbert, Pius: Anselm († 1109). Mönch und Theologe, Abt von Bec und Erzbischof von Canterbury. In: Andreas Sohn (Hg.): Benediktiner als Gelehrte. St. Ottilien 2023, S. 127–146.

Ferruolo, Stephen C.: The Origins of the University. The Schools of Paris and Their Critics, 1100–1215. Stanford CA 1985.

Flasch, Kurt: Das philosophische Denken im Mittelalter. Stuttgart 1986.

Foulon, Jean-Hervé: Le clerc et son image dans la prédication synodale de Geoffroy Babion, archevêque de Bordeaux (1136–1158). In: Le clerc séculier au moyen age. XXIIe Congrès de la S.H.M.E.S. (Amiens, juin 1991). Paris 1993, S. 45–60.

Foulon, Jean-Hervé: Un représentant de la spiritualité canoniale au XIIe siècle? Geoffroy du Loroux († 1158). In: Michel Parisse (Hg.): Les chanoines réguliers. Émergence et expansion (XIe–XIIIe siècles). Saint-Étienne 2009, S. 71–115.

Gilson, Étienne: Héloise et Abélard. Paris 1964.

Harms, Wolfgang: Homo viator in bivio. Studien zur Bildlichkeit des Weges. München 1970.

Hartmann, Wilfried: Rhetorik und Dialektik in der Streitschriftenliteratur des 11./12. Jahrhunderts. In: Johannes Fried (Hg.): Dialektik und Rhetorik im früheren und hohen Mittelalter. Rezeption, Überlieferung und gesellschaftliche Wirkung antiker Gelehrsamkeit vornehmlich im 9. und 12. Jahrhundert. München 1997, S. 73–95.

Hering, Kai: Heinrich „von Lausanne". Ein Wanderprediger des 12. Jahrhunderts im Spannungsfeld von Reform, Häresie und Schisma. Teil 2. In: Cistercienser Chronik 123 (2016), S. 93–119.

Holopainen, Toivo J.: Dialectic and Theology in the Eleventh Century. Leiden, New York 1996.

Hunger, Herbert: Textüberlieferung der antiken Literatur und der Bibel. München 1975.

Hutchison, Carole A.: The Hermit Monks of Grandmont. Kalamazoo 1989.

Kantorowicz, Ernst H.: Die Wiederkehr gelehrter Anachorese im Mittelalter. In: Ders.: Selected Studies. New York 1965, S. 339–351.

Karras, Ruth Mazo: From Boys to Men. Formations of Masculinity in Late Medieval Europe. Philadelphia 2003.

Karras, Ruth Mazo: Thomas of Aquinas's Chastity Belt. Clerical Masculinity in Medieval Europe. In: Lisa M. Bitel u. Felice Lifshitz (Hgg.): Gender and Christianity in Medieval Europe. New Perspectives. Philadelphia 2008, S. 52–67, 114–117.

Köhn, Rolf: Schulbildung und Trivium im lateinischen Hochmittelalter und ihr möglicher praktischer Nutzen. In: Johannes Fried (Hg.): Schulen und Studium im sozialen Wandel des hohen und späten Mittelalters (Vorträge und Forschungen 30). Sigmaringen 1986, S. 203–284.

Le Goff, Jacques: Die Intellektuellen im Mittelalter. Stuttgart 1986.

Leyser, Henrietta: Hermits and the New Monasticism. A Study of Religious Communities in Western Europe, 1000–1150. London 1984.

Libera, Alain de: Der Universalienstreit. Von Platon bis zum Ende des Mittelalters. München 2005.

Licence, Tom: Hermits and Recluses in English Society, 950–1200. Oxford 2011.

Lottin, Odon: Psychologie et morale aux XIIe et XIIIe siècles. Bd. 5: Problèmes d'histoire littéraire. L'école d'Anselme de Laon et de Guillaume de Champeaux. Gembloux 1959.

Marenbon, John: Vocalism, Nominalism and the Commentaries on the 'Categories' from the Earlier Twelfth Century. In: Ders.: Aristotelian Logic, Platonism, and the Context of Early Medieval Philosophy in the West. Aldershot 2000, S. 51–61.

Mews, Constant J.: Peter Abelard's Theologia Christiana and Theologia 'Scholarium' Re-Examined. In: Recherches de théologie et philosophie médiévales 52 (1985), S. 109–158.

Milis, Ludo: Ermites et chanoines réguliers au XIIe siècle. In: Cahiers de civilisation médiévale 22 (1979), S. 39–80.

Munk Olsen, Birger: L'Étude des auteurs classiques latins aux XIe et XIIe siècles. 3 Bde. Paris 1987–1989.

Rexroth, Frank: Monastischer und scholastischer Habitus. Beobachtungen zum Verhältnis zwischen zwei Lebensformen des 12. Jahrhunderts. In: Gert Melville, Bernd Schneidmüller u. Stefan Weinfurter (Hgg.): Innovationen durch Deuten und Gestalten. Klöster im Mittelalter zwischen Jenseits und Welt. Regensburg 2014, S. 317–333.

Rexroth, Frank: Fröhliche Scholastik. Die Wissenschaftsrevolution des Mittelalters. 2. Aufl. München 2019.

Rexroth, Frank: Gelehrter Habitus und eremitische Lebensform. Eine Sozialgeschichte der Einsamkeit in der Ära Peter Abaelards. In: Historische Zeitschrift 313 (2021a), S. 614–644.

Rexroth, Frank: Fromme Aussteiger. Eremitentum und der Streit um die rechte Ordnung in der Welt während des ‚langen' 12. Jahrhunderts. In: Archiv für Kulturgeschichte 103 (2021b), S. 307–334.

Rexroth, Frank: Vision, Schlaf, Traum. Rupert von Deutz zwischen Selbstentblößung und autobiographischem Schreiben. In: Jens Elberfeld, Kristoffer Klammer, Sandra Maß u. a. (Hgg.): Erträumte Geschichte(n). Zur Historizität von Träumen, Visionen und Utopien. Frankfurt a. M. 2022, S. 65–86.

Reynolds, Leighton Durham u. Nigel Guy Wilson: Scribes and Scholars. A Guide to the Transmission of Greek and Latin Literature. Oxford 1974.

Romig, Mary: The Present Edition. In: Petri Abaelardi Opera theologica V (Corpus Christianorum, Continuatio Mediaevalis 15). Turnhout 2004, S. XX–LXXVII.

Schlotheuber, Eva: Der Mensch am Scheideweg. Personenkonzeptionen des Mittelalters. In: Querelles. Jahrbuch für Frauen- und Geschlechterforschung 10 (2005), S. 71–96.

Skoda, Hannah: Medieval Violence. Physical Brutality in Northern France, 1270–1330. Oxford 2013.

Southern, Richard W.: Saint Anselm. A Portrait in a Landscape. Cambridge 1991.

Tweedale, Martin M.: Logic (i). From the Late Eleventh Century to the Time of Abelard. In: Peter Dronke (Hg.): A History of Twelfth Century Western Philosophy. Cambridge 1988, S. 196–226.

Vauchez, André (Hg.): Ermites de France et d'Italie, XIe–XVe siècle. Rom 2003.

Wagner, Anne: La vie culturelle à Gorze au Xe siècle d'après la ‹Vita› de Jean de Gorze. In: Otto Gerhard Oexle u. Michel Parisse (Hgg.): L'abbaye de Gorze au Xe siècle. Nancy 1993, S. 213–231.

Ziolkowski, Jan M.: A Dilemma for Twelfth-Century Masters and Disciples. The Revival of the Apostolic Past and the Danger of Charisma. In: Almut-Barbara Renger (Hg.): Meister und Schüler in Geschichte und Gegenwart. Göttingen 2012, S. 231–250.

Isabelle Mandrella

‚Normen und Ideale'
Tagungsbericht zum 19. Symposium des Mediävistenverbandes

Ursprünglich für 2021 geplant, wenn die Corona-Pandemie dem nicht einen Strich durch die Rechnung gemacht hätte, konnte nun endlich vom 5. bis zum 8. März 2023 unter dem Titel ‚Normen und Ideale' in Würzburg das 19. Symposium des Mediävistenverbandes stattfinden. Die Organisation lag bei den Würzburger Kollegen Brigitte Burrichter, Professorin für Französische und Italienische Literaturwissenschaft, und Wolfram Buchwitz, Professor für Bürgerliches Recht, Römisches Recht, Historische Rechtsvergleichung und Zivilprozessrecht, die wie üblich mit einem ‚Call for Papers' um Beiträge gebeten hatten. Das Thema bot vielfältige interdisziplinäre Anknüpfungspunkte, denn

> [j]ede Kultur kennt Regularien, die in unterschiedlicher Verbindlichkeit das Zusammenleben ordnen. Ihren Ausdruck finden sie in den verschiedensten Medien, in religiösen und in Gesetzestexten, aber auch in der Bildenden Kunst, in der Literatur, im philosophischen Diskurs. Die Bandbreite reicht von religiösen, kirchlichen und weltlichen Gesetzestexten über Verhaltensnormen (etwa Tugendkataloge) und Vorstellungen vom guten Leben bis zu Vorstellungen etwa des idealen Königs oder des ‚idealen Schönen'. Für alle Arten von Kunst gilt, dass sich die Autoren an Wertmaßstäben orientieren, diese bestätigen und gegebenenfalls auch zur Diskussion stellen.[1]

Mit dem Burkardushaus im Herzen von Würzburg war ein idealer Tagungsort mit passenden Räumlichkeiten und nicht zuletzt auch Übernachtungsmöglichkeit gefunden worden.

Für den Beirat des Mediävistenverbandes begann das Symposium bereits am späten Vormittag des 5. März mit der Beiratssitzung. Den Auftakt machte dann ein Vernetzungstreffen für junge Wissenschaftlerinnen und Wissenschaftler, das

---

1 Webseite zum 19. Symposium des Mediävistenverbandes e. V. https://www.neuphil.uni-wuerzburg.de/romanistik/mvsymposium2023/ (Zugriff: 30.01.2024).

Isabelle Mandrella: ‚Normen und Ideale'. Tagungsbericht zum 19. Symposium des Mediävistenverbandes.
In: Das Mittelalter 2024, 29(1), 224–226. Heidelberg: Heidelberg University Publishing.
DOI: https://doi.org/10.17885/heiup.mial.2024.1.24968

von 16 bis 19 Uhr mit anschließendem Stehempfang erstmalig stattfand und das Jonathan Reinert als *Early Career*-Beauftragter gemeinsam mit Eva von Contzen und Roland Scheel organisiert und vorbereitet hatte. Mit rund 45 Anmeldungen wurde der Nachmittag ein großer Erfolg, so dass sich alle Beteiligten einhellig für eine Wiederholung des Formats in 2025 aussprachen.

Am Morgen des 6. März eröffnete Präsident Wolfram Drews nach einem von Brigitte Burrichter verlesenen Grußwort der Universitätsleitung das Symposium mit einer Begrüßung und kurzen Einführung, die in den ersten Plenarvortrag mündete, in dem die Würzburger Germanistin Dorothea Klein den Beitrag der Sangspruchdichter zum Thema ‚Normen und Ideale' präsentierte. Am späteren Vormittag starteten schließlich die jeweils interdisziplinär zusammengesetzten Sektionen von in der Regel drei Kurzvorträgen – insgesamt fast 30 an der Zahl, von denen drei oder vier jeweils parallel angeboten wurden. Die Auswahl der Themen – ob zum Ideal des Friedens oder des Dichters, zur idealisierten Vergangenheit, zum ökonomischen und narrativen Verständnis von Norm und Ideal, zur Natur als Norm oder zu Rechten und Pflichten – war groß und nicht immer fiel die Entscheidung für oder gegen eine Sektion leicht! Wer eine Pause brauchte, hatte stets die Gelegenheit, im Bereich der Eingangshalle die große Auswahl an Büchern zu durchstöbern, die die angemeldeten Verlage an ihren Ständen aufgebaut hatten – oder sich auch nur einfach am bereitstehenden Kaffee zu bedienen.

Um 16 Uhr kamen alle wieder im großen Saal zusammen, um den zweiten Plenarvortrag zu hören: Die Freiburger Anglistin Eva von Contzen, gleichzeitig Fachvertreterin der Anglistik im Beirat, trug ihre Überlegungen zum aktuell kontrovers diskutierten Thema ‚Mittelalter, Medieval Studies und „Critical Medievalism"' in Gestalt einer Bestandsaufnahme vor. Der Tag endete mit einem Kongressdinner der besonderen Art, nämlich mit einer Weinprobe in den unterirdischen Gewölben des Historischen Weinkellers der Residenz.

Der 7. März nahm auf den reichhaltigen Weinkonsum des Vorabends keine Rücksicht und startete früh – wieder mit den verschiedensten Sektionen. Diesmal ging es um Ideal und Norm der Heiligen, normative Texte des 16. Jahrhunderts, Gender- und Herrschernormen, den Rekurs auf altes Recht, digitale Zugänge zu einer historischen Semantik von Normen sowie um Rechtskonzepte. Die ‚AG Digitale Mediävistik' nutzte die Mittagspause, um sich zu treffen und auszutauschen, bevor es um 14 Uhr wieder mit den Sektionen weiterging: Das Vaterunser als Ideal- und Normgebet, Normenaushandlung, der kritische Umgang mit einem normativen Mittelalterbegriff und Normen in religiösen Auseinandersetzungen waren Thema. Um 16 Uhr stand ein dritter Plenarvortrag aus juristischer Perspektive auf dem Plan: Der Bonner Rechtshistoriker Martin Schermaier sprach unter dem Titel ‚Ideales Recht im Stand der Sünde' über die ‚Taufe des römischen Rechts im Hoch- und Spätmittelalter'.

Im Anschluss fand die Mitgliederversammlung des Mediävistenverbandes statt, in der unter anderem wichtige Neuwahlen anstanden und die zunächst von

Wolfram Drews eröffnet wurde, der auf die sechs Jahre seiner Amtszeit als Präsident zurückblickte und an die Schwerpunkte erinnerte, die er in dieser Zeit gesetzt hatte. Wolfram Drews dankte den ausscheidenden Mitgliedern des Präsidiums, insbesondere Matthias Müller für seine sechsjährige Amtszeit als Vizepräsident. Nach den üblichen Berichten (Schatzmeister, Schriftführung, Herausgeber der Reihe ‚Beihefte' etc.), einer kleinen Satzungsänderung und schließlich der Entlastung des Präsidiums standen die Neuwahlen von Präsidium und Beirat an. Fast einstimmig wurden Regina Toepfer als Präsidentin und Michael Grünbart als Vizepräsident sowie alle weiteren Präsidiums- und Beiratsmitglieder gewählt bzw. im Amt bestätigt.[2]

Auch der 8. März war wieder prall mit Sektionen gefüllt, die Themen wie Normabweichung, Aushandeln und Umspielen jagdlicher Normen, Rechtsbegriffe, Powerfrauen und Superweiber als Norm für Frauen und das Verhandeln von Normen in den Blick nahmen. Mit eigenen Sektionen vertreten waren auch die im Mediävistenverband mit einer eigenen Funktionsstelle berücksichtigten Bereiche ‚Digitale Mediävistik' (Vertreter: Gabriel Viehhauser) und ‚Mittelalter und Schule' (Vertreterin: Andrea Sieber).

Am Schluss des Tages wurde es feierlich: Dr. Jan Glück bekam – nach der Verlesung der Laudationes – für seine Arbeit ‚Animal homificans. Normativität von Natur und Autorisierung des Politischen in der europäischen Tierepik des Mittelalters' den Dissertationspreis des Mediävistenverbandes verliehen.[3] Der nachfolgende Abschlussvortrag mit dem Thema ‚Zwischen Mediävistik, Mediävismus und Mediävalismus. Normen und Ideale in einer Rezeptionsgeschichte mit Störungen' oblag dem Pariser Mittelalterhistoriker und Vizepräsidenten der ‚Société des historiens médiévistes de l'enseignement supérieur' Pierre Monnet.

Beim anschließenden Umtrunk hieß es dann Abschiednehmen – nicht nur vom Thema ‚Normen und Ideale', das sich als äußerst vielfältig und gehaltvoll erwiesen hatte, sondern auch von allen netten mittelalterbegeisterten Kolleginnen und Kollegen, mit denen man die letzten Tage gemeinsam verbracht hatte. So bleibt die Vorfreude auf das nächste Symposium, das vom 23. bis 26. Februar 2025 unter der Leitung von Manfred Kern (Germanistik), Christina Antenhofer (Geschichte) und Alexander Zerfaß (Liturgiewissenschaft) zum Thema ‚*In nomine*. Name und Benennung im Mittelalter' in Salzburg stattfinden wird.[4]

---

2 Für die aktuelle Zusammensetzung von Präsidium und Beirat siehe https://www.mediaevistenverband.de/ (Zugriff: 30.01.2024).

3 Siehe hierzu Matthias Müller u. Christiane Witthöft: Dissertationspreis des Mediävistenverbandes 2023. In: Das Mittelalter 28/2 (2023), S. 507–509. https://doi.org/10.17885/heiup.mial.2023.2.24861 (Zugriff: 01.03.2024).

4 Siehe https://www.mediaevistenverband.de/wp-content/uploads/2025-MV-Tagung-IN-NOMINE-konzept_final-1.pdf (Zugriff: 05.02.2024).

Manuela Beer (Hg.), Magie Bergkristall. München, Hirmer 2022. 448 S. 394 farb. Abb.

Besprochen von Gia Toussaint:
Berlin, gia.toussaint@uni-hamburg.de

Bergkristall hat Konjunktur. Nach dem maßstabsetzenden Florentiner Tagungsband ‚Seeking Transparency. Rock Crystals Across the Medieval Mediterranean' (hrsg. v. Cynthia Hahn u. Avinoam Shalem, Berlin 2020) folgt nun eine Ausstellung im Museum Schnütgen, die sich diesem aus der mittelalterlichen Schatzkunst nicht wegzudenkenden Material widmet. Der Ausstellungskatalog besticht mit fabelhaften Reproduktionen, aber kann er auch inhaltlich zum neuen Standard werden? Diese Frage kann nur eingeschränkt bejaht werden, was sowohl an der unterschiedlichen Qualität der 34 Beiträge als auch an der Konzeption des Bandes liegt. Zwar in der Abfolge nicht überzeugend, decken die Essays doch das gesamte Spektrum der Bergkristallforschung ab. Die Bandbreite reicht von Bergkristall als Mineral und Werkstoff über seine Produktionsstätten in unterschiedlichen Regionen und Epochen, seine jeweils dort angesiedelte charakteristische künstlerische Verarbeitung und deren wechselseitigen Einflüsse bis hin zu den vielfältigen metaphorischen Dimensionen dieses kostbaren Steins.

Bisher wenig untersucht und darum umso anregender ist die Verwendung von Bergkristall in der griechischen und römischen Antike, deren Spitzenstücke in der künstlerischen Bearbeitung ihresgleichen suchen, womit sich ein Beitrag befasst. Offenbar wurde dieses Know-how nicht tradiert. Ein weiterer differenzierter Aufsatz stellt andere, aber nicht weniger faszinierende einflussreiche Zentren der Steinschneidekunst im mesopotamischen und vorderorientalischen Raum vor, die sich durch hohe Kunstfertigkeit auszeichneten: die Kalifenreiche der Abbasiden und Fatimiden, deren dünnwandige Gefäße mit Palmetten oder Tierdarstellungen noch heute von ungebrochener Strahlkraft sind. Der Niedergang der Fatimiden im 11. Jahrhundert brachte in Kairo einen einzigartigen Schatz aus

Gia Toussain: Rezension zu Manuela Beer (Hg.), Magie Bergkristall. In: Das Mittelalter 2024, 29(1), 227–228.
Heidelberg: Heidelberg University Publishing. DOI: https://doi.org/10.17885/heiup.mial.2024.1.24969

Bergkristallobjekten auf den Markt, der über das Mittelmeer nach Europa gelangte. Mehrere Beiträge beleuchten verschiedene Aspekte dieser Artefakte: ihre spezifische künstlerische Gestaltung, Herkunft und Verbreitung sowie ihre europäische Rezeption und Verwendung. Häufig wurden die meist aus profanem höfischem Gebrauch stammenden Objekte neu gefasst und einer neuen Verwendung zugeführt, wenn sie etwa von nun an als Reliquienbehälter dienten. Unabhängig von diesem Einfluss entwickelten sich, wie am Beispiel Köln gezeigt, auch heimische Produktionsstätten, die schlichtere Dinge wie Kugeln, Zylinder oder Konvexlinsen zur Zierde von Sakralgerät herstellten.

Ein hoher Stellenwert wurde der metaphorisch-magischen Dimension des Bergkristalls eingeräumt. Seine Klarheit (*claritas*, auch im Sinne von Herrlichkeit) und Lichtdurchlässigkeit waren Eigenschaften, die bereits in der Bibel mit Heilsorten in Verbindung gebracht wurden, insbesondere der heiligen Stadt und dem kristallin-klaren Himmel. Im Mittelalter traten Deutungen wie *Christus crystallus* hinzu, die dem göttlichen Auferstehungsleib diese Attribute zusprachen und das Marterwerkzeug Kreuz mittels Bergkristallausstattung zum Licht-, nämlich Kristallkreuz werden ließen. Eine weitere bekannte, im Mittelalter breit rezipierte Quelle ist Plinius' ‚Naturgeschichte', in der die klare Transparenz des Steins mit gefrorenem Eis in Verbindung gebracht wurde, und so nimmt es nicht Wunder, dass seine kühlende Wirkung in der Medizin vielfache Anwendung fand, etwa bei fiebrigen Erkrankungen.

Immer noch wird sich das Museum Schnütgen an den epochalen Ausstellungskatalogen von Anton Legner messen lassen müssen. Gab es früher einen Teil mit Essays sowie einen ausgefeilten Katalog zu den einzelnen Objekten mit Beschreibung, Abbildungen und Literatur, bietet der vorliegende Katalogteil davon nur eine Schwundstufe. Reduziert auf minimale Angaben, verzichtet er auf Abbildungen und Rückverweise in den Essayteil. Warum diese Entscheidung getroffen wurde, ist schon deshalb nicht nachvollziehbar, weil einige in den Essayteil eingemischte Beiträge lediglich aus kurzen Objektbeschreibungen bestehen, wie z. B. im Fall des Halberstädter Tafelreliquiars, dem nur eine unzulängliche Würdigung zuteil wurde. Ganz anders verhält es sich mit dem weniger bekannten Lüneburger Bürgereidkristall, das, sorgfältig in Quellen und den Kontext weiterer Eidreliquiare eingebettet, Perspektiven auf eine oft übersehene Gattung aufzeigt.

Gelegentliches Stirnrunzeln soll niemanden davon abhalten, das schön gestaltete und inhaltlich reichhaltige Buch zur Hand zu nehmen. Für Studierende bietet es eine gute Einstiegslektüre. In Mediävistik, Theologie, Kunst- und Kulturgeschichte wird das Werk dankbare Leser und Leserinnen finden.

Tobias Braune-Krickau u. Christoph Galle (Hgg.), Predigt und Politik. Zur Kulturgeschichte der Predigt von Karl dem Großen bis zur Gegenwart. Göttingen, V&R unipress 2021. 368 S.

Besprochen von Malte Prietzel:
Paderborn, malte.prietzel@upb.de

Predigten sind seit langem Gegenstand der verschiedenen Wissenschaften, die sich mit dem Mittelalter beschäftigen. Der vorliegende Band widmet sich dem Verhältnis von Predigten zur Politik ihrer Zeit. Aus pragmatischen Gründen beschränkt er sich auf den deutschen Sprachraum, untersucht diesen aber anhand von zwölf Beiträgen von der Karolingerzeit bis zur Gegenwart. Die Herausgeber gehen von der grundlegenden Einsicht aus, dass jede Predigt von ihrem jeweiligen kulturellen Umfeld geprägt wird und ihrerseits darauf zurückwirkt. Bei Predigten geht es also stets um Kulturgeschichte in einem weiten Sinn, und die verschiedenen kulturwissenschaftlichen Disziplinen können das Ihre dazu beitragen. Näher berücksichtigt werden im Folgenden naheliegender Weise nur die Beiträge zum Mittelalter.

Maximilian Diesenberger zeigt, dass in der Karolingerzeit der Predigt enorme Bedeutung für das Gemeinwesen zugewiesen wurde. Ermahnende Texte und Anordnungen, die vom Herrscherhof formuliert wurden, die sogenannten Kapitularien, orientierten sich sogar an den Predigten. Beide Textsorten propagierten ganz ähnliche Normen, die auf die Perfektionierung des christlichen Gemeinwesens zielten. Die hohe Wertschätzung, die den Predigten und anderen mahnenden Texten zukam, wendete sich schließlich gegen die Herrscher, weil die Nachfolger Karls des Großen den moralischen Ansprüchen, die in diesen Texten formuliert wurden, nicht mehr gerecht werden konnten.

Im 10. bis 12. Jahrhundert zeigt sich für Christoph Galle ein unscharfes Bild. Es gibt deutliche Hinweise, dass sich die Predigten ausdifferenzierten. Zu unterscheiden sind die monastische Predigt sowie die Bischofs-, Parochial- und Kreuzzugspredigt. Es sind jedoch nur wenige Texte von Predigten überliefert, so

Malte Prietzel: Rezension zu Tobias Braune-Krickau u. Christoph Galle (Hgg.), Predigt und Politik. Zur Kulturgeschichte der Predigt von Karl dem Großen bis zur Gegenwart. In: Das Mittelalter 2024, 29(1), 229–230. Heidelberg: Heidelberg University Publishing. DOI: https://doi.org/10.17885/heiup.mial.2024.1.24970

dass diese Entwicklungen schwierig zu erfassen sind. Politische Predigten gab es offenbar kaum und wenn, dann banaler Weise zur Unterstützung der von Gott eingesetzten Herrscher.

Auch in den deutschsprachigen Predigten, die von der Stauferzeit bis zur Reformation in großer Zahl überliefert sind, werden nur selten konkrete politische Fragen erwähnt. Regina D. Schiewer sieht darin ein Überlieferungsproblem. Predigten, die sich politischen Problemen oder auch Naturkatastrophen widmeten, wurden wohl nicht mehr abgeschrieben, als sie nicht mehr aktuell waren. An drei aufschlussreichen Beispielen kann Schiewer jedoch zeigen, dass Bettelordensmönche und ihre Predigten oft auf ganz unterschiedliche Weise in politische Zusammenhänge eingebunden waren.

Georg Strack widmet sich drei Konsistorialpredigten von Päpsten des 14. Jahrhunderts, in denen es um die Approbation des römisch-deutschen Königs ging. Diese Predigten hatten insbesondere die Aufgabe, Konsens und Dissens zwischen dem Papst und dem König zu formulieren. Dies taten die drei Predigten formal, stilistisch und inhaltlich in unterschiedlicher Weise. Einem Sermon gelang es sogar, das Einvernehmen zwischen dem Papst und dem König zu feiern und zugleich Differenzen hinsichtlich des Akts der Approbation auszudrücken.

Einen weiten Überblick über Predigten in den letzten Jahrzehnten des Mittelalters bietet Markus Wriedt. Politische Predigten meint er dabei kaum zu finden. Doch könnten die Reformpredigten, die er mehrfach erwähnt, aus der Perspektive der Zeit durchaus als ‚politisch' bezeichnet werden – insofern nämlich, als sie auf die Verbesserung staatlichen und kirchlichen Wirkens sowie die Durchsetzung sozialer und religiöser Normen zielten.

Da jeder Aufsatz von einer Person verfasst wurde, zeigt sich Interdisziplinarität hier nicht in konkreter Zusammenarbeit an einem begrenzten Thema. Der Band belegt jedoch – zumal in den Beiträgen zum Mittelalter –, dass die Erforschung von Predigten per se interdisziplinär ist. Die Beitragenden sind formal vor allem der Theologie und der Geschichtswissenschaft zuzuordnen, hinzu kommt eine Germanistin. Ganz selbstverständlich gehen sie alle von einer gemeinsamen handwerklichen und methodischen Grundlage aus, die sich aus der Quellenart ergibt und zu der Theologie, Geschichtswissenschaft und Philologien das Ihre beigetragen haben.

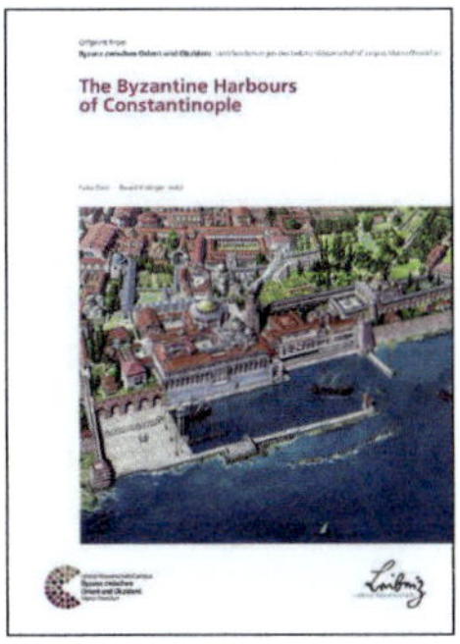

Falko Daim u. Ewald Kislinger (Hgg.), The Byzantine Harbours of Constantinople (Byzanz zwischen Orient und Okzident 24; Interdisziplinäre Forschungen zu den Häfen von der Römischen Kaiserzeit bis zum Mittelalter in Europa 10). Mainz, Verlag des Römisch-Germanischen Zentralmuseums 2021. 288 S. 183 Abb. Open Access: https://doi.org/10.11588/propylaeum.911.

Besprochen von Sebastian Kolditz:
Berlin, kolditz@bbaw.de

Der vorliegende Band stellt im Kern die englischsprachige Übersetzung des 2016 unter dem Titel ‚Die byzantinischen Häfen Konstantinopels' in denselben Reihen erschienenen Buches dar, das aus den Forschungen des DFG-Schwerpunktprogramms 1630 zu diesen Häfen hervorgegangen ist. Abgesehen von der sprachlichen Übertragung, die die grundlegenden und hervorragend dokumentierten Forschungsergebnisse zu den einzelnen Häfen Konstantinopels einem breiteren internationalen Publikum erschließen dürfte, ist hier auch die Gelegenheit zur Aktualisierung der Beiträge und zur Erweiterung des inhaltlichen Spektrums genutzt worden. So gibt der neu hinzugekommene und reich bebilderte Beitrag von Alkiviadis A. GINALIS und Ayşe ERCAN-KYDONAKIS (33–72) einen konzisen Überblick über die archäologische Erschließung byzantinischer Hafenareale in İstanbul, wobei die rezenten Funde im Areal des Theodosios-Hafens in Yenikapı zwar im Mittelpunkt stehen, aber auch der Kenntnisstand zu den übrigen Häfen skizziert und die photographische Dokumentation zu Bukoleon sowie die Grabungsfunde in Chrysopolis/Üsküdar thematisiert werden. Daraus werden grundlegende Entwicklungslinien in der Architektur von Hafenanlagen abgeleitet. Peter SCHREINER diskutiert die erstaunlich präzisen verfügbaren Nachrichten über die Anzahl und Lage der Anlegestellen (skalai) der einzelnen italienischen Seestädte im Bereich des Goldenen Horns während des 12. Jahrhunderts, während Ewald KISLINGER das Goldene Horn insgesamt als ‚Überhafen' mit wechselnden Konjunkturen skizziert und dabei detailliert auf die Nachrichten zur Hafenkette vom 8. bis zum 15. Jahrhundert eingeht (171–178). Zwei der übrigen, bereits im Vorgängerband enthaltenen Beiträge sind übergreifenden Themen gewidmet: KISLINGERS Darstellung der Bedeutungsverschiebungen zwischen den verschiedenen Hafenarealen

Sebastian Kolditz: Rezension zu Falko Daim u. Ewald Kislinger (Hgg.), The Byzantine Harbours of Constantinople.
In: Das Mittelalter 2024, 29(1), 231–232. Heidelberg: Heidelberg University Publishing.
DOI: https://doi.org/10.17885/heiup.mial.2024.1.24971

der Hauptstadt im Laufe der Jahrhunderte (9–18), welche die Dominanz des Goldenen Horns in spätantiker und spätbyzantinischer Zeit, der Häfen an der Südküste hingegen zwischen dem 7. und dem 12. Jahrhundert prägnant vor Augen führt, und Arne EFFENBERGERS Überblick über spätmittelalterliche bildliche Gesamtdarstellungen Konstantinopels mit seinen Häfen.

Im Hauptteil des Buches werden die verschiedenen Hafenareale der Stadt in Einzelartikeln verschiedener Autoren vorgestellt, die jeweils die Gesamtheit der verfügbaren Quellennachrichten profund diskutieren. Dabei sind die Beiträge für das eigentliche Konstantinopel von Andreas KÜLZER, Dominik HEHER, Ewald KISLINGER, Johannes PREISER-KAPELLER und Neslihan ASUTAY-EFFENBERGER entlang eines Umlaufs um die Seemauern gegen den Uhrzeigersinn von Südwesten (Theodoios-Hafen, dessen genaue Lokalisierung erst durch die Yenikapı-Grabungen erwiesen wurde) nach Nordwesten (Kynegion) angeordnet. Weitere Beiträge thematisieren die außerhalb der Mauern gelegenen, heute jedoch zu İstanbul gehörenden Hafenbereiche: Hebdomon und Brachialion an den Küsten des Marmarameeres sowie Kosmidion nahe dem Palastareal der Blachernen mit besonderen repräsentativen Funktionen vor allem im späten Byzanz (jeweils Grigori SIMEONOV). Klaus BELKE widmet sich schließlich den Häfen der Küstenstädte auf der asiatischen Seite gegenüber von Konstantinopel, darunter Chalkedon und Chrysopolis, versehen mit einer nützlichen Übersichtskarte zum Umfeld Konstantinopels (226) – für die Hafenareale der Stadt selbst bietet die Karte auf S. 65 den besten Gesamteindruck. In den Beiträgen erkennbar werden unter anderem Verschiebungen in der Nutzung einzelner Hafenareale für Handels- oder Flottenzwecke (Kontoskalion, Neorion), die Vielfalt der mittelbyzantinischen Nachrichten über den Palasthafen mit Phiale und Pharos und über die Schiffe der kaiserlichen Flotten (122–130) sowie der Nutzen osmanischer Quellen etwa für die genaue Lokalisierung des Kynegion-Bereichs (163–169).

Der Band wird durch einen detaillierten Index der Toponyme (mit zahlreichen Querverweisen) sowie einen weiteren Index maritim relevanter Termini analytisch erschlossen, für die Suche nach Personen ist man allerdings auf die parallele Online-Ausgabe angewiesen. Die Gesamtbibliographie ist gegenüber dem deutschsprachigen Vorgängerband beträchtlich erweitert worden und liefert eine willkommene Übersicht über die aktuelle Literatur zur maritimen Geschichte der byzantinischen Hauptstadt. Insgesamt kann der Band als profundes aktuelles Referenzwerk zu seinem Gegenstand bezeichnet werden, welches die dazu verfügbaren Kenntnisse gegenüber der älteren, vornehmlich auf die osmanische Zeit konzentrierten Darstellung MÜLLER-WIENERS auf eine neue Ebene hebt.

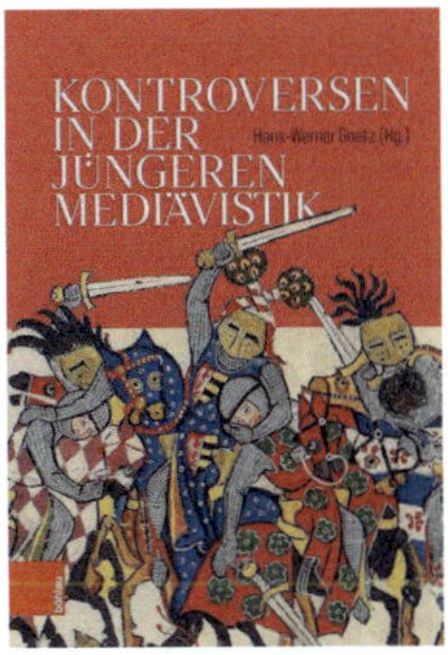

Hans-Werner Goetz (Hg.), Kontroversen in der jüngeren Mediävistik. Köln, Böhlau 2023. 472 S.

Besprochen von Eva von Contzen:
Freiburg, eva.voncontzen@anglistik.uni-freiburg.de

Das Titelbild des Sammelbandes verspricht eine durchaus reißerische Auseinandersetzung mit den im Titel genannten Kontroversen, sind doch die Ritter aus dem ‚Codex Manesse' (‚Der Herzog von Anhalt') im Begriff, ihren Kontrahenten die Köpfe einzuschlagen. Auch wenn die Debatten, denen sich der Band widmet, bisweilen hitzig geführt wurden und werden, so sind sie freilich keine Kämpfe – die Aufsätze werfen in ihrer Gesamtheit einen erhellenden und differenzierten Blick auf zentrale Streitthemen in der Mediävistik. Der Begriff ‚Mediävistik' ist allerdings irreführend; wer hier eine interdisziplinäre mediävistische Perspektive erwartet, wird enttäuscht: Der Fokus liegt ausschließlich auf Kontroversen in der Geschichtswissenschaft. Zwar sind vor allem die Beiträge im ersten Teil des Sammelbandes unmittelbar anschlussfähig an eine inklusiv verstandene, fachübergreifende Mediävistik; der zweite Teil jedoch befasst sich mit spezifischen Debatten (in) der Geschichtswissenschaft.

Goetz' programmatische Einleitung knüpft an sein 1999 erschienenes Buch ‚Moderne Mediävistik. Stand und Perspektiven der Mittelalterforschung' an und präsentiert das Spektrum des Sammelbandes *in nuce*. Goetz adressiert die ausschließlich geschichtswissenschaftliche und notwendigerweise exemplarische Herangehensweise, die dem Buch zugrunde liegt. Ausgehend von einem in Fußnoten ausgelagerten Forschungsüberblick über den Stand der (immer geschichtswissenschaftlich verstandenen) Mediävistik und ihrer Ausrichtungen und Methoden liefert Goetz eine kleine „Geschichte der Kontroversen" (10) vom Historismus bis zur ‚Schule der Annalen' und wendet sich dann aktuellen Themen zu, die sich durch thematisch-methodische „Vielfalt und Komplexität" ebenso auszeichnen wie „durch Internationalität und weiträumige, vergleichende Perspektiven" (15).

Eva von Contzen: Rezension zu Hans-Werner Goetz (Hg.), Kontroversen in der jüngeren Mediävistik.
In: Das Mittelalter 2024, 29(1), 233–234. Heidelberg: Heidelberg University Publishing.
DOI: https://doi.org/10.17885/heiup.mial.2024.1.24972

Neben der konzisen Einordnung der Frauengeschichte, der zahlreichen ‚turns' (die keinesfalls nur die Geschichtswissenschaft betreffen) und der Emotionsforschung problematisiert GOETZ politisch motivierte Richtungen, insbesondere die ‚Critical Race Theory', deren Einfluss und Relevanz auf internationaler Ebene deutlich unterschätzt wird. Um die Relevanz des Mittelalters (und damit auch der Mediävistik) und die vieldiskutierte Frage nach Epochengrenzen geht es am Ende der Einleitung, die nochmals den metatheoretischen Ansatz des Buches explizit macht: Die Beiträge wollen Kontroversen beleuchten, nicht in diese einsteigen.

Der bereits erwähnte erste Teil des Bandes besticht durch eine Reihe von fachübergreifend lesenswerten Beiträgen, die den Status quo mediävistischer Themen und Ansätze darstellen und reflektieren. So leistet ERTL eine äußerst präzise Einordnung der vielschichtigen Debatte um das ‚globale' Mittelalter und seine Grenzen. HASBERG differenziert klug zwischen dem Mittelalter als Konzept und als Metapher, um die anhaltende Kontroverse über die Alterität (und damit oftmals auch Kontroversität) des Mittelalters zu fassen. SCHIELS Aufsatz zur ‚Critical Race Theory' in der Mediävistik ist eine hervorragende Darstellung der aktuellen Debatte und kritisch-konstruktive Eruierung der Möglichkeiten und Grenzen der Theorie, nicht zuletzt auch vor dem Hintergrund sich verändernder gesellschaftlicher Ansprüche und Herausforderungen, wie die Erfahrungen der Autorin in der Lehre zeigen. Spezifisch geschichtswissenschaftlich, aber deshalb nicht weniger lesenswert sind der Aufsatz von FÖSSEL zur Frauen- bzw. Geschlechtergeschichte sowie der Beitrag von POHL zur Rolle von naturwissenschaftlichen DNA-Analysen in der Geschichtswissenschaft und zur Frage, wie die Genetik die Deutungshoheit von historischen Kontexten wie der Migration herausfordert. Der Beitrag von GRAVEL zur ‚Schule der Annalen' schließlich nimmt eine spezifisch französisch-mediävistische Perspektive ein.

Die Beiträge im zweiten Teil betreffen allesamt geschichtswissenschaftliche Debatten und sind als Fallstudien zu verstehen, die beispielhaft Kontroversen und ihre Genesen vorstellen und einordnen. Das Spektrum ist breit; es reicht von WATSONS *green revolution* in der islamischen Welt (DAVIES) über die Rolle und Deutung bzw. Politisierung des Stellingaaufstands in der Mittelalterforschung der DDR (GROTH), Verwandtschaft im Mittelalter (LE JAN), die Kontroverse über die *mutation de l'an mil*, die in der deutschsprachigen Mediävistik kaum Resonanz fand (PATZOLD), bis hin zu einem Lieblingsthema der deutschsprachigen mediävistischen Geschichtswissenschaft, dem Lehnswesen im Frühmittelalter (KASTEN). JASPERT zeigt in seinem luziden Beitrag über den Gebrauch und Missbrauch der ‚Reconquista', inwiefern die Mediävistik sich auch zu politischen Themen verhalten kann und muss. Mit dem letzten Beitrag – über die Transformation des Römischen Reichs – schlägt WOOD den Bogen zu Fragen, die GOETZ in der Einleitung aufgeworfen hat, und zeigt auf, dass es jenseits von Narrativen der Kontinuität oder Brüchen einige blinde Flecken in der Argumentation gibt. Insgesamt können Mediävist/innen aller Fächer viel aus diesem reichhaltigen Band mitnehmen.

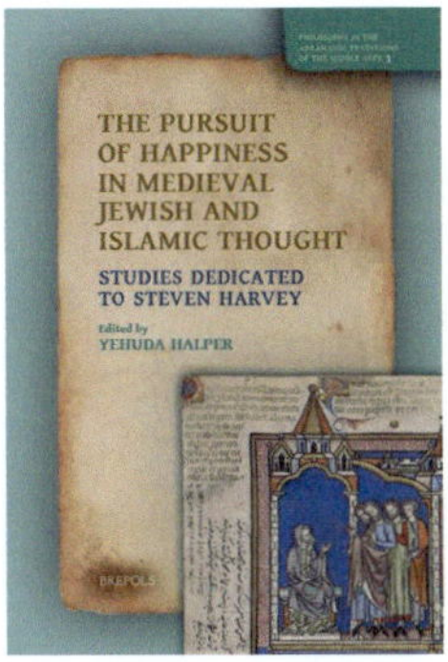

Yehuda Halper (Hg.), The Pursuit of Happiness in Medieval Jewish and Islamic Thought. Studies Dedicated to Steven Harvey (Philosophy in the Abrahamic Traditions of the Middle Ages 1). Turnhout, Brepols 2021. 432 S.

Besprochen von Nadine Löhr:
Leipzig, loehr@saw-leipzig.de

Throughout history, scholars of different denominations and cultures have been concerned with the pursuit of happiness. Alfarabi, Avicenna, Averroes and Maimonides—all following Aristotle—agree that human happiness is rooted in intellectual knowledge of the 'Good' in itself, which is usually equated with God. However, the deeds and practical activities advocated for pursuing happiness differed among philosophers from different political, religious, and ethnic backgrounds.

The first volume of the new Brepols publication series 'Philosophy in the Abrahamic Traditions of the Middle Ages' tackles the centuries-old question of human happiness in twenty articles and contributes greatly to an under-researched topic. This anthology was compiled on the occasion of Steven HARVEY's retirement and covers a wide range of medieval authors and texts of Greek, Arabic, Hebrew, and Latin origin, all closely related to HARVEY's own research interests.

The general introduction by Yehuda HALPER and Resianne FONTAINE is followed by three essays by Cristina D'ANCONA, Giuseppe VELTRI, and Mauro ZONTA, which give an overview of the concept of intellectual happiness and its pursuit in different medieval cultures. ZONTA's posthumously published contribution analyses the term 'happiness' and its interpretation in more than ten languages and thus functions as a terminological basis for a philosophical debate of the notion across linguistic boundaries.

The following contributions are arranged chronologically based on the lifetimes of the thinkers discussed. Charles E. BUTTERWORTH and Thérèse-Anne DRUART examine Alfarabi's interpretation of happiness based on Plato and Aristotle. Y. Tzvi LANGERMANN highlights the pursuit of human happiness from a medical point of view as it is presented in Avicenna's 'Cardiac Drugs'. Contributions by

Nadine Löhr: Rezension zu Yehuda Halper (Hg.), The Pursuit of Happiness in Medieval Jewish and Islamic Thought.
In: Das Mittelalter 2024, 29(1), 235–236. Heidelberg: Heidelberg University Publishing.
DOI: https://doi.org/10.17885/heiup.mial.2024.1.24973

Hannah KASHER together with Ariel MALACHI, Dong XIUYUAN, Charles MANEKIN, and Resianne FONTAINE are devoted to Maimonides' philosophical concepts and the interpretation of his works by Jewish thinkers. Aristotle's 'Nicomachean Ethics' are interpreted by Averroes who comments on intellectual erotic desire as well as the notion of amusement in contrast to happiness, which is explored by Yehuda HALPER and Frédérique WOERTHER. Binyamin ABRAHAMOV sheds light on Ibn al-ʿArabī's pursuit of spiritual freedom as a form of happiness that can be reached through his theology of prayer. The debate is then shifted to medieval Italy and France by Katja KRAUSE and Ruth GLASNER in their exploration of happiness in the writings of Thomas Aquinas and Levi Gersonides. Joseph b. Shem-Ṭob, greatly influenced by Aquinas and his use of Talmudic as well as biblical examples, is analyzed in Chaim M. NERIA's essay. Warren Zev HARVEY examines the use of the concept by Hasdai Cresca, the only philosopher who deviates from Aristotle's interpretation of intellectual happiness. Dov SCHWARTZ explores happiness as a form of asceticism in late medieval Byzantine Jewish writings. Yitzhak Y. MELAMED then moves the debate to the 17th-century Netherlands discussing Spinoza. The final essay by John WALBRIDGE functions as a literary epilogue for this anthology as it contrasts the pursuit of good living in the Athens of Euripides and the madrasas of Pakistan.

Each contribution is followed by a well-structured bibliography listing the manuscripts, primary and secondary sources used. The book concludes with an extensive publication list of Steven HARVEY's writings and a series of indices provided for the reader's convenience.

Readers may notice that the handling of foreign-language terms was left to the individual authors, some of whom opted for the transcription of the terms, while others chose the script of the source language. In individual cases, this led to formation errors (219). Different transcription principles are also reflected in the index. This concerns some Arabic letters (e.g., ʿAin and Shīn are represented by different Unicode characters) as well as unclear standards for abbreviating ibn to b. when it appears as part of a name's designation.

Overall, this publication is a valuable and enjoyable contribution to the history of philosophy. Despite the subject's complexity and the diversity of approaches, the reader is presented with a plethora of concepts and doctrines for the study of the pursuit of happiness. From ancient Greece to Medieval Islam and the Renaissance Netherlands—the book's transcultural nature makes it an important read across a wide range of disciplines.

Thomas Horst, Harald Schwaetzer u. Matthias Vollet (Hgg.), Universum Infinitum. Nicolaus Cusanus and the 15th-Century Iberian Explorations of the Ocean World. In Collaboration with Kirstin Zeyer (Texte und Studien zur Europäischen Geistesgeschichte. Reihe B 25). Münster, Aschendorff 2022. 299 S. 47 Abb.

Besprochen von Martin Thurner:
München, thurner@lmu.de

Ideengeschichte, Wissenschaftsgeschichte, Weltgeschichte – nicht erst seit Hegel lässt sich trefflich darüber streiten, wie sich diese drei Größen zueinander verhalten und welche die anderen jeweils ursächlich bestimmt. Im vorliegenden Sammelband wird über diese Frage nicht weiter theoretisch spekuliert, sondern sie wird an einem aufschlussreichen Beispiel gleichsam anschaulich demonstriert: Welche Zusammenhänge gibt es zwischen dem Aufbruch aus dem geschlossenen aristotelischen Kosmos in ein unendliches Universum im Denken des Nicolaus Cusanus (1401–1464) einerseits und dem Aufbruch aus der Alten eurozentrischen in die Neue globale Welt in den Entdeckungsfahrten etwa eines Christoph Kolumbus (1451–1506)? Zwar wurde diese Thematik in der bisherigen Forschung in unterschiedlichen Kontexten immer wieder aufgegriffen, eine monothematische Darstellung unter Berücksichtigung der philosophischen, wissenschaftsgeschichtlichen und historischen Aspekte fehlte aber. Den Herausgebern kommt also das Verdienst zu, das Desiderat als solches erkannt und diese Forschungslücke mit einer – nun im Druck dokumentierten – internationalen Tagung, die 2016 ‚naheliegender Weise' in der Nationalbibliothek in Lissabon stattfand, geschlossen zu haben.

Der interdisziplinäre Ansatz bewährt sich schon im Hinblick darauf, dass damit die Diskussion darüber, ob denn nun die neue Kosmologie die Entdeckungsfahrten beeinflusst habe oder umgekehrt, sinnvoll unterlaufen werden kann. Das Zauberwort hierfür heißt ‚Netzwerkbildung': In akribischer Dokumentation wird nachgewiesen, dass es zwischen Deutschland, Italien und Iberien/Portugal zahlreiche hochkarätige Verbindungen im humanistischen, kirchlichen und politischen Bereich gab, in denen kosmographische Themen nicht nur eine bedeutende Rolle spielten, sondern auch signifikant weiterentwickelt und weitervermittelt wurden

Martin Thurner: Rezension zu Thomas Horst, Harald Schwaetzer u. Matthias Vollet (Hgg.), Universum Infinitum. Nicolaus Cusanus and the 15th-Century Iberian Explorations of the Ocean World. In Collaboration with Kirstin Zeyer.
In: Das Mittelalter 2024, 29(1), 237–238. Heidelberg: Heidelberg University Publishing.
DOI: https://doi.org/10.17885/heiup.mial.2024.1.24974

(vgl. den Beitrag ‚The Cosmographical Network of Nicholas of Cusa: Humanistic Relations between the Holy Roman Empire and Portugal and the so-called Cusanus Map', 11–80). Zwischen Cusanus und Kolumbus lässt sich so tatsächlich eine Beziehung rekonstruieren, nämlich in Form von Briefen und Kartenmaterialien, die über zwei Cusanus-Dialogpartner, den Florentiner Mathematiker Paolo dal Pozzo Toscanelli (1397–1482) und den Lissaboner Kanoniker Fernando Martins de Roriz (1423– nach 1483), ausgetauscht wurden, den Seeweg nach Indien über die Westroute zum Thema hatten und schließlich in die Hände des Kolumbus gelangten. Ohne ein noch breiteres Netzwerk bedeutsamer Persönlichkeiten – als „cosmographic network around Cusa" (273) in einem Diagramm zusammengefasst –, wäre dieser Wissenstransfer nicht möglich gewesen.

Jedoch motivierten nicht nur mathematische Spekulationen zu Entdeckungsfahrten, sondern umgekehrt auch Instrumente kosmographischer Empirie zu neuen philosophischen Ideen. Cusanus besaß nicht nur astronomisch-kosmographische Geräte, die noch heute in seinem Nachlass erhalten sind (vgl. die Untersuchung zum Astrolab, 249–268), und es wird nicht nur die älteste Kupferstich-Karte Mitteleuropas auf ihn zurückgeführt (vgl. die Diskussion zum Forschungsstand, 41–51); in seinem Spätwerk werden das Kartographieren und das (Ent-)Werfen von Globen selbst zu Sinnbildern innovativer theoretischer Reflexionsprozesse. Das hinlänglich bekannte Globus-Spiel des Cusanus offenbart so eine ganz besondere Dimension, wenn man es aus dem Kontext der kosmographischen Entwicklungen seiner Zeit reinterpretiert (vgl. den Beitrag ‚The Cosmographer Nicholas of Cusa plays philosophically with the Globe', 223–248). Somit wird in dem Sammelband der bislang weitgehend ignorierte Aspekt hervorgehoben, dass der ‚Globus' der cusanischen Spätschrift durchaus auch mit jenen kosmographischen Instrumenten assoziiert werden kann, die wir Erd- und Himmelsgloben nennen (zwei Himmelsgloben aus dem Besitz des Cusanus sind noch erhalten).

Die aufschlussreiche Rekonstruktion der Rückbezüge zwischen Kosmologie, Kosmographie und Entdeckungsfahrten wird in den zahlreichen sonstigen Beiträgen des Bandes durch angrenzende Fragestellungen erweitert: In welchem Sinne ist nach Cusanus das Universum als unendlich zu verstehen? Welche Rolle spielt die Mathematik in diesen Transfers? Wie wird das cusanische Thema des Religionsdialogs in der späteren Konfrontation mit ganzen nicht-christlichen Kontinenten weiterentwickelt? Die Themen reichen bis zur ‚deutschen Beteiligung an den überseeischen Expeditionen Portugals im 15. Jahrhundert' (133–150) oder gar zur kritischen Aufarbeitung der Hypothese ‚A Portuguese Discovery of Australia?' (151–172), einschließlich der Gegenbewegung ins Erdinnere mit ‚Cusanus und der Bergbau' (81–100). Wahrhaft ein „Universum Infinitum"!

Bernhard Jussen, Das Geschenk des Orest. Eine Geschichte des nachrömischen Europa 526–1535. München, C. H. Beck 2023. 480 S. 43 Abb.

Besprochen von Christoph Mauntel:
Osnabrück, cmauntel@uni-osnabrueck.de

Wer ist eigentlich Orest? Der Titel von Bernhard Jussens Buch irritiert, und soll es wohl auch. Es geht dem Frankfurter Mittelalterhistoriker um eine mehrfache Neuperspektivierung dessen, was wir etwas hilflos ‚Mittelalter' nennen – einen Begriff, den Jussen schon länger kritisiert. Als Alternative stellt er nun das ‚nachrömische (lateinische) Europa' vor, eine Epoche, die sich nicht aus der Abgrenzung von der untergehenden Antike ergibt, sondern aus deren Transformationen. Jussen datiert diese Zeit von 526 bis 1535, was allerdings verdächtig konventionell anmutet.

Die Begründung der sehr spezifischen Datierung ist nur durch Jussens Vorgehen erklärbar: Das Buch nimmt nicht klassische Quellengattungen wie Urkunden und Chroniken in den Blick, um eine Geschichte von Königen und Kaisern zu erzählen. Vielmehr orientiert es sich an „Material aus dem Feld ästhetischer Kommunikation" (19): Grabsteine, Miniaturen, Statuen, Münzen. Eine Geschichte des ‚Mittelalters' aus Objekt- und Bildquellen heraus zu entwickeln, ist in der Tat ein innovativer Ansatz, der gerade aus der interdisziplinären Perspektive interessant ist.

Einzelne Objekte leiten stellvertretend größere Kapitel ein, die fundamentale soziale, religiöse und politische Transformationen der Gesellschaft aufzeigen: Ein auf ca. 530 zu datierender Grabstein verweist auf die langsame Durchsetzung christlicher Moralvorstellungen; eine von einem der letzten namentlich bekannten Konsuln Roms (dem besagten Orest) als Geschenk in Auftrag gegebene Elfenbeintafel (ebenfalls um 530) steht sinnbildlich für die Abwicklung des alten politischen Systems Roms; der St. Galler Klosterplan (um 820) leitet eine Reflexion über ideelle monastische Lebenswelten ein; der allegorische Freskenzyklus der guten und der schlechten Regierung im Palazzo Pubblico in Siena (1337–39) dient

Christoph Mauntel: Rezension zu Bernhard Jussen, Das Geschenk des Orest. Eine Geschichte des nachrömischen Europa 526–1535. In: Das Mittelalter 2024, 29(1), 239–240. Heidelberg: Heidelberg University Publishing.
DOI: https://doi.org/10.17885/heiup.mial.2024.1.24975

als Einstieg in die Welt der städtischen Selbstverwaltung; und das Frontispiz der ersten gedruckten englischsprachigen Bibel (1535) aus der Hand von Hans Holbein führt in die Umbrüche (und Bildwelten) der Reformation ein.

Brilliant ist JUSSENS Zugriff besonders dann, wenn er kritisch den bisherigen Bildgebrauch der historischen Zunft hinterfragt: Zu oft würden in Publikationen die ‚falschen' Bilder genutzt. Treffend ist etwa JUSSENS Kritik am Gebrauch von Abbildungen sakralisierter Herrscher aus Evangeliaren, die zwischen 850 und 1050 als exzentrische Sonderfälle fassbar seien. Repräsentativ im Sinne einer breitenwirksamen Selbstdarstellung von Herrschern seien dagegen vielmehr Siegel und Münzen. Diese würden interessanterweise größtenteils ohne sakrale Überhöhungen der abgebildeten Könige auskommen. Dieser Befund wird gekonnt mit einem vergleichenden Blick auf die Repräsentationskultur der römisch-byzantinischen Kaiser kontrastiert, die Gott für ihre Selbstdarstellung deutlicher stärker in Anspruch nahmen. Das Kapitel über „das echte Bild des Herrn" (83–161) klärt Perspektiven und Fragen der Repräsentativität, regt damit zum Nach- und Umdenken an und ist ein Glanzstück des Buches.

Nicht immer kann JUSSEN derart überzeugen. Das Buch bietet, anders als der Titel suggeriert, keine Geschichte der Zeit zwischen dem 5. und 15. Jahrhundert, sondern wählt Episoden und Themen aus. Ein Anliegen ist JUSSEN etwa der Blick auf das Funktionieren von Verwandtschaftsbeziehungen, die durch die Durchsetzung christlicher Moralvorstellungen einen tiefgreifenden Wandel erfuhren: Als die christliche Kirche anstelle der römischen Familie die Totenmemoria übernahm, fokussierte sich der Blick auf die Kernfamilie und die lebenslange Treue eines Paares, idealerweise auch über den Tod hinaus. Dies zeigt JUSSEN inhaltlich plausibel, kann aber das sonst genutzte Argument der Repräsentativität der Bildquellen hier nicht einlösen: Der Grabstein einer spätantiken Christin, die ihrem Mann auch über den Tod hinaus treu war und sich daher als ‚Turteltaube' bezeichnete, ist selbst ein exzeptionelles Objekt, ebenso wie der St. Galler Klosterplan. Die wichtige Frage, welche Bilder nun ‚sprechend' für die in Frage stehende Epoche sind, wird angerissen, bleibt aber ungelöst.

Gleiches gilt für das Problem des Epochennamens: Der Begriff des ‚Mittelalters' ist häufig kritisiert worden, eine überzeugende Alternative aber fehlt bisher. Dass JUSSEN sich gegen ein überkommenes Epochendesign stellt, ist gut nachvollziehbar; das Jahrtausend zwischen 500 und 1500 als ‚nachrömisch' zu fassen, wirft allerdings vergleichbare Abgrenzungsprobleme auf: Was ist essentiell ‚römisch', was demnach ‚nachrömisch'? Zudem wird diese Bezeichnung mit dem Fokus auf die eigentlich bestimmende römische Zeit den vielfältigen Entwicklungen und Neuansätzen der darauffolgenden Jahrhunderte (die JUSSEN darstellt) kaum gerecht. Es bleibt aber eine im besten Sinn anregende Lektüre mit zahlreichen überzeugenden Neu- und Umperspektivierungen.

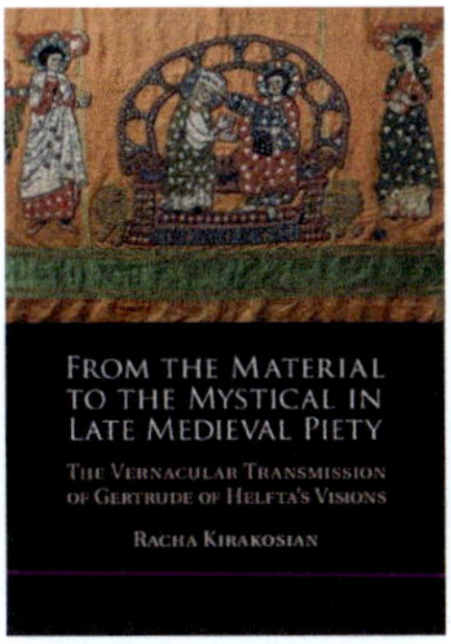

Racha Kirakosian, From the Material to the Mystical in Late Medieval Piety. The Vernacular Transmission of Gertrude of Helfta's Visions. Cambridge, Cambridge University Press 2021. 349 S. 41 s/w-Abb. 24 Farbtafeln.

Besprochen von Katja Hillebrand:
Kiel, katjahillebrand@email.uni-kiel.de

Die Texte der Mystikerinnen werden innerhalb der Mediävistik seit einigen Jahren einer vertiefenden Betrachtung unterzogen. Neben der sprachlichen und inhaltlichen Textanalyse sowie der Einordnung dieser Schriften in den kirchentheologischen Kontext, richtet sich der Fokus auch auf die spezifischen Lebenswelten der Autorinnen. Insbesondere zum Kreis der Mystikerinnen im Zisterzienserinnenkloster Helfta, das sich mit dem Wirken von Mechthild von Magdeburg, Mechthild von Hackeborn und schließlich Gertrud von Helfta zu einem bedeutenden Zentrum der Frauenmystik entwickelte, entstand ein wichtiger Forschungsdiskurs in Bezug auf die theologische und literarische Ausrichtung der dort entstandenen Werke. Ebenso entwickelte sich eine Forschungsdiskussion im Hinblick auf das Fortleben dieser Texte, die auf die theologischen Debatten des späten Mittelalters einen großen geistlichen Einfluss ausübten.

Die germanistische Mediävistin Racha KIRAKOSIAN geht am Beispiel der Schriften Gertruds von Helfta der Rezeptionsgeschichte dieser Werke nach und erläutert deren große Relevanz für die mittelalterliche Gesellschaft. Einführend stellt KIRAKOSIAN das klösterliche Skriptorium in Helfta vor und beschreibt die dortige geistige und geistliche Atmosphäre, in der die literarische Kraft nicht aus einer einzelnen Autorin erwuchs, sondern es sich vielmehr um eine gemeinschaftliche, geistige Inspiration handelte, in der die einzelnen Protagonistinnen trotz ihrer zutiefst individuell empfundenen Visionen eng interagierten.

Anhand der Rezeptionsgeschichte des ‚Legatus divinae pietatis' der Gertrud geht KIRAKOSIAN den Übertragungen des Textes im Spätmittelalter nach, die entsprechend der jeweiligen theologischen und historischen Zusammenhänge vielfältige Variationen beinhalten. Abseits der Diskussion innerhalb der

Katja Hillebrand: Rezension zu Racha Kirakosian, From the Material to the Mystical in Late Medieval Piety. The Vernacular Transmission of Gertrude of Helfta's Visions. In: Das Mittelalter 2024, 29(1), 241–242. Heidelberg: Heidelberg University Publishing. DOI: https://doi.org/10.17885/heiup.mial.2024.1.24976

Germanistik um die begriffliche Zuordnung der Termini ‚Redaktion' und ‚Fassung' plädiert KIRAKOSIAN dafür, den Begriff ‚Redaktion' in der innerhalb des englischen Sprachgebrauchs erweiterten Form zu nutzen, nach der die Redaktion immer auch zeit- und milieuimmanenten Umständen unterworfen ist. KIRAKOSIAN zeigt auf, dass gerade in den verschiedenen geistlichen Umfeldern bedeutende Variationen entstanden. Dieser Umstand führte zu neuen Form- und Inhaltsdeutungen, die Einfluss auf die Leserschaft ausübten. So wurde das zentrale Thema aus Gertruds Texten, Gott als Liebender, in die sich verändernden reformtheologischen Kontexte gestellt. An der meistgelesenen Übertragung von Gertruds Legatustext ‚Ein botte der götlichen miltekeit' wird deutlich, dass gerade im Hinblick auf die sinnlichen Bildmetaphern Gertruds nach Möglichkeiten der eigenen Sprach- und Ausdrucksform gesucht wurde. Der Originaltext war somit immer wieder Neuinterpretationen unterworfen. Anhand ausgesuchter Beispiele geht die Autorin den in den verschiedenen Skriptorien entstanden Textvariationen nach und verdeutlicht anschaulich die unterschiedlichen Darstellungskonventionen.

Eine weitere Rezeptionsform der Schriften bilden die textilen Werkstücke aus Frauenklöstern und -stiften, die das ikonographische Programm der Texte Gertruds mit ihrer hohen Sprachkunst in eine eigene Gestaltungsform überführten. Hierbei wurden die als kostbar definierten Erfahrungshorizonte mystischer Eingebungen in eine weitere Ebene transformiert, die der tief empfundenen Spiritualität der literarischen Werke gleichkam.

KIRAKOSIAN beschreibt präzise die bedeutende Wirkpräsenz der Texte Gertruds. Sie verdeutlicht, wie differenziert sich der Umgang mit Texten im Mittelalter vollzog und die Übertragungen eine nicht zu unterschätzende literarische, sprachliche und theologische Bedeutung für die Gesellschaft des Mittelalters hatten.

Diese klar strukturierte Studie bietet über den Forschungsdiskurs innerhalb der Germanistik hinaus auch für die angrenzenden historischen und theologischen Wissenschaften einen wunderbaren Zugang zur Geistes- und Mentalitätsgeschichte des Spätmittelalters. Deutlich wird, dass der interpretative Umgang mit Texten im Spätmittelalter ein integraler Bestandteil der theologischen Debatte darstellte. Ein Katalog zu den einzelnen erhaltenen Übertragungen und eine Transkription von zwei einmalig überlieferten Übertragungstexten des ‚Legatus' vervollständigen das ausgesprochen gewinnbringende und vielseitig informierende Buch.

Riccardo Strobino, Avicenna's Theory of Science. Logic, Metaphysics, Epistemology. Oakland, University of California Press 2021. 456 S.

Besprochen von Fedor Benevich:
Edinburgh, fedor.benevich@ed.ac.uk

Recent years have shown that studies on Avicenna (d. 1037), probably the most influential philosopher in the Islamic world, have finally reached the level where scholars are writing extensive monographs devoted to the individual areas of Avicenna's philosophy. Avicenna's *opus magnum,* the 'Book of the Healing', consists of several parts: 'Metaphysics'; 'Natural Philosophy'; 'Isagoge'; 'Categories'; 'Demonstration'; etc. The recent monographs on Avicenna's philosophy naturally use this division of the 'Book of the Healing', with each monograph focusing on a specific part (for instance, Amos Bertolacci, 'The Reception of Aristotle's Metaphysics in Avicenna's Kitāb al-Šifā''; Andreas Lammer, 'The Elements of Avicenna's Physics'; Alexander Kalbarzcyk, 'Predication and Ontology: Studies and Texts on Avicennian and Post-Avicennian Readings of Aristotle's "Categories"'; Silvia Di Vincenzo, 'Avicenna, "The Healing, Logic: Isagoge"'). Strobino's 'Avicenna's Theory of Science' is a long-awaited contribution to this series of monographs, this time with a focus on the 'Book of Demonstration'.

The book offers an unprecedented analysis of Avicenna's innovations and elaborations on the Aristotelian theory of demonstrative reasoning. For the first time, it presents in detail how Avicenna develops his own theory of science based on the Aristotelian 'Posterior Analytics'. One of the main theses of the book is that Avicenna's innovations were driven by his goal of making the Aristotelian theory of science applicable to the real-life scientific reasoning (331). Strobino shows how Avicenna, with this aim in mind, attempts to create a consistent and comprehensive system of scientific reasoning by filling the systematic gaps in the Aristotelian logic of science, or explaining it further.

Fedor Benevich: Rezension zu Riccardo Strobino, Avicenna's Theory of Science. Logic, Metaphysics, Epistemology.
In: Das Mittelalter 2024, 29(1), 243–244. Heidelberg: Heidelberg University Publishing.
DOI: https://doi.org/10.17885/heiup.mial.2024.1.24977

A reader with a background in contemporary analytic philosophy should be careful not to expect from 'Avicenna's Theory of Science' a contribution to the philosophy of science or epistemology in their modern, analytical sense. Rather, the book deals with the "logic of scientific discourse" (331). STROBINO offers an extremely accurate and comprehensive account of the main notions, nuanced distinctions, and formalisations developed by Avicenna to account for every possible step and element of demonstrative reasoning used in the scientific discourse; but the book does not deal with the questions of the role and validity of science as such, which are characteristic of analytic philosophy of science and epistemology. A more detailed summary of the contents of STROBINO's book can be found in the "Introduction" (7 f.).

As the author contends himself, "this is not an easy book to read" (6). Still, given its fundamental importance for studies of medieval philosophy, it is definitely worth trying! The author usefully summarises Avicenna's materials in the diagrams (listed on xi). All potential readers are very much advised to use these diagrams if they struggle to keep in mind various nuanced divisions developed by Avicenna in his 'Book of Demonstration'. Likewise, while the author focuses on a faithful presentation of innovations and refinements found in Avicenna's logic of science in the main text of 'Avicenna's Theory of Science', the reader should not overlook the footnotes, as they often contain very useful explanations and critical analysis of Avicenna's theory, helpful for understanding its contents.

There is no doubt that 'Avicenna's Theory of Science' will become the go-to book for specialists and students in medieval philosophy who are interested in the development of Aristotelian logic and epistemology. The book will be the starting point for any future research in those areas of philosophy in the Islamic world. One possible way to develop the foundations laid down in it is to contextualise Avicenna's innovations presented in the book against the Baghdad School of philosophy and its contributions to Aristotelian logic in the 10th century CE. Likewise, the book will certainly incentivise new research on post-Avicennian philosophy, for instance, with respect to the question of whether later Islamic philosophers accepted the centrality of the ideal of demonstration promoted by Avicenna, according to STROBINO's 'Avicenna's Theory of Science'.

Denise Theßeling, Verschwiegene Vertraute – Idealer Gefährte – Prekäre Gemeinschaft. Pluralisation von Freundschaftssemantiken in höfischen Narrationen des hohen Mittelalters (Schriften zur Mediävistik 32). Hamburg, Dr. Kovač 2021. 351 S.

Besprochen von Maximilian Kinder:
München, max.kinder@lmu.de

Die Bedeutung von Freundschaft in Hartmanns von Aue ‚Erec' und ‚Iwein', in Gottfrieds von Straßburg ‚Tristan' sowie im sogenannten ‚Prosalancelot' – allesamt als ‚Dichtungen der Begegnung' (Maria Bindschedler) begriffen – ist seit langem Gegenstand der wissenschaftlichen Untersuchung dieser Texte. Die vorliegende Arbeit will diese Diskussionen insofern bereichern, als die „genuin männliche Konstruktion von Freundschaft", welche in der Forschung vorherrsche, die „Reichweite [...] der Bindungsform Freundschaft" (33) fälschlich verkürze. Die verdienstvolle Weitung des wissenschaftlichen Horizonts entspricht der konstatierten Komplexitätszunahme literarisch reflektierter Gesellschaften: „Je komplexer der Entwurf höfischer Gesellschaft, je breiter das Figurenpersonal, je mehr Möglichkeiten haben sich für die Figuren ergeben, sich in Freundschaft miteinander zu verbinden – homosozial, heterosozial, vertikal oder horizontal" (302).

Im ersten Hauptteil werden solche Freundschaften beschrieben, die – über die Begegnung zweier Freunde hinaus – zur Vergesellschaftung beitragen, mithin gesellschaftliche Probleme lösen. So blieben die Folgen des Kampfes zwischen Lancelot und Meleagant nur aufgrund der Freundschaft Lancelots zu Meleagants Vater Bandemagus sozial verträglich. Vor dem Hintergrund des Kampfes der unerkannten Freunde Iwein und Gawein werde ein Freundschaftsbegriff gebildet, der das prekäre Nebeneinander von Freundschaft und Ehe ermögliche. Der Kampf zwischen Unbekannten abseits des Hofes, etwa zwischen Erec und Guivreiz, könne selbst Katalysator für Freundschaft sein, indem „‚Besiegtsein' in ‚Bekanntsein' überführt" (90) werde. Die Freundschaften zwischen Ginover und der Frau von Maloaut sowie zwischen Isolde und Brangäne konstituierten sich im Gegensatz zu den untersuchten Männerfreundschaften im privaten Raum des Zwiegesprächs

Maximilian Kinder: Rezension zu Denise Theßeling, Verschwiegene Vertraute – Idealer Gefährte – Prekäre Gemeinschaft. Pluralisation von Freundschaftssemantiken in höfischen Narrationen des hohen Mittelalters.
In: Das Mittelalter 2024, 29(1), 245–246. Heidelberg: Heidelberg University Publishing.
DOI: https://doi.org/10.17885/heiup.mial.2024.1.24978

und seien entsprechend durch exklusives Wissen gekennzeichnet. Gleichwohl trügen sie wesentlich zur Stabilisierung höfischer Institutionen bei.

Im zweiten Hauptteil werden solche Freundschaften beschrieben, die Gesellschaft destabilisieren. Die Freundschaften zwischen Marke und Tristan sowie zwischen Artus und Lancelot seien durch asoziales ‚Favoritentum' geprägt: „Das Charisma Tristans und Lancelots [...] entfaltet derart überragende Macht, dass Marke und Artus diese Macht mit allen Mitteln an ihren Hof binden wollen. [...] [A]us dem Bedürfnis nach Bindung an die höfische Gemeinschaft wird der Wunsch nach stetig andauernder sozialer Nähe des Einzelnen. Dieser Wunsch geht jedoch auf Kosten der egalitären homosozialen Gemeinschaft" (206 f.). Auch die Intimität zwischen Lancelot und Galahot schließe Gesellschaft aus: „Abgeschiedenheit, exklusive Zweisamkeit, Ausgrenzung aus dem gesellschaftlichen Rahmen werden zu kennzeichnenden Begriffen dieser Beziehung – intime Freundschaft als eine Zweierbeziehung, die sich selbst genügt" (263).

Bisweilen, etwa hinsichtlich der *triuwe*-Bindung Lunetes zu ihrer *vrouwe* Laudine, erfordern Nutzung und Nutzbarmachung des Freundschaftsbegriffs allzu weitreichende Vorannahmen. Die im Einzelnen erkenntnisreichen Lektüren gründen auf einem methodischen Kraftakt: Freundschaft wird im Anschluss an Marina MÜNKLER als ‚symbolisch generalisiertes Kommunikationsmedium' (Niklas LUHMANN) definiert. Freundschaft wird gleichzeitig als ‚soziales System' beschrieben, welches wiederum das Kommunikationsmedium ‚Vertrautheit' voraussetze (44–50). Insofern historische Semantik aber bedeutet, jegliche Definitionshoheit den zu untersuchenden Texten zu überlassen, erscheint es zumindest problematisch, dass zuallererst durch LUHMANNS Theoreme definiert wird, was Freundschaft ist. Die vorliegende Arbeit kann eher überzeugen, wo ihre onomasiologischen Hypothesen auf semasiologischen Befunden beruhen – auf Semantiken, die nicht zuerst andere Begegnungsformen, etwa Dienstverhältnisse, bezeichnen. Das interdisziplinäre Potential der historisch-semantischen Methode bleibt gleichwohl erhalten: Die spezifische Funktion von „Reziprozität und Vertrauen" (79) – hier liegt das eigentliche Interesse der Arbeit, insofern Freundschaft ‚eigentlich' Reziprozität und Vertrauen bedeute – wird in der Schwebe zwischen höfisch-literarischer und historisch-realweltlicher Imagination sowie sozialer Realität gehalten, zwischen Literatur-, Geschichts- und Gesellschaftswissenschaft.

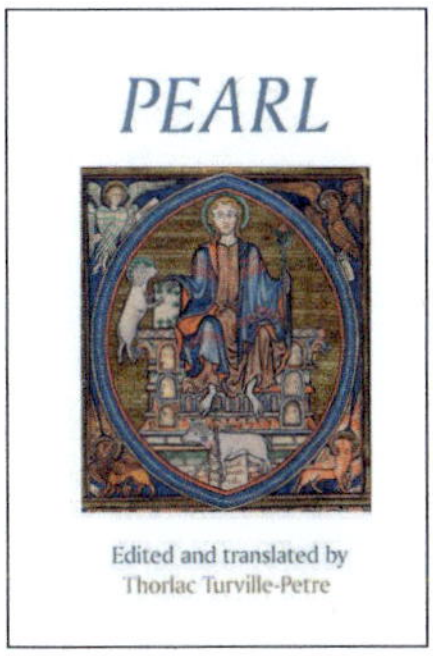

Thorlac Turville-Petre (Hg., Übers.), Pearl (Exeter Medieval Texts and Studies). Liverpool, Liverpool University Press 2021. X, 210 S.

Besprochen von Christa Jansohn:
Bamberg, christa.jansohn@uni-bamberg.de

Die vorliegende Neuübersetzung von ‚Pearl' durch den Mittelalterphilologen Thorlac Turville-Petre reiht sich in eine illustre Kette von Übertragungen ins moderne Englisch ein: Erwähnenswert ist hier die 1975 von J. R. R. Tolkien angefertigte Version, die Prosaübersetzung von Malcolm Andrew und Ronald Waldron sowie die 2016 publizierte Versübertragung des wohl bekanntesten britischen Lyrikers und derzeitigen *Poet Laureate*, Simon Armitage, der bereits 2007 ‚Sir Gawain and the Green Knight' übersetzt hatte.

Bekanntlich befindet sich ‚Pearl' (1212 Verse) zusammen mit drei weiteren Gedichten (‚Cleanness' / ‚Purity' [1812 Verse], ‚Patience' [531 Verse] und ‚Sir Gawain and the Green Knight' [2530 Verse]) in einer relativ unscheinbaren Handschrift in der British Library (Cotton Nero A.x.), deren Entstehung auf die zweite Hälfte des 14. Jahrhunderts zu datieren ist. In alliterierenden Versen und im nordwestmittelländischen Dialekt geschrieben, weisen diese Gedichte zahlreiche auffällige thematische und sprachliche Eigenschaften auf, so dass sie dem sogenannten ‚Gawain Poet' zugeschrieben werden, einem unbekannten englischen Dichter, über dessen Biographie nur spekuliert werden kann. Fakt ist indes, dass unser Bild von der englischen Literatur des 14. Jahrhunderts sicherlich ganz anders aussähe, wenn diese Handschrift nicht erhalten geblieben wäre.

So handelt ‚Pearl' von einer verlorenen Perle, hinter der sich vermutlich die jung verstorbene Tochter des Erzählers verbirgt. In einer Traumvision begegnet er dieser Perle, es folgt ein längerer Dialog zwischen den beiden, der mit zahlreichen biblischen Referenzen und Auszügen angereichert ist und dem Erzähler durch den Einblick in das himmlische Jerusalem letztendlich Kraft und Zuversicht verleiht. Das gleichermaßen als Traumvision, Allegorie, Klage- und Trostgedicht konzipierte

Christa Jansohn: Rezension zu Thorlac Turville-Petre (Hg., Übers.), Pearl. In: Das Mittelalter 2024, 29(1), 247–248. Heidelberg: Heidelberg University Publishing. DOI: https://doi.org/10.17885/heiup.mial.2024.1.24979

lyrische Werk besteht aus insgesamt zwanzig Abschnitten, die jeweils – bis auf den fünfzehnten Abschnitt mit sechs Strophen – fünf Strophen umfassen, die wiederum in alliterierenden Versen angeordnet sind. Was hier äußerst verkürzt dargestellt ist, wird von TURVILLE-PETRE in seiner sehr lesenswerten Einleitung mit gut ausgewählten Beispielen angereichert und durch weitere Beobachtungen ergänzt. Dabei sollte sich das heutige Lesepublikum stets bewusst sein, dass das Gedicht zum Vorlesen gedacht war und so die meisten metrischen Phänomene klarer zum Erklingen gebracht werden als jedwede komplizierte theoretische Explikation (18). Um den Gedankengang des Gedichts leichter verfolgen zu können, hat sich der Herausgeber entschlossen, den jeweiligen Einheiten eine prägnante Überschrift mit weiteren inhaltlichen und interpretatorischen Hinweisen zu geben, „detailing the progress of that section in the relation to the development of the poem and exploring the link-word and the refrain in that context“ (20).

Die erste Ausgabe von ‚Pearl‘ wurde von Charles G. OSGOOD 1906 publiziert, 1921 folgte eine Faksimile-Ausgabe von Israel GOLLANCZ. Vier Jahre später veröffentlichte TOLKIEN zusammen mit Eric Valentine GORDON eine kommentierte Ausgabe der mittelenglischen Originaltexte des Gawain-Dichters, und erst 1953 folgte eine Einzelausgabe von ‚Pearl‘, ebenfalls von GORDON, die zum immer wieder aufgelegten Standardwerk avancierte. GORDONS ‚Pearl‘-Edition zu ersetzen, war neben einer textnahen Neuübersetzung des Gedichts eines der erklärten Ziele von TURVILLE-PETRE, dem es besonders gut gelingt, mit seiner Ausgabe gleichermaßen den interessierten Laien, den Studierenden wie auch den professionellen Mediävisten anzusprechen. Dazu dienen auch die Neuübersetzung, die „as close to the original as I can make it“ sei (20), und der Kommentar, dessen Hauptfunktion es sei, „to explore the meanings of words, even, or especially, of common items such as *gentle, courtesy, deem.* The commentary also situates the argument of the poem in the context of sources and analogues, of ideas and opinions of its time, and most of all in the context of the stanza, the section and the poem as a whole“ (ebd.).

Mittlerweile ist der Band auch online, allerdings kostenpflichtig, über die Verlagsseite abrufbar. Zwar ist ein Download nicht möglich, da die Online-Variante aber die gleiche Paginierung wie die gedruckte hat, kann sie problemlos zitiert werden. Allen am illustrierten Manuskript Interessierten sei neben der vorzüglich konzipierten Ausgabe von TURVILLE-PETRE auch die Webseite der British Library zu empfehlen, die ein Faksimile der Handschrift wiedergibt. Dort finden sich in bester Auflösung auch die vier Illustrationen, die in der vorliegenden, ansonsten mustergültigen Ausgabe leider nicht reproduziert wurden.

Rebecca Tschümperlin, Weltentwürfe in Text und Bild. Erzählungen vom Anfang der Geschichte in illustrierten Handschriften der Weltchroniken Rudolfs von Ems, Jans' von Wien und des sächsischen Anonymus (Zeitschrift für deutsches Altertum und deutsche Literatur. Beihefte 35). Stuttgart, S. Hirzel 2021. 227 S. 61 Abb.

Besprochen von Elke Krotz:
Wien, elke.krotz@univie.ac.at

Die Studie, eine literaturwissenschaftliche Dissertation an der Universität Freiburg (Schweiz), behandelt drei für die deutschsprachige Weltchronistik des 13. Jahrhunderts repräsentative Chroniken in jeweils den gleichen Abschnitten, wobei Tschümperlin davon ausgeht, dass die spezifische „Auswahl, Anordnung und Deutung der einzelnen Ereignisse […] an den Interessen des Autors, seiner Auftraggeberschaft und seinem Kontext ausgerichtet sind" (14). Die Bilder ermöglichen „eine weitergehende Interaktion der Rezipienten mit dem Stoff" (18).

Der Aufbau der drei aufeinanderfolgenden und erst im zehn Seiten kurzen Fazit-Teil miteinander verknüpften Analysen ist jeweils ähnlich: Behandelt werden die Struktur des Werks, alle die Poetologie betreffenden Äußerungen sowie die vier Basiserzählungen ‚Schöpfung', ‚Sündenfall', ‚Kain und Abel' und ‚Noah und die Sintflut'. Dafür wurde die jeweils älteste überlieferte illustrierte Handschrift ausgewählt, die zugleich die Leithandschrift der verwendeten Ausgabe bildete. Die Bildprogramme der vier Abschnitte werden untersucht, um das Illustrationsprinzip der Handschrift und das jeweilige Verhältnis von Text und Bild zu verstehen (20); genuin kunsthistorische Aspekte bleiben ausgespart.

Ein knapper theoretischer Vorspann bedient sich bekannter literaturtheoretischer Positionen (Wolfgang Iser zum Potential des Textes, seinem Angebot an den impliziten Leser; Hans Robert Jauss zur Aufnahme des Textes durch ein reales Publikum als Teil der Werkanalyse; Hans-Georg Gadamer zum Text als Antwort auf den Erwartungshorizont beim historischen Leser; Walther Haug zur Wichtigkeit literaturtheoretischer Stellen im Text). Vielleicht ist die Vorstellung, die Rezipienten sollten „zum Nach- und Weiterdenken angeregt werden" (23), zu sehr der Moderne verpflichtet. Nur in Anmerkung 47 (ebd.) wird angemerkt,

Elke Krotz: Rezension zu Rebecca Tschümperlin, Weltentwürfe in Text und Bild. Erzählungen vom Anfang der Geschichte in illustrierten Handschriften der Weltchroniken Rudolfs von Ems, Jans' von Wien und des sächsischen Anonymus.
In: Das Mittelalter 2024, 29(1), 249–250. Heidelberg: Heidelberg University Publishing.
DOI: https://doi.org/10.17885/heiup.mial.2024.1.24980

dass die vorausgesetzte „extrem individualistische Rezeptionsweise“ nicht ohne weiteres auf die Literatur des Mittelalters übertragbar sei, jedoch ohne von hieraus ein eigenes Modell zu entwickeln.

Methodisch fühlt sich die Arbeit dem ‚Close Reading‘ verpflichtet (inkl. Wiedergabe des Inhalts in Paraphrasen und Zitaten), in Bezug auf die Illustrationen könnte man von detaillierten Bildbeschreibungen sprechen. Denjenigen, die Text bzw. Bild schon genau kennen, mag das redundant erscheinen, doch finden sich immer wieder einzelne Beobachtungen, die vielleicht noch nicht von jedem bemerkt wurden. Zu allen drei Werken gibt es schon umfangreiche Studien sowohl zur Textüberlieferung als auch zu den Bildprogrammen der Handschriften. Die Auseinandersetzung mit diesem Forschungsstand beschränkt sich weitgehend auf seine Dokumentation in den Fußnoten. Man hätte sich eine eigenständige, innovative Arbeitshypothese oder Forschungsfrage und eine deutlichere Kenntlichmachung der eigenen Forschungsergebnisse (etwa bei der Quellenkritik) gewünscht.

Bei Rudolf von Ems bildet laut Tschümperlin die Disambiguierung der Figuren eines der Hauptmerkmale der Gestaltung, er wolle „zum Nachdenken, nicht zum Mitfühlen“ anregen (51), direkte Reden seien oft weggelassen oder indirekt wiedergegeben. Bei der Interpretation des vorgebundenen Blattes im Cgm 8345 hätte die Autorin die Möglichkeit, dass dessen Illustrationen ursprünglich zu einem anderen Text, etwa einer ‚Historia scholastica‘ gehörten, miteinbeziehen können, statt davon auszugehen, dass der „Konzepteur der beiden Titelminiaturen [...] seine Abbildungen nicht auf inhaltliche Details der Inhalte der ‚Weltchronik‘ Rudolfs abgestimmt zu haben“ scheint (69). Jans von Wien dagegen biete häufig direkte Gespräche sowie eine emotional nachvollziehbare Charakterisierung der (teils ambivalenten) Figuren. Dass bei Rudolf die Weltgeschichte auf die Staufer zuläuft und beim sächsischen Chronisten auf die Welfen, ist nichts Neues, wird aber an vielen Details im Text festgemacht. Auch kann Tschümperlin genau belegen, dass alle drei Bildprogramme bekannte Bildtypen der christlichen Ikonographie dem jeweiligen Text anpassen.

Die Arbeit bietet für alle beteiligten Disziplinen mancherlei Anregungen für weitere Untersuchungen, dank eines ‚Close Reading‘ des Textes und eines ‚Close Looking‘ auf die Abbildungen, und bewegt sich damit im Rahmen des Möglichen dieser Interpretationsmethoden.

Andrea Worm, Geschichte und Weltordnung. Graphische Modelle von Zeit und Raum in Universalchroniken vor 1500. Berlin, Deutscher Verlag für Kunstwissenschaft 2021. 560 S. 3 s/w-Abb., 341 farb. Abb.

Besprochen von Ingrid Baumgärtner:
Kassel, ibaum@uni-kassel.de

Die 2015 in Graz angenommene Habilitationsschrift gibt einen exzellenten Einblick in die Genese und Bedeutung der vom 12. bis zum 15. Jahrhundert entstandenen diagrammatischen Repräsentationen der Weltgeschichte. In sieben systematisch aufgebauten Kapiteln gelingt es Worm, die von ihr als ‚Historiogramme' bezeichneten graphischen Modelle überlieferter Universalchroniken eingehend zu untersuchen und deren Darstellungskraft zu erklären. Im Kern geht es um die Frage, wie historische Informationen mittels Text-Bild-Kombinationen in chronologisch angelegte Ordnungssysteme überführt und genealogisch-synoptisch strukturiert wurden. Die Ausführungen lassen nicht nur erkennen, dass Verfasser und Kopisten visuelle Graphiken zu nutzen verstanden, sondern auch auf welche Weise sie Zeit und Geschichte im synchronen und diachronen Blick auf Personen und Ereignisse fassbar machten und mit dinghafter Evidenz erhöhte Faktizität postulierten. Zudem beeinflusste die zeichnerische Aufbereitung den Wahrnehmungs- und Rezeptionsprozess, in dessen Zuge sich visuelle Strukturen und textuelle Beischriften in ihrer Wirkung verstärkten.

Einleitend versucht Worm, den selbst geschaffenen Begriff ‚Historiogramm' zu definieren und die Fragestellung forschungsorientiert zu konkretisieren. Das zweite Kapitel erkundet die Ansätze des 12. Jahrhunderts, die sich darauf richteten, die Menschheitsgeschichte seit Adam und Eva abzubilden sowie in heilsgeschichtliche Ordnungsmodelle und komplexe Wissenssysteme überzuleiten. So entwarf der anonyme Autor des ‚Chronicon' eine Papst-Kaiser-Konkordanz, Hugo von St. Viktor im ‚Libellus de formatione archae' indes eine diagrammatische Kosmologie. Noch einflussreicher wurden die an die biblische Geschichte anknüpfenden Papst-Kaiser-Genealogien, mit denen Petrus von Poitiers sein in

Ingrid Baumgärtner: Rezension zu Andrea Worm, Geschichte und Weltordnung. Graphische Modelle von Zeit und Raum in Universalchroniken vor 1500. In: Das Mittelalter 2024, 29(1), 251–252. Heidelberg: Heidelberg University Publishing. DOI: https://doi.org/10.17885/heiup.mial.2024.1.24981

über 200 Handschriften überliefertes ‚Compendium historiae' ausstattete, sowie die ‚Historia scholastica' des Petrus Comestor, die in diversen Rezeptions- und Deutungskontexten einen linearen, teleologischen Geschichtsverlauf suggerierte.

Das dritte Kapitel analysiert einige im dritten Jahrzehnt des 14. Jahrhunderts konzipierte Werke, die – wie die um 1320 erstellte ‚Chronologia magna' des Franziskaners Paolino Veneto, die nur wenig später anzusetzende anonyme englische Universalchronik ‚Scala mundi' und die zeitgleiche ‚Compilatio nova' des Giovanni da Udine – die früheren Modelle erweiterten und modifizierten. Sie benützten das suggestive Potential der Tabellen und Graphiken für eigene interpretative Akzente. So veranschaulichte Paolino mittelmeerisches Wissen mit Fokus auf dem Heiligen Land; die ‚Scala mundi' strebte im Verbund mit der ‚Papst-Kaiser-Chronik' Martins von Troppau chronologisch-chronographische Genauigkeit an; Giovanni konzipierte künstlerisch aufwändig gestaltete Rollen von reduzierter inhaltlicher Komplexität, deren Konzentration auf die biblische Geschichte und die geistliche Bildung eine größere Verbreitung sicherte.

Die Kapitel vier bis sechs dienen dazu, drei bekannte Frühdrucke vertieft zu analysieren: zuerst das historiographische Konzept des 1474 in Köln erschienenen ‚Fasciculus temporum', dann das 1475 in Lübeck gedruckte ‚Rudimentum novitiorum' samt seiner zweibändigen 1488/89 in Paris aufgelegten französischen Adaption ‚Mer des histoires', zuletzt Hartmann Schedels 1493 in Nürnberg publizierten ‚Liber chronicarum'. Worm beherrscht es souverän, die Auswirkungen des Medienwandels etwa auf Linienführung, Stringenz und Transformation der Semantik bei gleichen Inhalten aufzuzeigen, die Spannung zwischen überlieferten Handschriften und Druck zu erörtern sowie die innovativen Beiträge zur Popularisierung des Wissens darzulegen. So etablierte etwa die mit Inkarnationsjahren versehene horizontale Zeitachse des ‚Fasciculus' die künftige Auffassung von Zeit als einer absoluten (nicht mehr relationalen) Größe; das ‚Rudimentum novitiorum' wartete mit geographisch-landeskundlichen Texteinschüben und Karten auf; selbst Schedel blieb trotz seiner Neuerungen dem Genre treu, in dem Anpassungen an das lokale Umfeld, Transformationen in die Volkssprache sowie Kompaktheit und Erschwinglichkeit der Drucke den Absatz steigerten.

Das siebte Kapitel fasst die weitreichenden Ergebnisse zu Struktur und Semantik, Darstellung von Chronologie und Potential der Trägermedien zusammen, ehe ein eigenständiges englisches Resümee folgt. Ein ausführlicher Anhang mit Verzeichnissen und Registern beschließt das qualitätsvoll bebilderte und akribisch ausgeführte Meisterwerk.

Bernhard Zeller, Diplomatische Studien zu den St. Galler Privaturkunden des frühen Mittelalters (ca. 720–980) (Mitteilungen des Instituts für Österreichische Geschichtsforschung. Ergänzungsbd. 66). Wien, Köln, Böhlau Verlag 2022. 631 S. 125 s/w-Abb.

Besprochen von Christian Stadermann:
Greifswald, christian.stadermann@uni-greifswald.de

Bei der hier zu besprechenden Monographie handelt es sich um die redigierte Fassung der Habilitationsschrift Bernhard Zellers, eingereicht im Wintersemester 2018/19 an der Historisch-Kulturwissenschaftlichen Fakultät der Universität Wien. Ziel der Studie ist es, den frühmittelalterlichen Privaturkundenbestand des Klosters St. Gallen, der bisher vornehmlich als Steinbruch für wirtschafts-, sozial- und rechtsgeschichtliche Fragestellungen diente, erstmals einer systematischen diplomatisch-paläographischen Erschließung zuzuführen.

Die Studie gliedert sich in zwei Teile. Der erste Teil widmet sich einer diplomatischen Analyse des St. Galler Privaturkundenmaterials. An einleitende Bemerkungen zur Geschichte des Klosters im Frühmittelalter (23–51) schließt eine Betrachtung grundlegender Aspekte des St. Galler Urkundenwesens (Art der Rechtsgeschäfte, deren Dokumentation, Archivierung und Verwendung der Dokumente etc.) an (53–130). Sodann erfolgt eine Untersuchung und Beschreibung der äußeren und inneren Merkmale der Urkunden (131–120) sowie der Urkundenformen und -formeln (211–301). Die grundwissenschaftliche Erfassung des St. Galler Urkundenbestandes bildet den Ausgangspunkt für die weiterführenden, kulturhistorischen Untersuchungen des zweiten Teiles. In dessen Fokus stehen die Analyse und Beschreibung sowohl des klösterlichen (303–408) als auch des nichtklösterlichen Urkundenwesens (409–498) sowie der Verwendung und Verbreitung von Urkundenformularen (499–527) im frühmittelalterlichen Alemannien im Allgemeinen und im Kloster St. Gallen im Besonderen.

In seiner detaillierten Analyse kann Zeller eine Fülle bemerkenswerter und mitunter durchaus überraschender Beobachtungen machen, von denen hier nur wenige vorgestellt werden können. Unter den St. Galler Privaturkunden, die

Christian Stadermann: Rezension zu Bernhard Zeller, Diplomatische Studien zu den St. Galler Privaturkunden des frühen Mittelalters. In: Das Mittelalter 2024, 29(1), 253–254. Heidelberg: Heidelberg University Publishing.
DOI: https://doi.org/10.17885/heiup.mial.2024.1.24982

vornehmlich Güterübertragungen an den Konvent dokumentieren, dominierten lange Zeit Schenkungen. Diese gingen im 9. Jahrhundert zugunsten zunächst von Prekarieschenkungen, hernach von Tauschgeschäften zurück. Überhaupt war die Urkundenproduktion für St. Gallen ab der zweiten Hälfte des 9. Jahrhunderts rückläufig und versiegte im späteren 10. Jahrhundert. ZELLER sieht diese Entwicklungen weniger der krisenhaften Zeit geschuldet, wie bisweilen angenommen, sondern bringt sie überzeugend mit einem Wandel in der Besitzpolitik des Klosters, die verstärkt auf eine Arrondierung des Grundbesitzes abgezielt habe, und einer Neuordnung in Organisation und Verwaltung der Klostergüter in Verbindung.

Mittels paläographischer Analysen und Diktatanalysen kann ZELLER Traditionslinien unter den Schreibern herausarbeiten und so Schreiberkreise und deren spezifisches Formelgut identifizieren. Von Beginn an lässt sich im St. Galler Urkundenmaterial die Verwendung von Formularbehelfen nachweisen. So finden sich ab den 780er Jahren Spuren der ‚Formulae Marculfi', die im 8. Jahrhundert im östlichen Frankenreich Verbreitung gefunden hatten. Die zeitliche Nähe zu den karolingischen Reformbemühungen ist auffällig, dennoch möchte ZELLER die Verbreitung der Marculf-Formulare nicht als Ausfluss einer vom karolingischen Hof ausgegangenen Initiative, das Urkundenwesen im Frankenreich zu vereinheitlichen, werten. Vielmehr seien derlei Formulare nach ZELLER durch große, mit der fränkischen Führungsschicht verbundene kirchliche Institutionen in dem allgemeinen Bedürfnis nach Alemannien vermittelt worden, das Urkundenwesen zu verbessern. Diesem Zweck diente auch die Angleichung der Urkundensprache an die Vorgaben des klassischen Lateins, die sich, so ZELLER, in St. Galler Urkunden bereits vor dem Einsetzen der karolingischen Bildungsreformen beobachten lasse.

Urkundlich dokumentierte Rechtsgeschäfte ohne St. Galler Beteiligung und Schrifttypen, die von den im Kloster gepflegten Schriftformen abweichen, zeugen davon, dass im frühmittelalterlichen Alemannien auch außerhalb der kirchlich-monastischen Welt Rechtsgeschäfte schriftlich festgehalten wurden und eine eigene Schriftkultur existierte.

Die mehr als 700 überlieferten frühmittelalterlichen St. Galler Privaturkunden gewähren Einblick in das Urkundenwesen im alemannischen Raum – auch jenseits großer kirchlich-monastischer Institutionen. Der von ZELLER gewählte epochenübergreifende Ansatz erlaubt es, Wandel und Entwicklungen im frühmittelalterlichen Urkundenwesen Alemanniens hervortreten zu lassen, das sich als dynamischer als bspw. jenes im benachbarten Rätien erweist. ZELLERS ausgezeichnete, höchst kenntnisreiche Arbeit hat Modellcharakter für vergleichbare Untersuchungen zu anderen Urkundenlandschaften des Frühmittelalters. Zudem bietet die von ihm geleistete Grundlagenforschung einen hervorragenden Ausgangspunkt für weiterführende kulturwissenschaftliche und philologischen Studien zur Schriftlichkeit in Rechts- und Verwaltungswesen sowie zur Literalität frühmittelalterlicher Gesellschaften.

Druck und Bindung
Books on Demand GmbH
In de Tarpen 42, 22848 Norderstedt